人工智能时代的
科技预言家

JOHN
MARKOFF
约翰·马尔科夫

"硅谷中心"孕育出的资深科技记者

马尔科夫出生于加利福尼亚州奥克兰市,在被誉为"硅谷中心"的帕洛阿尔托长大。1971年,他从惠特曼学院(Whitman College)毕业,获得社会学文学学士学位。之后,他顺利考上俄勒冈大学(University of Oregon),攻读社会学硕士,并于1976年毕业。毕业之后他回到加州,开始进行科技报道。他加入了太平洋新闻服务集团(Pacific News Service,PNS),担纲专栏作家。他还服务于多家出版机构,包括泰国《民族报》(The Nation)、美国《琼斯母亲》(Mother Jones)和《星期六评论》(Saturday Review)等。

1981年,马尔科夫加入美国知名科技网站"信息世界"(InfoWorld),因为公司刚刚成立,他无疑成了元老级员工。3年后,他转而投入《字节》杂志(Byte)的大本营,开始从事编辑工作,然后于次年离开,加入《旧金山考察者报》(San Francisco Examiner),成为商业版的报道记者,开始对硅谷进行一系列报道。

JOHN MARKOFF

昨日的"硅谷独家大王" 今日的普利策奖得主

1988年，马尔科夫去了纽约，成为《纽约时报》驻旧金山的西海岸特派员，报道范围以电脑产业和科技为主。当年11月，他对世界五大黑客之一、美国国家安全局科学家罗伯特·莫里斯（Robert Morris）之子罗伯特·塔潘-莫里斯（Robert Tappan-Morris）进行了报道：塔潘-莫里斯是"Morris 蠕虫病毒"的创造者，这一病毒被公认为是首个通过互联网传播的蠕虫病毒，并彻底改变了互联网。时间走到1993年12月，马尔科夫凭借其敏锐的新闻洞察力，最早对互联网进行了报道，并将互联网誉为"信息时代的藏宝图"。而且，马尔科夫也是第一位对谷歌无人驾驶汽车进行报道的记者。2013年，他因对苹果公司和其他互联网公司商业惯例的颇有洞见的深入报道，并阐释了全球经济之于普通工人和消费者的消极影响，获得了普利策奖。

马尔科夫有40多年的媒体从业经历，专注于机器人与人工智能领域的报道，还著有畅销书《数字朋克》（Cyberpunk）、《骇客追缉令》（Takedown）等，更是乔布斯等业界大咖极为信赖的记者。硅谷未来学家保罗·萨福（Paul Saffo）这么形容他："马尔科夫属于非常特殊的信息专业人（infonaut）。他有学界的好奇心和执着，但更难能可贵的是，他也有与现实非常接轨的一面，他为《纽约时报》，而不是什么艰涩的专业杂志写文章。马尔科夫最出色之处在于他不仅仅报道独家消息，还会报道独家幕后的独家。他告诉我们早已发生、而我们一无所知的事情，然后又在更为错综复杂的脉络下挖掘事实。"

MACHINES
OF
LOVING GRACE

JOHN
MARKOFF

"与机器人共舞" 革命的引爆者

在对人工智能的报道之上，马尔科夫也更加完美地契合了保罗·萨福的评价。在整个报道过程中，他看到了日益成熟的机器智能正在接管我们的世界，尤其是在工业领域，智能机械手臂的问世，大大提高了企业的生产效率。他曾在一篇报道中分享了在荷兰一家电动剃须刀工厂的见闻："在荷兰乡间的一家工厂里，128个机器臂以瑜伽式的灵活度做着同样的工作。摄像头引导它们进行的操作远远超过最灵巧的工人。机器臂不停地在两条连接线上作出三道完美的弯，然后将零件穿进肉眼几乎看不见的小孔中。这些机器臂飞快地运行，为了不伤及管理它们的人，它们会被存放在玻璃柜子中。机器臂每天3班、每年365天不停地工作，不需要茶歇。"

这种可能导致工人失业的情况，也引发了马尔科夫的关注，并不禁发出了"距离机器人解锁你的生存技能还有多远"的疑问。经过长时间的采访与调查，他发现，有些工作仍是自动化力所不及的：建筑工作中非重复性的操作，驾驶过程中十字路口上难以预知的一系列复杂事项，安装飞机、轮船和汽车内玻璃纤维板时的触觉反馈……这些工作都不能为机器所取代，所以他日渐形成了让机器增强人类智慧的理念，而非取代人类，以此掀起了一场"与机器人共舞"的革命。

作者演讲洽谈，请联系
speech@cheerspublishing.com

更多相关资讯，请关注

湛庐文化微信订阅号

01 人工智能先驱查尔斯·罗森和机器人Shakey。作为全球首款自动机器人，Shakey项目获得了美国五角大楼的资助，美国军方希望以此打造未来机器哨兵。

02 2007年，塞巴斯蒂安·特龙和迈克·蒙特梅罗站在斯坦福自动驾驶汽车前。这支斯坦福团队正在为参加当年的DARPA城市挑战赛进行紧张的测试。

MACHINES
OF LOVING GRACE

▼

03 荷兰德拉赫滕一家飞利浦剃须刀组装工厂，这里的生产工作不需要任何装配工人。

04 特里·谢伊诺斯基、扬·乐康、杰弗里·辛顿——这三位科学家通过以生物学为灵感的神经网络算法，帮助重振了人工智能。

05 当年的特里·威诺格拉德是麻省理工学院一位才华横溢的年轻研究生，设计了早期的能够理解自然语言的程序。几年之后，他放弃人工智能领域的研究，转而选择了以人类为中心的软件设计。

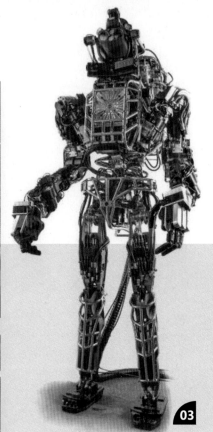

01 罗德尼·布鲁克斯不赞同早期的人工智能，他青睐的是一种"快速、廉价、失控"的新方法。后来，布鲁克斯设计了价格低廉的制造机器人——巴克斯特（Baxter），它的任务是与人类工人并肩工作，而不是替代他们。

02 谷歌决定发力下一代机器人技术后，安迪·鲁宾拉响了这家搜索巨头疯狂收购的号角。不过，虽然规划了长达10年的努力路线，但仅仅一年之后，他便选择从谷歌离职。

03 波士顿动力为DARPA机器人挑战赛设计的机器人阿特拉斯（Atlas）。后来，波士顿动力被谷歌收购，并设计了第二代无绳索、无电源连接的阿特拉斯。

MACHINES
OF LOVING GRACE

04 汤姆·格鲁伯以人工智能研究员的身份开始了自己的事业生涯。不过，后来他转投智能增强阵营，致力于增强人类智慧的工作。格鲁伯是苹果iPhone语音助手Siri的联合创始人。

05 加里·布拉德斯基创建了一个机器视觉软件工具库并帮助设计了机器人。之后，他将离开机器人领域，转而和企业合作打造增强现实眼镜。

中国人工智能学会·丛书

MACHINES
OF LOVING GRACE

THE QUEST
FOR COMMON GROUND
BETWEEN HUMANS
AND ROBOTS

[美] 约翰·马尔科夫 ◎ 著
JOHN MARKOFF
郭 雪 ◎ 译

人工智能
简史

原名《与机器人共舞》

浙江人民出版社
ZHEJIANG PEOPLE'S PUBLISHING HOUSE

ROBOT&
ARTIFICIAL INTELLIGENCE
SERIES

机器人与人工智能，下一个产业新风口

·湛庐文化"机器人与人工智能"书系重磅推出·

60 年来，人工智能经历了从爆发到寒冬再到野蛮生长的历程，伴随着人机交互、机器学习、模式识别等人工智能技术的提升，机器人与人工智能成了这一技术时代的新趋势。

2015 年，被誉为智能机器人元年，从习近平主席工业 4.0 的"机器人革命"到李克强总理的"万众创新"；从国务院《关于积极推进"互联网 +"行动的指导意见》中将人工智能列为"互联网 +"11 项重点推进领域之一，到十八届五中全会把"十三五"规划编制作为主要议题，将智能制造视作产业转型的主要抓手，人工智能掀起了新一轮技术创新浪潮。Gartner IT 2015 年高管峰会预测，人类将在 2020 年迎来智能大爆炸；"互联网预言家"凯文·凯利提出，人工智能将是未来 20 年最重要的技术；而著名未来学家雷·库兹韦尔更预言，2030 年，人类将成为混合式机器人，进入进化的新阶段。

而 2016 年，人工智能必将大放异彩。

国内外在人工智能领域的全球化布局一次次地证明了，人工智能将成为未来 10 年内的产业新风口。像 200 年前电力彻底颠覆人类世界一样，人工智能也必将掀起一场新的产业革命。

值此契机，湛庐文化联合中国人工智能学会共同启动"机器人与人工智能"书系的出版。我们将持续关注这一领域，打造目前国内首套最权威、最重磅、最系统、最实用的机器人与人工智能书系：

- **最权威，人工智能领域先锋人物领衔著作。**该书系集合了人工智能之父马文·明斯基、奇点大学校长雷·库兹韦尔、普利策奖得主约翰·马尔科夫、图灵奖获得者莱斯利·瓦里安和脑机接口研究先驱米格尔·尼科莱利斯等 10 大专家的重磅力作。

- **最重磅，湛庐文化联合国内这一领域顶尖的中国人工智能学会，专门为"机器人与人工智能"书系成立了专家委员会。**该专家委员会包括中国工程院院士李德毅、驭势科技（北京）有限公司联合创始人兼 CEO 吴甘沙、地平线机器人技术创始人余凯、IBM 中国研究院院长沈晓卫、国际人工智能大会（IJCAI）常务理事杨强、科大讯飞研究院院长胡郁、中国人工智能学会秘书长王卫宁、达闼科技创始人兼 CEO 黄晓庆、清华大学智能技术与系统国家重点实验室主任朱小燕、《纽约时报》高级科技记者约翰·马尔科夫、斯坦福大学人工智能与伦理学教授杰瑞·卡普兰等专家学者。他们将以自身深厚的专业实力、卓越的洞察力和深远的影响力，对这些优秀图书进行深度点评。

- **最系统，从历史纵深到领域细分无所不包。**该书系几乎涵盖了人工智能领域的所有维度，包括 10 本人工智能领域的重磅力作，从人工智能的历史开始，对人类思维的创建与运作进行了抽丝剥茧式的研究，并对智能增强、神经网络、算法、克隆、类脑计算、深度学习、人机交互、虚拟现实、伦理困境、未来趋势等进行了全方位解读。

● **最实用，一手掌握驾驭机器人与人工智能时代的新技术和新趋势**。你可以直击工业机器人、家用机器人、救援机器人、无人驾驶汽车、语音识别、虚拟现实等领域的国际前沿新技术，更可以应用其中提到的算法、技术和理念进行研究，并实现个人与行业的大发展。

在未来几年内，机器人与人工智能给世界带来的影响将远远超过个人计算和互联网在过去 30 年间已经对世界造成的改变。我们希望，"机器人与人工智能"书系能帮助你搭建人工智能的体系框架，并启迪你深入发掘它的力量所在，从而成功驾驭这一新风口。

ROBOT&
ARTIFICIAL INTELLIGENCE
SERIES

机器人与人工智能书系
·专家委员会·

智能机器时代的抉择

几年前，在和诺贝尔经济学奖得主、《思考，快与慢》（*Thinking, Fast and Slow*）一书的作者丹尼尔·卡尼曼（Daniel Kahneman）共进晚餐时，我曾指出，机器人技术的快速发展将对中国等新兴制造业国家的社会稳定构成威胁。我认为，主要问题在于，在向信息经济转型的过程中，这些国家将会遭遇失业危机。

"你没有抓住问题的精髓，"卡尼曼反驳道，"机器人进入中国的时机其实恰到好处。"

事实证明，他是对的。在之后的 10 年中，无论是在工厂生产中还是在老年人护理工作中，智能机器都成了司空见惯的存在。不仅在中国如此，世界各地都是如此。不过，当关于自动化和人工智能对人类的影响将如何的话题再度引发全球争论的时候，人们却在很大程度上忽略了新的计算技术、机器人技术与东西方国家的人口老龄化间的相互作用。

过去 3 年间，西方国家对智能机器以及它们对人类劳动岗位的潜在威胁备感忧心。这种担忧并非杞人忧天。从卡车装卸工人到法律研究工作者，无论是白领还是蓝领，只要是重复性的劳动，都将被机器人和基于人工智能的软件取代。

然而，这并不是事实的全部。很早以前，凯恩斯就曾指出，科技将取代工作岗位，而非整体工作量。这些改变了我们工作方式、互动方式以及娱乐方式的创新，将给 21 世纪的社会带来翻天覆地的改变，这种影响几乎等同于 20 世纪初机械设备将农耕经济带向工业经济时，社会所经历的根本性变革。

一个更为紧迫的问题是，我们该如何去定义人类与那些亦敌亦友的机器间的关系。在这本书中，我将对"智能机器将成为我们的奴隶、伙伴还是主人"这一问题的过去与将来进行进一步探讨。

在我生活与工作的硅谷流行着一种看法，即技术的演进有着自己的生命。简单来说就是，技术的进步很多时候超出了人类的控制范围。主要由于半导体行业的影响，这一被称为摩尔定律的过程——过去 40 多年间，计算技术进步的速率持续增加，已经被视作了一种独立的力量。经过很长一段时间，接连几代计算技术，已经从房间大小的计算机，缩小到了冰箱大小的小型机，又进化到可以舒服地"端坐"在桌子上的个人电脑，然后这些设备又"跑到"了人们的腿上、手掌中，而现在又出现在了手腕上。

这造成了一种错觉，那就是，技术的进步是自发的，而且这一过程已经超出了人类的控制范围。可事实远非如此。无论是机器设备，还是让它们运转的软件，实际上都是由人类设计的。马歇尔·麦克卢汉（Marshall McLuhan）

对这一过程的描述最为清晰："我们塑造了工具，而之后，这些工具又塑造了我们。"

现实情况是，人类将继续决定机器的能力。那些创造了日益强大、自动化的机器人和人工智能软件的工程师们，将决定这些发明将要增强人类、控制人类还是完全去除人类的存在。

同样可以确定的是，人类与机器的关系在每一种文化中都呈现了各自的特征。长久以来，日本人都对机器人情有独钟，而在美国，人们在崇敬机器的同时，又多了几分怀疑和惶恐。

这些都不是什么新问题。在计算时代的黎明期，应用数学家、控制论创始人诺伯特·维纳（Norbert Wiener）就曾明确指出，智能机器时代的到来，带来了一些清晰的选择。不过到目前为止，大多数可选方案仍然仅限于推理与猜测。如今，随着机器变得自动、敏捷、能够四处移动，工程师、科学家、程序员以及老百姓所作出的每一个决定，都会即刻发生作用。

中国将会选择怎样一条道路，这一问题同样让人深思。

约翰·马尔科夫
于美国旧金山

是谦逊地生存，还是傲慢地死去

2014 年春天，我把汽车停在临近斯坦福大学高尔夫球场的一家小咖啡馆前。当我从车里出来时，一位女士正将她的特斯拉电动汽车停进我旁边的车位。她下了汽车，把自己的高尔夫球车拿了出来，然后径直走向球场。这时，那辆球车就跟在她身后，请注意，是车"自己"跟着她前进。我有点儿吃惊，但当我疯狂地在谷歌上搜索"机器人高尔夫球车"时，却发现这种"小家伙"并没有什么新奇之处。这款名叫 CaddyTrek 的机器人高尔夫球车的零售价是 1 795 美元，而它不过是出现在硅谷高尔夫球场里众多奢侈物件中的其中一个而已。

机器人在我们的生活中已不稀奇。便宜的传感器、强大的电脑和人工智能软件能确保这些机器人变得更加自主。它们将帮助我们，也将取代我们。它们会像改变战争方式一样，改变医疗保健和老年人护理的现状。无论是在文学作品还是在影视作品中，我们早已对机器人司空见惯了。

但是，我们远没有为这一孕育之中的新世界做好准备。

撰写本书的想法要追溯到 1999—2001 年，当时我正在进行一系列采访，最终这些采访汇成了《睡鼠说：20 世纪 60 年代的反文化如何影响个人计算机产业》（*What the Dormouse Said: How the Sixties Counterculture Shaped the Personal Computer Industry*）一书。我最初的研究是 "反自传"（anti-autobiography）的一个例子。20 世纪五六十年代，我在帕洛阿尔托（Palo Alto）附近长大，这里后来变成了硅谷的核心地带，但当一系列计算机和通信技术组合起来，形成个人计算和现代互联网的基础时，我却搬走了。不过，我回来得很及时，见证了 "将会席卷整个世界的计算时代的兴起"，它所到之处，一切都被改变了。几年以后，在进行睡鼠项目研究的时候，我发现了与早期的互动计算机系统设计者们的工作完全不同的内容。在信息时代刚刚揭开序幕的几年里，两位研究人员开始独立开发未来的计算形式，他们建立的实验室离斯坦福大学校园不算很远。

人工智能里程碑

1964 年，曾提出 "人工智能"（artificial intelligence，AI）概念的数学家、计算机科学家约翰·麦卡锡（John McCarthy）开始着手研发一系列技术，试图模拟人类能力，他原以为这个项目在 10 年内就可以完成。与此同时，在校园的另一边，一心打算 "用自己的技术让世界变得更美好" 的梦想家道格拉斯·恩格尔巴特（Douglas Engelbart）坚信，计算机可以被用来加强或扩展人类的能力，而非模仿或取代这些能力。他开始构建系统，使小组内的知识分子们可以快速地提高智力，协同工作。一位研究人员开始用智能机器取代人类，而另一位则开始扩展人类的能力。当然，他们的研究既存在联系，又互相排斥。这里存在的悖论是，同样的技术既有可能延伸人类智力，也有可能取代人类。

在本书中，我探索了科学家、工程师和黑客们研究的"如何深化人与计算机间的联系"这一问题。在一些案例中我发现，设计师们坚持认为人工智能和"智能增强"（intelligence augmentation, IA）之间存在互相矛盾的关系。通常，这最后会被归结为简单的经济学问题。现在，对这种性能远超 50 年前早期工业机器人的新机器人的需求正在不断上升，甚至在一些早已高度自动化的行业，比如农业中，一大批新型"农业机器人"正在驾驶拖拉机或收割机作业，从空中监管并提高农业生产率。

关于前面提到的悖论，研究人员还有许多深入的思考。以埃里克·霍维茨（Eric Horvitz）为例，他是微软人工智能项目的研究人员、医学博士，也是美国人工智能协会（AAAI）的前主席，几十年来一直致力于研究如何拓展人类的能力。他设计出了一些精密的机器人，它们可以充当办公室秘书，完成诸如追踪日程安排、招待访客的任务，并可以管理终端和排除干扰。他制造的机器人在增强人类的同时也在取代人类。

另外，生于德国的塞巴斯蒂安·特龙（Sebastian Thrun）是一位人工智能研究人员和机器人专家（同时也是在线教育公司 Udacity 的联合创始人），他们都在打造一个将充满自动化机器的世界。作为谷歌无人驾驶汽车项目的创始人，特龙主导了无人驾驶汽车的设计，这项设计可能会在未来的某天取代数百万人类驾驶员——也许只有那些被拯救的生命和被避免的伤害才能证明这个项目的价值。

本书的主题是辩证地看待这些设计者的工作。他们制造出的系统既可以让人类变得更强大，也有可能取代人类。安迪·鲁宾（Andy Rubin）和汤姆·格鲁伯（Tom Gruber）的理论就体现出了最清晰的对比。鲁宾是谷歌机器人帝国最初的架构师，格鲁伯则是苹果 Siri 智能助手的主要设计师，他们都是硅谷最优秀、最耀眼的明星，他们的工作都建立在前人成果的基础之上：鲁宾模仿了约翰·麦卡锡，格鲁伯则追随了道格拉斯·恩格尔巴特——或取代人类，或让人类变得更强大。

今天，机器人学和人工智能软件都在不断唤起人们对个人计算时代早期的回忆。正如业余爱好者们缔造了个人计算机产业，人工智能设计师和机器人学家对技术进步、新产品和它们身后的科技公司都抱有极大的热情。与此同时，多数软件设计师和机器人工程师在被问到自己的发明会带来什么潜在影响时都会感到不快，只能频繁地以幽默来转移话题，化解尴尬，但是，问题仍然是必要的。机器人发展中可没有"盲眼钟表匠"（blind watchmaker）[1]。无论是增强还是自动化，都是由一个个人类设计师作出的设计决定。

尽管结果本身很是微妙，不容易分出黑白两面，但将一组人当作英雄、另一组人当成反派角色还是很轻松的。

人工智能关键思考

在人工智能和机器人技术之间，未来既可能是乌托邦，也可能是地狱，还有可能是介于两者之间的某种世界。如果生活和自由的标准有机会得到提高，但是否值得以牺牲自由和隐私为代价呢？是否存在能够设计出这种系统的正途或是歧路？我坚信，答案就在这些设计师身上。

一组设计师设计出强大的机器人，让人们可以完成此前无法想象的任务，比如用于空间探索的编程机器人；而另一组人则研究用机器取代人类，比如设计出人工智能软件，让机器人可以为医生和律师的工作"代班"。有必要让这两个阵营找到互相交流

---

[1] 出自英国演化生物学家理查德·道金斯《盲眼钟表匠》一书。道金斯在书中指出，物种演化没有特殊目的，大自然如同一位盲眼的钟表匠，是在无意中制造出这一精密体系的。——译者注

的途径。我们如何设计这些日益智能的机器、如何与它们互动，将决定未来社会和经济的本质。这将不断影响现代世界的方方面面，从我们是否生活在一个阶层更加分明（或更加模糊）的世界，到身为人类究竟意味着什么。

目前，美国正处于一场关于人工智能和机器人学的重要性以及它们对就业、生活质量影响的崭新讨论之中。我们如今进入了一个很奇怪的时代——办公自动化已经开始动摇白领们的工作，就像 20 世纪 50 年代工人被机器所取代时一样残忍。"大自动化之争"（great automation debate）在 50 年后回归，这与《罗生门》（Rashomon）中的某些场景如出一辙：所有人都看到了相同的故事，但每个人都以利己的方式进行了不同的解读。尽管有关计算机化造成的可怕影响的讨论甚嚣尘上，进入办公室工作的美国人数量仍然在增加。对来自美国劳工统计局的同一份数据进行分析后，分析师们作出了两个截然相反的预测：一个是工作的终结，另一个是新兴劳动力的复兴。无论劳动力是正在消亡还是转变之中，很明显，新到来的自动化时代正在对社会产生深远的影响。尽管有大量的相关消息，但是否有人真正掌握了科技社会的前进方向，我们仍不得而知。

尽管很少有人见过 20 世纪五六十年代那些笨重的大型机，但仍有一种流行观点认为，这些机器显露出了某种不祥的、不受人类控制的迹象。随后，在 70 年代个人计算时代到来后，计算机变成了某种更为友善的存在——因为人们可以触摸到这些计算机，便开始觉得它们处于自己的控制之下。如今，物联网正在兴起，计算机开始再次"消失"，这次，它们开始融入人们周遭的一切，看起来就像拥有了魔法一样——现在，家里的烟雾探测器开始讲话，而且可以听得懂指令。我们的手机、音乐播放器和平板电脑都比几十年以前的超级计算机拥有更强的计算能力。

随着"无处不在的计算"时代的到来，我们已经进入一个崭新的智能机器时代。在未来几年内，人工智能和机器人给世界带来的影响将远远超过个人计算和互联网在过去 30 年间已经对世界造成的改变。汽车可以无人驾驶，机器人可以完成快递员的工作，当然，还有医生和律师的。新时代为伟大的物理和计算力量带来了希望，但它也使半个多世纪前曾被提出的问题得以重构：我们还能控制这些系统吗，或者，它们会控制我们吗？

乔治·奥威尔（George Orwell）对这个问题进行了充分论证。在《1984》一书中，奥威尔描绘了一个监视无处不在的国家，但他也写到，这种国家控制通过缩减人类的口语和书面语、增加表达的难度，进而约束社会对不同思想的接纳。他虚构出一种名为"新语"（Newspeak）的语言，这种语言可以有效地限制思想和自我表现。

看看互联网为我们提供的数以百万计的频道，乍看之下，今天的我们或许离奥威尔描述的噩梦还有十万八千里，但越来越多的案例表明，智能机器正在为我们作出决策。如果这些系统只是提供建议，我们很难将其称为奥威尔提到的"控制"，但是，大数据的世界已经使互联网变得与 10 年前大相径庭。互联网延伸了计算所及之处，并改变了我们的文化。新的"奥威尔社会"呈现出一种更为柔性的控制。互联网提供了一些过去无法匹敌的新型自由，与此同时，也矛盾地让控制和监管得以延伸，这已远远超出了奥威尔最初理解的范畴。每一个足迹、每一句话语都被记录并被收集，完成这一工作的不是"老大哥"，就是一些正在成长的"小大哥"。互联网已经成为一项与文化的方方面面有密切接触的技术。今天，智能手机、笔记本电脑和台式机能听懂我们说话，完成我们发出的指令，摄像机或许也能通过它们的屏幕友好地凝视我们。即将来到的物联网时代正在将不显眼的、永远在线的、（可能）乐于助人的桌面机器人带入千家万户，就像亚马逊的语音助手 Echo 和辛西娅·布雷齐尔（Cynthia Braezeal）的 Jibo。

　　世界会像 20 世纪 60 年代的诗人理查德·布劳提根（Richard Brautigan）所描述的"慈爱机器"（machines of loving grace）一样成为"一个自由的世界"（a free world）吗？这里的"free"指的是"言论自由"（freedom of speech）还是"免费啤酒"（free beer）呢？**在一个充满智能机器的世界里，回答这些问题的最好方法就是理解那些正在创造这些系统的人们的价值观。**

　　在硅谷，乐观的技术专家很乐意相信"创新"和"摩尔定律"这对双生力量足以说明所有科技进步的原因。很少有人能解释为什么某一项技术打败了其他技术、为什么某一项技术会崛起。这一观点是社会科学家提到的"技术的社会建构"（social construction of technology）——他们认为是我们创造了这些工具，而非相反。

　　我们已经有了数百年使用机器取代体力劳动的经验，但是，取代白领工人和脑力劳动者的智能机器还是新现象。比起仅仅取代人类，信息技术还正在使某些体验民主化，这不仅是因为使用个人计算机让我们不再需要雇用秘书。例如，互联网和网络已经极大地削减了新闻业的成本，不仅颠覆了新闻产业，还在根本上转变了收集、报道新闻的流程。类似的技术还有音高修正技术，它已经可以让没有受过训练的人唱出美妙的歌曲，同时，一大批计算机化的音乐系统让所有人都能成为作曲家和音乐家。在未来，这些系统将被如何设计，预示着要到来的是一场伟大的复兴还是更加深邃的黑暗——在人们如今生活的世界里，人类所有的技能都要通过机器来传承。麦卡锡和恩格尔巴特的研究定义了一个新时代，在那里，数字计算机将像工业革命一样深刻地改变经济和社会。

　　最近，一些实验为我们在理解机器对未来工作产生的影响方面提供了值得深思的事例（这些实验在世界上最贫困的地区进行，保证了当地居民的基本收入）。这些实验的结果令人震惊，因为它们与"经济安全削弱了人们的工作意愿"这一主流观点相左。2013 年，在印度一个贫困村庄进行的一项实验保证了当地居民的基本需求，却得到了相反的效果。这些贫困的人们并没有安于自己得到的政府补贴，相反，他们变得更加负责、更有生产力。日后，我们很有可能有机会在第一世界进行一次类似的实验。基本收入的理念已经成为欧洲国家必谈的政治议题。1969 年，尼克松政府首先以"负所得税"的形式提出这一概念，目前，它尚未被美国政坛接受，但如果技术性实验变得日益普遍，这种局面将会发生改变。

如果未来的产业不再需要劳动力，将会发生什么呢？如果仓库管理员、废品收集员、医生、律师和记者都被技术取代，又会发生什么呢？当然，我们无法预知这样的未来，但是我猜想，社会也许会在未来发现人类并非生来就需要工作，或是会发现能创造价值的类似方式。新型经济将创造我们今天无法理解的工作岗位。科幻小说作家当然已经预见了这种未来。读读约翰·巴尔内斯（John Barnes）的《风暴之母》（*Mother of Storms*）或者查理·斯特罗斯（Charlie Stross）的《渐快》（*Accelerando*），都是了解未来经济可能模式的不错选择。

一个简单的答案是，人类的创造力是无限的，如果我们的基本需求被机器人和人工智能满足，那么我们将找出娱乐、教育和照料他人的新方式。这些答案或许很笼统，但这些问题正变得日益尖锐，即智能机器是会像盟友一样与我们互动、照料我们，还是会奴役我们？

在本书中，我将介绍不同的计算机科学家、黑客、机器人专家和神经科学家。他们都拥有相同的感觉，认为我们正在靠近一个感染点，在那里，人类将生活在机器的世界中，这些机器可以模仿人，某些能力甚至会超越人。他们对人类在这个新世界中的地位有着各种各样的感受。

21 世纪前 50 年内，社会将作出艰难的决策，允许这些智能机器拥有成为我们的仆人、伙伴或主人的潜力。在 20 世纪中叶计算机时代的开端，诺伯特·维纳曾对自动化的一种可能性提出警示："我们可以谦逊地在机器的帮助下过上好日子，也可以傲慢地死去。"

现在看来，这不失为一次中肯的警告。

01　人与机器，谁将称王　　　　/ 001

无论机器人是否在现实世界都助了我们，人工智能已经不可辩驳地日益成为我们生活的一部分。今时今日，麦卡锡和恩格尔巴特最为核心的冲突仍然悬而未决——一种方法要用日益强大的计算机硬件和软件组合取代人类；另一种方法则要使用相同的工具，在脑力、经济、社会等方面拓展人类的能力。需要再次注意的是，若软件和硬件机器人都足够灵活，它们最终都会变成我们在程序中为它们设计的模样。

◇ 比尔·杜瓦尔，在 AI 和 IA 中游走的第一人

◇ 两大阵营的奇点之争：主人、奴隶还是伙伴

◇ 人机交互，机器的终极智慧

◇ 悬而未决的伦理困境

02　无人驾驶汽车，将人类排除在外　/ 021

DARPA 大赛是两个世界的分界线——在一个世界中，机器人被视作玩具或研究人员的玩物；而在另一个世界中，人们开始接受机器人能够在世界上自由移动的事实。如今，"半自动"汽车已经在市场上出现，它们给交通的未来开启了两条路——一条路配有更智慧、更安全的人类司机；而在另一条路上，人类将成为乘客。

03　跨越 2045 年，人类将去往何处　　/ 065

随着机器学习能力的增强，它们日益呈现出了极强的独立性，而这一新机器时代正掀起一场十分严酷的工业革命，可以将一名工厂工人置于不被雇用的地步。奇点临近，到底谁才是人类命运的主宰者？2045 年，对人类来说究竟将是艰难的一年，还是会掀起一场技术盛宴的一年，抑或是两种可能同时发生的一年？

04　从寒冬到野蛮生长，人工智能的前世今生 / 095

虽然很多人相信世界上第一个机器人 Shakey 预示了人工智能的未来，但其商业化进程却不甚理想。20 世纪 80 年代初，人工智能公司一家接一家地走向崩溃。现如今，新一波人工智能技术预示着新"思维机器"的出现。而随着微软、谷歌等公司的加入，新一波人工智能浪潮再次被唤起。

05 以人为本，重新定义"机器"智能　/ 157

在交互式计算的前50年中，计算机更多的是在增强而非取代人类，人工智能遭遇了"滑铁卢"，很多人背离过往，将自己职业生涯的剩余时间贡献给了"以人为本"的计算，也即智能增强。他们"遗弃"了人工智能圈，将注意力从建造智能机器转到了让人类变得更聪明上。

06 学会协作，人类与机器共存　/ 193

马文·明斯基、杰夫·霍金斯和雷·库兹韦尔等多位电子工程师都宣称，实现人类级别的智能的方法是发现并整合那些人类大脑中隐藏着的认知的简单算法。这通常能制造出有用、有趣的系统。或许，与机器人交互的那种自由、放松之感，正是因为在连线的另一边并不是一个令人难以捉摸的人类。也许，这根本与人际关系无关，更多的在于是取得控制成为主人，或者，是成为奴隶。

07 救援机器人，从模拟智慧到智能增强　/ 227

霍姆斯泰德 - 迈阿密举行的机器人大赛让一件事情变得清晰起来，那就是，有两个不同的方向能够定义即将到来的人类与机器人的世界：一个迈向人机共生的世界，而另一个则在向着机器取代人类的方向发展。正如诺伯特·维纳在计算机和机器人的启蒙时期所意识到的一样，其中一种未来对于人类来说可能将是凄凉黯淡的，而走出这条死路的方法是将人类放置在设计环节的中心，重新塑造个人计算，把它作为增强人类智慧的终极工具。

◇ 从机械兽到机械展馆

◇ 仿生机器人，进入极端环境作业

◇ 安迪·鲁宾，移动机器人时代的预言家

◇ 谷歌的机器人帝国计划

◇ 巅峰之战：DARPA 机器人挑战赛

◇ 机械手，触摸的科学

◇ 加里·布拉德斯基，将机器视觉技术融入机械手臂之中

◇ 智能增强，以人类为中心重塑计算

08 收购 Siri，苹果正式踏入智能增强阵营 / 275

收购 Siri 是乔布斯在为苹果铺平通向未来的道路——迎接将来人机交互的另一次重要转换。在计算机世界最后的一幕，乔布斯选择落地，径直走进了智能增强阵营：让人类控制他们自己的计算系统，站在了增强和合作的阵营。

◇ 收购 Siri，乔布斯的最后一件事情

◇ 汤姆·格鲁伯，从建模知识到建模策略

◇ Intraspect，流星般的人机交互系统

◇ Web2.0，群体智慧改变一切

◇ 亚当·奇耶，下一个恩格尔巴特

◇ Siri 核心创始团队的建立

◇ 携手苹果，让人类与机器优雅地合作

MACHINES

OF LOVING GRACE

01

人与机器，谁将称王

无论机器人是否在现实世界帮助了我们，人工智能已经不可辩驳地日益成为我们生活的一部分。今时今日，麦卡锡和恩格尔巴特最为核心的冲突仍然悬而未决—— 一种方法要用日益强大的计算机硬件和软件组合取代人类；另一种方法则要使用相同的工具，在脑力、经济、社会等方面拓展人类的能力。需要再次注意的是，若软件和硬件机器人都足够灵活，它们最终都会变成我们在程序中为它们设计的模样。

从 大学退学的时候，比尔·杜瓦尔（Bill Duvall）就已经是一个黑客
了。不久，他"邂逅"了一个身高 1.8 米、名叫 Shakey 的轮式机器
人。1970 年，《生活》杂志（Life）将 Shakey 称为第一个"电子人"（electronic
person），那时的它本该享受自己的辉煌时期。Shakey 虽然是机器人，但它更
像 R2-D2 一类的移动机器，而不是《星球大战》中的类人 C-3PO。简单来说，
它就是一堆装配有传感器和机动轮的电子设备集合体，起初使用线缆连接其他
设备，后来升级到可与旁边的主计算机实现无线连接。

Shakey 并不是世界上第一个可移动机器人，但它却是第一个被设计成能
够完全自动化运转的机器人。作为对人工智能的早期实验，Shakey 的设计初
衷是具备推理周围世界、规划自身动作并执行任务的能力。它能够在自己那高
度结构化的世界中发现和推动目标物体，并按照预先的规划四处移动。除此之
外，作为未来将诞生的众多发明的前身，Shakey 被视作那些"更有野心"的
机器的原型——用军方术语来说，就是能在"恶劣的环境中"生存的设备。

虽然时至今日这一项目几乎已经完全被世人遗忘，不过毋庸置疑的是，
Shakey 的设计师们是当今计算技术的先驱，而这些技术正在被数十亿现代人

使用。汽车和手机地图软件采用的技术也出自打造 Shakey 的团队之手，他们采用的 A* 算法是目前已知的寻找两点之间最短路径的最优方法。在 Shakey 项目临近结束时，研究任务中又加入了语音控制，从这一点来看，如今的苹果 Siri 语音服务也算得上是这台设备的"后裔"。就这样，作为一堆驱动器和传感器的集合体，Shakey 开始了自己的生活。

杜瓦尔在美国旧金山半岛南部地区长大，父亲是一位物理学家，曾经参与过斯坦福研究所（SRI）的机密研究——这是一个军事智库，也是 Shakey 的家。20 世纪 60 年代中期，杜瓦尔读完了加州大学伯克利分校的全部计算机编程课程，两年后，他选择辍学加入父亲工作的团队，这里距离斯坦福大学校园仅有几公里。自此之后，杜瓦尔进入了一个与世隔绝的圣殿，在这里，主计算机就等同于最初的神明。

对这个年轻的黑客来说，斯坦福研究所是进入另一个世界的大门，在这里，技术高超的程序员们制作出了各种优雅、精密的软件机器。20 世纪 50 年代，斯坦福研究所开发出首批"支票处理"计算机。杜瓦尔加入斯坦福研究所后原本要参与一家英国银行的业务自动化项目，不过，由于这家银行被合并到一家规模更大的银行，这一项目也被无限期地搁置了。利用这段时间，杜瓦尔享受了人生中第一次欧洲假期，然后又回到加州门洛帕克（Menlo Park）重新书写自己与计算机的"浪漫故事"——他加入了负责 Shakey 项目的人工智能研究团队。

与很多黑客一样，杜瓦尔显得有些不合群。在高中时期，他加入了当地的一个自行车俱乐部，常常在斯坦福周围的小山上骑行——比电影《突破》（Breaking Away）上映还早了 10 年。20 世纪 70 年代，这部电影的上映改变了美国人对自行车竞技的看法，可是在 60 年代，骑车仍被视作一种放荡不羁的波西米亚式运动，吸引的都是人们眼中的乌合之众——个人主义者、独来独往或没有前途的家伙。其实，这样的景象与杜瓦尔的世界观很相近。在上高中之前，他曾就读于半岛学校（Peninsula School），它相当于一个中小学的替代学校。这所学校坚持一种不同的教育哲学，那就是孩子应该从实践中用自己的节奏学习。在这里，杜瓦尔结识了一位名叫伊拉·桑德皮尔洛（Ira Sandperl）的老师。桑德皮尔洛是一名甘地学者，也是斯坦福大学附近的开普勒书店的常客；他也曾是美国民谣女歌手琼·贝兹（Joan Baez）的导师，正是他为杜瓦尔灌输了一种独立汲取知识、面对世界的能力。

杜瓦尔是第一代计算机黑客中的一员——这是从麻省理工学院衍生出的一种亚文化，在这里，计算的目的就是计算本身，与机器相关的知识、代码都能得到自由共享。这种文化迅速向美国西海岸"移民"，并在斯坦福大学、加州大学伯克利分校这样的计算设计中心扎下根来。

在那个时代，计算机的稀有与罕见还是令人难以想象的，仅有的几台巨型机器也都"躲"在银行、大学和政府赞助的研究中心里。不过，在斯坦福研究所，杜瓦尔却可以不受任何限制地接触那台足有一间屋子大小的机器——这台设备原本是为军方资助的一个高级项目购买的，后被用于运行 Shakey 的控制软件。

斯坦福研究所和附近的斯坦福大学人工智能实验室（SAIL）都隐藏在斯坦福大学后的山丘上，这里有一群紧密团结在一起的研究人员，他们相信，人类能够创造一种可以模仿人类能力的计算机。对这群科学家来说，Shakey 便是未来的一个醒目的征兆，他们认为再过短短几年，能让机器人像人类一样行动的技术突破就会出现。

事实上，在 20 世纪 60 年代中期美国东西海岸的人工智能科学家圈子里弥漫着一种几乎无限乐观的情绪。1966 年，在斯坦福研究所和斯坦福大学人工智能实验室启动机器人与人工智能项目的同时，在美国的另一边，另一位人工智能先驱、麻省理工学院的马文·明斯基（Marvin Minsky）安排了一位本科生着手在夏季项目中进行计算机视觉领域的研究。

然而，现实却让人失望。加入 Shakey 项目组之前，杜瓦尔曾先后加入斯坦福研究所其他几个项目的工作。尽管人工智能注定会改变世界，但这位年轻的程序员看到的只是这台机器人勉强能像婴儿一样蹒跚学步。

Shakey 被放在一个开放的大房间里，里面铺着油毡地板，有两个放满电子设备的架子。房间里散落的几个盒装物体是它的"玩具"。为 Shakey 提供"智慧"的主计算机就在它附近。Shakey 的传感器能够捕捉到它身边的世界，

扫码获取"湛庐阅读APP"，搜索"人工智能简史"，即可观赏机器人Shakey 研制过程的影片。

然后进行"思考"——即使是在它那个封闭、受控制的小世界里。在每一次恢复行动之前，它都会站在那里一动不动地发几分钟呆，就像正看着小草生长。此外，它还会频繁死机，有时仅仅运行了几分钟就会耗光全部电量。

在几个月的时间里，虽然杜瓦尔最大程度地利用了当时的条件，但他能够预见到这一项目距离完成自动化军事岗哨或观察任务的目标还有好几个光年。他尝试通过给测距仪（一种基于旋转镜设计的笨重设备）编程来找乐子。不幸的是，这个设备也经常会出现机械故障，这让软件开发在错误预测和恢复过程中变成了一种令人不快的体验。一位负责人告诉他，这个项目需要一个"概率决策树"来完善机器人的视觉系统，因此杜瓦尔花了大量时间来编写程序工具，让它能够程序化地自动生成这种"树"。Shakey 的视觉系统比测距仪的效

果要好。即使只是最简单的机器视觉处理过程，Shakey 仍然能够识别出物体的边缘和基础形状，这是它了解周围环境并开始活动的重要基础。

杜瓦尔的上司坚信，应该按结构化概念打造自己的团队，所以"科学"只能由"科学家"完成。程序员只不过是在底层从事繁重工作的劳动者，这群"码农"的任务是实现上级的设计思路。团队的部分领导似乎打算追求高层次的目标，且这一项目实行军事化管理，级别森严，这让像杜瓦尔这种低等级程序员的生活毫无动力，他们完全陷入了为机器驱动程序或其他软件接口"搬砖"的工作中。这样的现实无法得到这位年轻黑客的认可。

对这个年轻人来说，机器人是一个很酷的想法，可是在《星球大战》上映之前，世界上并不存在任何鼓舞人心的原型。20 世纪 50 年代，电影《禁忌星球》（*Forbidden Plannet*）中出现了一个名叫 Robby 的机器人，但它却很难在更广阔的世界中激发人们的灵感。简单来说，Shakey 无法很好地工作。不过幸运的是，斯坦福研究所是一个庞大的机构，很快，杜瓦尔的注意力就被更有趣的项目吸引了过去。

比尔·杜瓦尔，在 AI 和 IA 中游走的第一人

从 Shakey 实验室走到楼下的时候，杜瓦尔经常会碰到一个研究团队，当时他们正在打造一款运行 NLS 或 oNLine 系统的计算机。Shakey 项目组等级森严，但这个由计算机科学家恩格尔巴特负责的项目却有着截然不同的景象。恩格尔巴特手下的研究人员是一群不拘一格的家伙，他们是穿着古板的白衬衫、蓄着长发的计算机黑客。当时，这群人正努力将计算带往另一个发展方向，它看上去甚至和传统项目不在同一个坐标系中。当时的 Shakey 项目还在努力模仿人的大脑和躯体，可恩格尔巴特却有着一个非常不同的目标。在第二次世界

大战后期，他曾读到万尼瓦尔·布什（Vannevar Bush）的一篇文章，其中提及了一个名为 Memex 的信息检索系统，可以用它管理全世界的所有知识。后来，恩格尔巴特断定，这样的系统可以在当时新推出的计算机上实现。

恩格尔巴特认为，当时正是"建立一个互动系统来捕获知识、组织信息"的最好时机，这种方式能让一小群人，即科学家、工程师和教育家们更有效地进行创造与合作。在那时，恩格尔巴特已经发明了计算机鼠标，并构想出了超文本链接的概念，它在几十年后成了现代互联网的根基。除此之外，与杜瓦尔相似的是，恩格尔巴特也是那个狭隘计算机科学世界中的一个局外人，"蜗居"那个世界的家伙们总是习惯于将理论与抽象视为科学的基础。

人工智能定义的世界与恩格尔巴特的"智能增强"理论之间的鸿沟已经非常明显。事实上，20 世纪 60 年代恩格尔巴特造访麻省理工学院来展示自己的项目时，马文·明斯基就抱怨说，那是在浪费研究经费，这些钱充其量只能造出一些华而不实的文字处理器而已。

尽管没能获得计算机科学家们的尊重，但所幸恩格尔巴特能够对自己被当作"主流学术世界门外汉"的状况泰然处之。在参加五角大楼定期举办的美国国防部高级研究计划局（DARPA）审查会议时，得到资助的研究人员常聚在一起分享他们的研究成果。恩格尔巴特的展示经常会以一句"这不是计算机科学"开篇。然后，他会描绘出一种愿景，让人们使用计算机来"引导"自己的项目，让学习和创新变得更强大。

即使这并不是计算机科学的主流，但这些想法却让比尔·杜瓦尔着了迷。不久后，他决定转为这支团队效力，于是搬到了以前项目组楼下的恩格尔巴特实验室。不到一年，他就不再挣扎着为"首个有用的机器人"编码，转而为首次连接两台电脑的网络编写代码（它在未来将变为互联网）。

人工智能里程碑

1969 年 10 月 29 日深夜，杜瓦尔成功地通过从电话公司租到的一条数据线路将位于门洛帕克的恩格尔巴特的 NLS 系统与洛杉矶的一台由另一个年轻黑客控制的计算机建立了连接。因为其特殊经历，比尔·杜瓦尔也成了全世界第一个从"用计算机取代人类"领域的研究跳槽到"用计算机来增强人类智慧"领域的人。他也是首个同时站立在两大工程师阵营之中的人，这两大群体至今仍然站在一条隐形的"分割线"两侧对峙。

这个从 20 世纪 60 年代开始的项目在 1970 年左右进一步加速，并成为斯坦福大学附近的第三个实验室。施乐公司的帕洛阿尔托研究中心用个人计算机和计算机网络的尝试进一步延伸了这个由麦卡锡和恩格尔巴特实验室孕育出的想法，再后来，这一想法又被苹果、微软等公司进一步成功地商业化。个人计算行业带来了风险投资家约翰·杜尔（John Doerr）在 20 世纪 90 年代提出的"史上最大的财富合法积累"。

大多数人都是因为"鼠标之父"的头衔才听说恩格尔巴特的大名的。其实，他有着更宏大的理念——使用计算机技术，让一小群人能够通过利用更强大的软件工具来"引导"其项目和组织活动，创造他眼中的那种"群体智商"（collective IQ，它能够超过任何单一个体的能力）。鼠标仅仅是帮助提升人类与计算机交互能力的一个简单的小工具。

在创建斯坦福大学人工智能实验室的时候，麦卡锡对世界的影响在很多方面与恩格尔巴特十分相似。像艾伦·凯（Alan Kay）和拉里·泰斯勒（Larry Tesler）这样对现代个人计算机设计有过巨大推动作用的人，是经由他的实验室进入施乐，后来又转投苹果的。惠特菲尔德·迪菲（Whitfield Diffie）则带走了"为现代电子商务保驾护航"的加密技术。

然而，另外两个在斯坦福研究所和斯坦福大学人工智能实验室同时进行的项目直到现在才开始带来一些实质性的影响：机器人技术和人工智能软件。这两项研究的目标都不仅是带来经济效益，它们要做的是孕育智能机器新纪元，从根本上改变我们的生活方式。

在这些实验室成立之前，人们就已经预计到了计算和机器人技术的影响。早在1948年计算时代刚刚进入黎明的时候，诺伯特·维纳就提出了一种"控制论"的概念。在《控制论》（*Cybernetics*）一书中，他概述了一种关于控制与通信的全新的工程科学，并预言了这两种技术的出现。维纳还预见到了这些新工程学科的影响。《控制论》出版两年后，他又在其姊妹篇《人有人的用处》（*The Human Use of Human Beings*）中探索了自动化技术的价值与危机。

人工智能里程碑

维纳是最先预见到信息技术双重可能性的人，这把双刃剑可能逃离人类掌控并反过来控制人类。此外，他还是最早对机器智能的到来提出批判的学者：将决策权给予无法进行抽象思维的系统是存在危险的，因为它们将完全从功利的角度进行决策，而不会考虑更为丰富的人性价值。

两大阵营的奇点之争：主人、奴隶还是伙伴

20世纪50年代，恩格尔巴特曾在美国宇航局（NASA）的艾姆斯研究中

心（Ames Research Center）担任电子技术员。在那里，他看着航空工程师们制作小模型，然后在风洞中测试，最终将这些模型放大成为全尺寸的飞行器。

恩格尔巴特很快意识到，新的硅计算电路能够以相反的方向形成一定规模，组成"微观世界"。缩小电路后，让使用相同的成本在相同的空间中放入更多的电路成为可能。而每一次电路密度的增加，设备的性能都会得到显著提升，这种增长不是加法，而是乘法。对恩格巴尔特来说，这是一个重要观点。在20世纪50年代，现代计算机芯片诞生还不到一年时，他便意识到未来的计算能力将会足够低廉、充足，从而可以改变人类的面貌。

以摩尔定律为例，这种指数级的变化是硅谷关键的贡献之一。恩格尔巴特和摩尔预见到，计算机将会变得更强大，处理速度也会更快。同样发生剧烈变化的是计算成本，不过这一成本将持续下降而不是增加，而且这一过程也会加速进行，终有一天，世界上最贫穷的人也会有能力去购买强大的计算机。在过去5年中，这样的加速让人工智能赖以发展的必备技术得到了迅速的提升：计算机视觉、语音识别、机械触摸及操作。现在，机器也拥有了味觉和嗅觉，不过更引人入胜的创新是通过电子线路模拟人类神经元，这将进一步推动模式识别的进步，从而模拟人类的认知。

日渐加速的人工智能创新已经让莱斯大学（Rice University）的摩西·瓦迪（Moshe Vardi）等计算科学家预言，最迟在2045年，在一些非常重要的工作中，人类将退出历史舞台。更有甚者，有人提出，计算机将快速进化，最终将用一代人或者最多两代人的时间超越人类智能。科幻小说作家、计算机科学家弗诺·文奇（Vernor Vinge）提出了计算"奇点"（singularity）的概念：在这个点上，机器智能将取得飞速进步，它将成功地跨过那个门槛，然后实现飞跃，成为"超级人类"。

这是一个充满挑衅的说法，但想作出确切回答还为时尚早。事实上，这会让我们回忆起硅谷观察员保罗·萨福（Paul Saffo）在思考计算带来的复合影响时提出的观点，"永远不要因为短视而误解一个清晰的观点"，他经常这样提醒硅谷的计算机专家。那些坚信人类劳动力将在几十年内过时的人应该回想一下 1980 — 2010 年之间全球化和自动化发生时的背景，那时的美国劳动力实际上保持了扩张趋势。经济学家弗兰克·利维（Frank Levy）和理查德·莫内姆（Richard Murname）近期指出，自 1964 年以来，经济的发展实际上已经增加了 7 400 万个就业岗位。

麻省理工学院的经济学家大卫·奥特尔（David Autor）已经对当前的自动化浪潮带来的影响进行了详尽的解释。他认为，工作岗位损失并非发生在所有领域内，相反，它主要集中于劳动结构中那些程式化的工作中，这是"后第二次世界大战时期"白领群体的扩张。经济在金字塔底部和顶部不断扩张，市场的拓展为底层工人和专家工作创造了更多的机会，但同时也使得中间的层级变得十分脆弱。

比起在纸上展开讨论，我更有兴趣探索最先由诺伯特·维纳在他有关自动化介绍的早期警告中提出的不同问题。麦卡锡和恩格尔巴特的不同方法将会带来什么结果？这些由当今人工智能研究人员和机器人专家作出的设计决策将产生什么影响？同理，打造可以取代人类或者与人类在商业、娱乐和日常活动中互动的智能系统，将产生怎样的社会影响？

人工智能里程碑

两个拥有各自独立的传统、价值观和优先顺序的技术圈子在计算世界中出现了。一个是人工智能，它正在无情地朝着将人类体

> 验自动化的目标进发；另一个是"人机交互"（human-computer
> interaction，HCI），与先锋心理学家利克莱德（J.C.R. Licklider）提
> 出的"人机共生"（man-machine symbiosis）理念发展更为相关。

在计算机时代刚刚开始时，利克莱德就提出，HCI 是向智能机器前进过程中的一个过渡阶段。更重要的是，在 20 世纪 60 年代中期，利克莱德作为 DARPA 信息工程技术办公室的主管，将成为麦卡锡和恩格尔巴特的早期资助者。在利克莱德时代，五角大楼才被定义为真正的"蓝天"资助组织，这同时也是这一组织最具影响力的时期。

维纳很早就对人类和计算机器之间的关系提出了警告。10 年后，利克莱德指出了用途日益广泛的计算的意义，以及计算机器与工业时代的到来之间的区别。利克莱德同样也指出，《星际迷航》中臭名昭著的博格（Borg）也将出现。博格在 1988 年进入主流文化，它是由机器控制的外星物种，会吸收个体，将其纳入一个"集体意识"中，它会一直说："你将会被同化。"

利克莱德曾于 1960 年论述了"机械性延展人"（mechanically extended man）与"人工智能"之间的差别，并针对自动化技术的早期方向向人们提出了警示："如果我们关注这一系统内的人类操纵者，便会看到，过去几年在技术的某些领域里，一种不可思议的变化已经发生。'机械性延展'让路于机械取代人类、让路于自动化，留下的人们更多的是要提供而非接受帮助。在某些例子中，特别是一些以计算机为中心的大型信息和控制系统中，人类操纵者主要负责的是那些无法实现自动化的功能。"这一观察似乎认为这种转变的未来是自动化而非延展性。

与 5 年后的麦卡锡一样，利克莱德坚信，"强"人工智能似乎会在不远的未

来出现，那时的机器将拥有足以匹敌人类智慧和自我意识的能力。他写道，机器与人共生的时期或许只会持续不到 20 年，尽管他也承认，在 10 年时间里或许无法研究出真正拥有类人思考能力的智能机器，这一成就也许需要 50 年才能达成。

最后，尽管他提出了"人是否会被解放或被信息时代所奴役"这个问题，却并未直接回答。相反，他描绘了一幅"赛博格"（cyborg）的画面，这是一种半人、半机器的存在。在利克莱德看来，人类操纵者和计算设备或许会彼此无缝融合，形成一个整体。这一观点毁誉参半，但它仍然回避了正题：我们会成为今天正在出现的智能机器的主人、奴隶还是伙伴？

人机交互，机器的终极智慧

回顾一下人机交互的整个历史，从"问答机器人"（FAQbots）到 Google Now 和苹果的 Siri，再到电影《她》（Her），我们看到了斯嘉丽·约翰逊所扮演的人工智能，它能同时进行数百个人类级别的对话。**Google Now 和 Siri 呈现出了两种截然相反的人机交互风格：Siri 正在有目的性地模仿人类，并取得了一定成功，具备了一种略显"别扭"的幽默感；而 Google Now 则选择充当纯粹的信息数据库，去除了个性或人性。**

人们很容易看到这两个行业的领头羊在相似领域使用相反方式进行研究时所体现的个性。在苹果，史蒂夫·乔布斯甚至在 Siri 获得语音识别功能前就看到了它的潜力。乔布斯让他的设计师们专注于自然语言，将其作为控制计算机的更好的方式。在谷歌，拉里·佩奇（Larry Page）采取了完全相反的方法，坚持以人类形式描述计算机。

这一趋势会走多远呢？今天，我们无从得知。尽管我们已经可以使用有限的词汇与自己的汽车和其他家用电器对话，计算机开口说话和理解语音在这个"接口"（interface，可以控制我们周围计算机的途径或界面）世界中仍然是有利可图的市场。在人们需要与各种互联网服务和智能手机应用交互的背景下，语音识别确实会对"手忙"或"眼忙"的场景作出显著的改善。或许，脑机方面取得的进步将在一些情景下派上大用场，比如为某些无法说话的人服务，比如在玩 21 点时需要数牌又不可以出声的情况下。一个更令人悲观的问题是，这些机器人助手最终能否通过"图灵测试"①。图灵在 1951 年发表的论文引发了一场旷日持久的哲学讨论，甚至每年人们都会为此举行竞赛。但是今天，比机器智能这一问题更有意思的议题是，这一测试是否暗示了人类与机器之间的关系。

图灵测试是这样的：将一个人安置在一台计算机终端前，让他通过书面问答与几个未知的对象交互。如果在一段合理的时间内，提问者无法判断自己正在与计算机还是人类交流，那么，这台机器就可以被认为是"智能的"。尽管这一测试变数颇多，一直饱受争议，但它是第一个从社会学角度提出正确问题的测试。换言之，这一测试关乎人类本身，而非机器。

1991 年秋天，我报道了由纽约慈善家休·洛伯纳（Hugh Loebner）赞助的首批图灵测试。这一活动最初是在波士顿计算机博物馆举办，吸引了一大批计算机科学家和少数哲学家。从这点来看，这些"小将"（被设计出来参加比赛的软件机器人）离那个传奇式的 Eliza 程序也没有很大差距。Eliza 是计算机科学家约瑟夫·魏泽鲍姆（Joseph Weizenbaum）在 20 世纪 60 年代期间编写的程

---

① 数学家艾伦·图灵（Alan Turing）首先提出的用来判断计算机是否具备"智能性"的标准。这一构想之后被冯·诺依曼等人实现,世界因此而改变! 若想了解更多内容,推荐阅读《图灵的大教堂》一书。该书中文简体字版已由湛庐文化策划、浙江人民出版社出版。——编者注

序，该程序模拟了一位罗杰斯式（Rogerian）①心理学家，魏泽鲍姆惊恐地发现，他的学生们已经沉溺于与自己的第一个简单机器人的亲密对话中。

但是，1991年最初的洛伯纳竞赛的判定官们可被划分为两大类：会使用计算机的和不会使用计算机的。对缺乏计算知识的人类判定官，第一年的结果证明，图灵测试的所有实际目的都被攻克了。在对这次比赛的报道中，我引用了一名非技术判定官（一位机车技工）的话，她提到自己被蒙骗的原因："它输入了一些我认为非常老套的话，但当我回复以后，它又以一种非常时髦、很有说服力的方式进行了互动。"这在当时预示着：**我们现在与模拟人类的机器进行的日常交互即将出现，它们将不断进步，直到让我们相信它们具有人性。**

今天，像Siri这样的程序不仅很像人类，它们还开始令"人机之间以自然语言互动"这件事变得司空见惯。这些软件机器人的进步受益于"人类似乎希望相信自己正在与人类而非机器互动"这个事实。**我们生来需要社交互动。无论机器人是否在现实世界里帮助了我们，它们已经在网络世界中与我们走得很近了。**现在，这些只具备有限能力的软件"小将"——人工智能，已经不可辩驳地日渐成为我们生活的一部分。

诸如苹果Siri、微软Cortana和Google Now这类智能软件助手正在与数以亿计的人类用户互动，这本身就定义了一种机器人与人类的关系。甚至在这一相对早的时期，Siri已经拥有了不同的人类风格，这是迈向创造可爱而受信赖的助手的第一步。我们在与它们互动的过程中将它们视作伙伴还是奴隶，这真的重要吗？尽管关于"智能助手或机器人是否会变得自主"的争论和关于"它们是否会拥有足够的自我意识，会让我们考虑'机器人权利'这类问题"的争

---

① 以人为中心的精神病学形式，专注于劝说患者以自己的方式谈话，理解他们的情感。——译者注

论变得日渐激烈，短期来看，但更为重要的问题是我们该如何对待这些系统，这些互动的设计该怎么理解"身为人类意味着什么"这一问题。

我们在多大程度上将这些系统视作伙伴，也会反过来决定它们对待我们的方式，但关于"人类与机器之间关系"的问题将继续被当今的计算世界所忽视。

悬而未决的伦理困境

微软研究院的一位计算机科学家乔纳森·格鲁丁（Jonathan Grudin）指出，作为独立学科的"人工智能"和"人机交互"之间鲜有交流。他指出，麦卡锡的务实做法确实已经被过去 50 年间这一领域取得的成功所证实。人工智能研究人员想指出的是，飞机不用拍动翅膀，一样能够飞行；有人就提出，只需复制人类意识或行为，没有必要理解这些。但是，AI 和 IA 之间的鸿沟只会继续加深，因为人工智能系统在人类任务中变得日益灵巧，从视觉到语音，再到移动物体、玩象棋、猜谜或是玩雅达利视频游戏皆是如此。

人工智能里程碑

约翰·麦卡锡早期这样解释 AI 研究方向："（我们的目标）是远离对人类行为的研究，将计算机作为解决某种难题的工具。这样一来，人工智能就会成为计算机而非心理学的分支学科。"

特里·威诺格拉德（Terry Winograd）是最早清晰地看出这两个极端并考虑其影响的人之一。他的工作是追踪 AI 与 IA 之间的关系。20 世纪 60 年代，他就读于麻省理工学院，他的博士研究主要关注对人类语言的理解，以期打造出一个相当于机器人 Shakey 的软件——Shakey 是一个软件机器人，能够与人类对话和互动。随后，在 20 世纪 80 年代，从某种程度上说，因为改变了要对人工智能有所限制的观点，他离开了这一领域——从 AI 转向了 IA。威诺格拉德之所以离开人工智能领域，与他和加州大学的哲学家们的富有挑战性的对话有一定关系。作为少数人工智能研究人员中的一员，他参加了一系列有加州大学伯克利分校的哲学家休伯特·德雷福斯（Hubert Dreyfus）和约翰·塞尔（John Searle）出席的学术研讨会。这些哲学家说服了他，让他相信智能机器是存在真正瓶颈的。威诺格拉德的转变恰巧赶上了人工智能产业初期的衰落，也就是所谓的"人工智能的冬天"。数十年后，威诺格拉德，这位曾经在斯坦福大学担任谷歌联合创始人拉里·佩奇导师的知名学者，建议佩奇关注网络搜索难题而非无人驾驶汽车。

几十年间，威诺格拉德开始深刻地意识到设计师观点的重要性。对人工智能和人机交互领域的分割，在一定程度上属于方法问题，但是，将人类设计"进入"还是"剔出"这些系统同样也属于伦理问题。最近在斯坦福大学，威诺格拉德协助创立了一个关注"解放技术"（Liberation Technologies）的学术项目。这一项目致力于研究和构建基于"以人为本"价值的计算机化系统。

纵观人类历史，技术虽然已经取代了人类劳动力，火车头和拖拉机仍然不会作出人类级别的决策，但在以后，随着技术的进步，"会思考的机器"可以。它还可以了解到技术与人性共同进化的过程，这一过程同样又会提出同样的问题：谁将处于主导地位？在硅谷，庆祝机器的崛起已成为时尚，可以从奇点研究中心（Singularity Institute）这类公司的崛起和凯文·凯利 2010 年的《科技想要什么》（*What Technology Wants*）这类书籍中清晰地看出这一点。早在 1994 年的《失控》（*Out of Control*）中，凯利就已坚定地站在了机器一边。他在书中描述了人工智能先驱马文·明斯基和道格拉斯·恩格尔巴特两人间的一次会谈。

20世纪50年代，当这两个家伙在麻省理工学院见面后，人们认为他们之间进行了如下对话。

明斯基：我们要让机器变得智能，我们要让它们拥有意识。

恩格尔巴特：你要为机器做这些事？那你又打算为人类做些什么呢？

通常，那些致力于让计算机变得更友好、更人性化、更以人为本的工程师们会讲这个故事，但是，我直接站在了明斯基一边——站在了机器一边。人们会存活下来，我们会训练我们的机器来服务我们。但是，我们又将为机器做些什么呢？

凯利指出，明斯基和恩格尔巴特分别持有不同的立场，这一点毋庸置疑。但是，认为"人类会存活下来"的观点显然轻视了它们的影响。他基本上是在复述明斯基对人工智能到来的意义的回答："如果我们够幸运，或许它们会把我们当宠物养。"

明斯基的观点反映了AI和IA之间的鸿沟。到目前为止，人工智能圈子在绝大多数时候都选择忽视他们认为只是强大工具的系统带来的影响，规避了对道德问题的讨论。当我询问自动化对人类影响的话题时，一位正在打造新一代机器人的工程师告诉我："你不能这样想。你只需决定你将尽己所能，为全人类改善世界。"

在已经过去的50年中，麦卡锡和恩格尔巴特的理论仍然各自为政，他们最为核心的冲突仍然悬而未决。一种方法要用日益强大的计算机硬件和软件组合取代人类；另一种方法则要使用相同的工具，在脑力、经济、社会等方面拓展人类的能力。尽管鲜有人注意这些方法之间的鸿沟，这场新技术浪潮的爆炸（一个正在影响现代生活方方面面的技术浪潮）将极力压缩这种分化，并防止反弹的发生。

人工智能关键思考

机器是会取代人类工人还是增强他们的能力？在某种层面上，这两种结果都会实现，但需要再次注意的是，这个问题本身就存在问题，它只会让我们得到偏颇的答案。软件和硬件机器人都已足够灵活，它们最终都会变成我们在程序中为它们设计的模样。在我们当前的经济体系中，机器人（包括机器和智能系统）被如何设计、怎样使用，都完全是由成本和收益确定的，而且成本正在以不断加快的速度下降。在我们的社会中，经济学理论指出，如果一项工作能够由机器（硬件或软件）完成，并且成本更低，那么在大多数情况下，人们会选择让机器来完成这项工作。只不过是时间早晚的问题。

该在这场争论中站怎样的立场实在很难抉择，因为没有显而易见的正确答案。尽管无人驾驶汽车将取代数以百万计的岗位，但它们也将拯救更多的生命。今天，在大多数情况下，人们会以收益和效率为根据决定实现哪些技术，但也明显需要新的道德演绎。然而，决定成败的不只有细节。就像核武器和核动力一样，人工智能、基因工程和机器人学将在未来 10 年内产生人们意料之中和意料之外的广泛的社会影响。

MACHINES
OF LOVING GRACE

02
无人驾驶汽车，将人类排除在外

DARPA 大赛是两个世界的分界线——在一个世界中，机器人被视作玩具或研究人员的玩物；而在另一个世界中，人们开始接受机器人能够在世界上自由移动的事实。如今，"半自动"汽车已经在市场上出现，它们给交通的未来开启了两条路——一条路配有更智慧、更安全的人类司机；而在另一条路上，人类将成为乘客。

20 05 年秋，在亚利桑那州佛罗伦萨附近的一条沙漠公路上，一辆大众途锐汽车扬起了一路飞尘，以每小时 32~40 公里的速度匀速行驶，车上搭载了 4 名乘客。对那些漫不经心的观察者来说，这辆车的驾驶方式并没有什么异常。这条路格外难走，起伏的路两边零星可见几株仙人掌和一些低矮的荒漠植被。

这辆沿路行驶的车靠近的时候，你可以看到车上的 4 位乘客都戴着一顶特殊的防撞头盔。车身上贴满了贴纸，让它看起来俨然是巴哈 1 000 越野赛的参赛车；车顶前部还安装了 5 个外形奇怪的传感器，沿途景象一览无余；车顶上还架着其他种类的传感器，比如雷达；车内一个视频摄像头透过挡风玻璃对准窗外；车尾的位置则放置了一条长长的拉杆天线，它与那一大堆传感器一起描绘出了一种后世界末日的气氛，让人不禁联想起电影《疯狂的麦克斯》（Mad Max）。

车顶上那 5 个传感器实际上是一些机械高科技装置，每一个都能对车前的环境发射红外激光束进行扫描。这些人眼无法捕捉到的光束不间断地在碎石路面和车辆周围的荒漠上反射。反射回传感器的这些激光能够不断描绘出周围时刻变化的路况、景观，并能精确到厘米级别。即使是路上相距几百米的小石头，也不会被这些从不眨眼的传感器——LIDAR（机载激光雷达）漏掉。

这辆途锐车内的景象则更为让人称奇。司机塞巴斯蒂安·特龙是一位机器人专家、人工智能研究者，不过在汽车行驶时，他并没有负责驾驶，那时的他正在用手比比划划，和其他乘客交谈。他很少会关注路况，最惹眼的是，他的手并没有碰过方向盘，但方向盘却在来回转动，仿佛被看不见的幽灵操控着。

坐在特龙身后的人名叫迈克·蒙特梅罗（Mike Montemerlo），也是位计算机研究员，不过他也没在开车。那时，他正聚精会神地盯着笔记本电脑屏幕上由车载激光器、雷达和摄像机采集的数据。这些数据观测着车前的一切景观，在雷达屏幕上，潜在的障碍物成了光点彩虹的一部分，揭示了一个不断变化、由彩色亮点构成的云，它们一起呈现着车前沙漠中的道路。

这辆名为"斯坦利"（Stanley）的车当时正由车上装载的 5 台计算机上的软件程序驾驶。特龙是高级机器人导航技术 SLAM（simultaneous localization and mapping，即时定位与地图构建）的先驱。SLAM 已经发展成为使机器人探测陌生地形并找到路线的标准工具。方向盘继续来回转动，这辆由机器驾驶的汽车在满是车辙的路上驰骋，飞速掠过路旁的仙人掌和石块。在特龙右边的前排座椅之间，有一个大大的红色"E-Stop"（紧急停止）按钮，在紧急情况下按下它，汽车的自动驾驶状态就将终止。

这辆车在蜿蜒曲折的路上行驶 10 公里后，"兴致"似乎突然降了下来。斯坦利并没有一直在高速公路上飞奔，因此，在大漠风光从两旁飞掠而过的时候，戴着防撞头盔似乎也越来越没有必要，这仿佛就是一次普普通通的周末公路之旅。

　　这辆车是在为参加五角大楼举办的第二届自动驾驶汽车挑战赛而进行训练，这次大赛旨在推动未来军用自动驾驶汽车的技术。21 世纪初，美国国会指示美国军方开始设计自动驾驶汽车，国会甚至给五角大楼定下了一个具体目标：到 2015 年，1/3 的军队用车应该能在没有人类驾驶者的情况下到达设定好的目标位置。不过，这一指令并没有明确指定是自动驾驶还是远程遥控车辆，但对两种情况的考虑是一样的：智能车辆能够节约资金，并减少士兵伤亡。

　　可是到了 2004 年，这一项目仍然没能取得什么进展。后来，五角大楼蓝天研究机构 DARPA 的负责人托尼·特瑟（Tony Tether）另辟蹊径，决定展开一场高调的较量，旨在说服黑客、大学教授以及那些希望以此一战成名的企业，在这片军方已宣告失败的战场上进行创新。特瑟的立场是由军事工业综合体决定的，而比赛本身则是一次大胆的坦白，宣告了国防科技工业界并没能完成任务。向由爱好者组成的平民队伍敞开大门时，特瑟承担了风险，破坏了这个由围绕着华盛顿特区的私人公司主宰的秘密世界，此前，正是这些公司拿到了最大份额的军事研究经费。

　　2004 年举办的第一届 DARPA 挑战赛惨淡收场。车辆或是翻倒，或是原地绕圈，也有的不幸撞到了围墙。即使是参赛者中最成功的，也仅在这场全长193 公里的拉力赛中走过 11 公里便被困在灰尘之中——它冲出了马路，一个车轮无奈地疯狂旋转。尘埃落定后，一位记者乘着一架轻型飞机俯瞰赛场时，看到各式各样色彩鲜亮的车辆散落在沙漠中。当时，似乎很明显的事实是，自动驾驶汽车的发展仍需假以时日，特瑟也被批评组织了一场哗众取宠的比赛。

　　现在，经过一年多的时间，特龙正坐在第二代机器人选手的方向盘后。似乎未来世界到来得比预期的早。不过，人们只用了十几公里就意识到，技术的热情通常还无法带来成熟的结果。斯坦利开上沙漠，然后巧妙地扎进了一个洼地。随着汽车向上倾斜，它的激光制导系统扫过了悬垂在车辆上空的树枝。在毫无征兆的情况下，机器人导航系统出现异常，车子猛烈地摇摆，先是向左，然后向右，并瞬间跌出了道路。一切发生得太快，特龙甚至来不及伸手砸向那个大大的红色急停按钮。

幸运的是，这辆车经历了一次"软着陆"，陷入了路边一片巨大的沙漠荆棘。荆棘让这次撞击得到了缓冲，车缓缓停下，甚至气囊都没有弹出。事故调查显示，很明显，如果没有这片荆棘，结果可能比现在更糟。被撞到的植物两边各有一根巨大的桩，所幸这辆车错过了这两个"目标"。

乘客们迷迷糊糊地爬出了车，特龙爬上车顶，把那些因为撞击而脱离位置的传感器重新摆好。之后，每个人重新回到车内，蒙特梅罗删除了一段代码，这段代码的本意是让乘车体验对人类乘客来说更舒适。特龙重启了自动驾驶模式，这辆车再次一头冲进了亚利桑那的沙漠。那天，它还出了其他事故。人工智能控制器对陷入泥坑的后果毫无概念，当天晚些时候，斯坦利陷入了马路中间的一个小湖。幸运的是，附近还有几辆由人驾驶的支持车辆，当车轮开始绝望地转动时，支持团队的人类帮手们赶忙把车子推了出来。

这些都是这个团队遇到的一些小挫折。这是一支由斯坦福大学的教授、大众汽车公司的工程师和学生黑客们组成的团队，是十几支剑指百万美元奖金的队伍中的一支。那天是实验的一个低谷，在那之后，一切都得到了显著的改善。

人工智能里程碑

事实证明，DARPA大赛是两个世界的分界线——在一个世界中，机器人被视作玩具或研究人员的玩物；而在另一个世界中，人们开始接受机器人能够在世界上自由移动的事实。

机器智能时代的到来

斯坦利的试驾是机器智能时代即将到来的征兆。几十年间，科幻作家的著作不断预言着机器智能时代的到来，因此这项技术真正开始出现的时候，似乎有些让人打不起精神。20 世纪 80 年代末，走过曼哈顿大中央车站的每一个人可能都会注意到，早晨，近 1/3 的上班族戴着索尼随身听的耳机。当然，如今这种耳机已经被苹果标志性的亮白色 iPhone 耳机取代。还有一些人相信，高科技成衣必将孕育谷歌眼镜的未来版本——眼镜是这家搜索引擎巨头在增强现实领域的第一次尝试，或许也是为了打造更宏大、更逼真的沉浸式系统。我们就像温水中的青蛙，对信息技术迅速发展带来的那些变化，感觉已经有些麻木了。

索尼随身听、iPhone 和谷歌眼镜都预示着一个世界，在这里，对于什么是人类、谁又是机器的问题，界线已经开始模糊。威廉·吉布森（William Gibson）在科幻小说《神经漫游者》（Neuromancer）中描绘了由计算机和网络组成的控制论领土的景象，普及了网络空间的理念。书中也描绘了未来世界，在那里，计算机并不是一个个独立的盒子，而是被紧紧编织在一起、缠绕在人们身边，"增强"人们感觉的集合体。

从早晨上班族戴着索尼随身听耳机，到 iPhone 用户耳朵里塞着的原装耳机，再到戴着谷歌眼镜的时尚达人看着面前那个小小的显示器对他们周围的世界进行标注，这些都算不上巨大飞跃。他们还没有像吉布森预见的那样"穿进网中"，但人们很容易就会发现，计算与通信技术正在向这个方向快速发展。吉布森很早就为我们展现了"智能增强"在科幻小说中的未来情景，他设想出了计算机的植入，称之为"微型软件"（microsofts）。这些装置可能会被置入人类头骨，从而使人类即时获得某种技能，比如一种新的语言。在那时，即几十年前，这显然是科幻小说中不可能实现的部分，而如今，他对半机械人的预测不再是一种放荡不羁的夸张想象。

2013 年，奥巴马公布了 BRAIN 大脑研究计划，旨在同时记录人脑中上百万个神经元的活动。不过该计划的主要赞助者之一是 DARPA，这一机构的兴趣显然不仅仅是阅读大脑中的信息。负责大脑计划的科学家们会耐心地解释说，该计划的目标之一是打造一个人脑与计算机之间的双向接口。表面上看，这样的想法似乎险恶得令人难以置信，人们不禁想起了"老大哥"的形象以及思想控制。同时，这一技术中还有一种乌托邦式的暗示。潜在的未来也许会步入人机界面设计的必然轨迹，这在 20 世纪 60 年代利克莱德的"人机共生"论中便有暗示，他预言了人类和机器之间可以进行更为亲密的合作。

虽然《神经漫游者》描述的世界是科幻小说中的精彩场景，然而，想真正进入吉布森描绘的世界，人们却必须面对着一大难题：一方面，随着半机械人的到来，疑问也随即产生，那就是作为人类意味着什么。这一问题本身并不是一个新的挑战。当今的技术可能在不断加速发展，人类总会被技术转化，无论是对火的使用还是轮子的发明（或是它在 20 世纪的行李箱上的应用）都印证了这一点。

自工业时代开始，机器就在取代人类劳动力。而现在，随着计算机和计算机网络的到来，机器又首次取代了"知识分子"们的劳动。计算机的发明引发了早期关于智能机器可能造成的后果的讨论，人工智能技术的新浪潮又重新点燃了这场辩论。

主流经济学家坚持认为，随着时间的推移，劳动力的规模仍将持续增长，即使由于技术和创新的推动，工作性质已经发生了转变。回想 19 世纪，超过半数的劳动力投身于农业劳动，如今这一数字已经降到近 2%，相比以往，更多人都开始从事农业以外的工作。事实上，即使出现了两次经济衰退，在1990—2010 年，美国的总体劳动人口仍然增长了 21%。如果主流经济学家的论点是正确的，那么自动化并不会在社会层面上引发经济灾难。

不过，如今我们正在进入一个新时代，人类可以（并且越来越容易）被设计进入或脱离一个"环"，即便是在从前高地位、高收入、白领阶层的职业领域也是如此。一方面，智能机器人能够给卡车装卸货物，另一方面，软件机器人又在取代呼叫中心的雇员、办公室文员、阅读法律文件的律师和检查医疗图像的医生。在未来，人与机器之间的界线应该如何区分出，又该由谁来区分？

尽管关于未来自动化影响的争论越来越激烈，但有关设计师及其价值的探讨却少之又少。接受新闻采访时，计算机科学家、机器人专家和技术人员带来了一些相互矛盾的观点。有些人希望机器取代人类，有些人则认同一种必然性——"我欢迎我们的机器人霸主"这句话因为《辛普森一家》（*Simpsons*）而流行开来，而他们中的一些人却热衷于打造能够拓展人类能力的机器。关于真正的人工智能（即强人工智能或通用人工智能［AGI］）是否会出现，机器除了模仿人类以外能否做到更多事的话题，在过去几十年间引得人们争论不休。如今，又有越来越多的科学家和技术人员提出了新的预警，警告人们具备自我感知能力的机器出现的可能性以及相应的后果。

人工智能关键思考

对于当今人工智能技术状况的讨论已经突然转向科幻小说或宗教领域。不过，机器自治的现实不仅属于哲学范畴，也不是纯粹的假设性问题了。我们已经进入了新时期，机器能够执行很多需要智慧与体力的人类工作：它们可以胜任工厂的工作、驾驶汽车、诊断疾病，也能以人类律师的眼光阅读文件，它们当然也能控制武器，以极高的精准度展开屠杀。

对于 AI 与 IA 的区分，没有比新一代呼之欲出的武器系统更清晰的例子了。DARPA 的开发人员即将跨过新技术的门槛，用远距离反舰导弹（LRASM）取代如今的巡航导弹。LRASM 是专门为美国海军开发的，计划于 2018 年加入美国舰队。与之前不同的是，美国军火库中的这种新式武器具备自主判定打击目标的能力。根据设计，LRASM 在与人类控制人员失去联系后仍可飞到敌军舰队之中，然后使用人工智能技术来决定袭击哪些目标。

由此产生了新的道德困境：人类是否允许武器在没有人类监督的情况下自发扣动扳机？快速发展的计算机化汽车中也存在着相似的挑战，交通方式是新一波智能机械带来的后果的象征。人工智能即将对社会产生影响，这种影响力甚至将超过 20 世纪 90 年代初的个人电脑和互联网。这种转变正在一群精英技术专家的监督下进行。

硅谷元老杰瑞·卡普兰（Jerry Kaplan）曾是斯坦福大学人工智能实验室的研究员，在 20 世纪 80 年代离开了这一领域。几年前，卡普兰对斯坦福大学的计算机科学家、研究生和研究人员们发出警告："你们今天在人工智能实验室的所作所为，那些你们写入系统的内容，在日后可能决定整个社会处理这个问题的方法。"即将到来的新一代人工智能，会带来一个至关重要的伦理挑战。卡普兰认为："我们正在不顾危险地培养机器人，而这可能是以人类生命为代价的。"他将研究者们面前的未来一分为二，一边是取代人类的智能机器，而另一边则是以人类为中心、扩展人类能力的计算系统。

与硅谷的许多技术专家相似，卡普兰相信，我们正处在建立完整经济体的边缘，而这种经济体基本上无须人类干预。这听起来就像是世界末日，不过卡普兰描述的这种未来几乎必将到来。进一步挖掘他的观点后，我们会发现，如今技术发展的加速并不是盲目的。每一个设计着我们未来的工程师都在作出选择。

特瑟的自动驾驶汽车挑战赛

2007 年秋天，在美国加州的沙漠中的一个已经废弃的军事基地里，一辆雪佛兰 SUV 不紧不慢地行驶着，一个矮胖的男人在这条尘土飞扬的临时赛车道边用力挥动着一面方格旗。挥旗子的男人是托尼·特瑟，他也是 DARPA 的负责人。

这辆车的车身上贴着一个大大的 GM 贴纸，但方向盘前却并没有司机。在仔细观察后你会发现，车里的其他座位上也没有乘客，而"参赛"的其他汽车也无一例外，没有司机或乘客。赛车似乎在绕着这个曾因被用来训练军队进行城市作战而临时搭建的赛道无休止地转圈，这看上去甚至算不上一场比赛，更像是科幻电影《银翼杀手》（*Blader Runner*）中周日下午走走停停的车流。

的确，几乎从任何角度看，这都是一场奇怪的赛事。DARPA 城市挑战赛（DARPA Urban Challenge）吸引了由机器人专家、研究人员、学生、汽车工程师和黑客组成的团队，他们努力设计并打造出能够在城市交通环境下自动驾驶的机器人车辆。此次比赛是特瑟组织的系列赛中的第三场，当时，在很大程度上，军事技术是在加强士兵的杀伤力，而不是取代他们。在一些情况下，机器人军用机由人类驾驶，很多时候，它背后甚至需要众多士兵的支持。2012 年，美国国防科学委员会（DSB）的一份报告指出，对很多军事行动来说，往往需要数百人的团队来完成一架无人机的飞行任务。

无人驾驶车辆则是更为复杂的挑战。对地面车辆来说，正如 DARPA 的一位管理者所说，"地面很 hard" ——这里的 "hard" 指的是 "难以行驶" 而不是 "坚硬"。单纯沿路行驶已经极具挑战，但机器汽车设计师还会面临各种各样的特殊情况：夜间行车，或是在阳光下、雨中和冰面上行驶——这样的例子不胜枚举。

设想设计一台这样的机器可能遇到的问题：它需要知道如何对突发事件作出反应，比如高速路上的塑料袋是软是硬？它是否会破坏车身？如果是在战区，它可能会是一个简易的爆炸装置。在低速行驶且能见度不错的情况下，人类几乎可以毫不费力地应对这个状况。对人工智能研究人员来说，解决这样的问题就如同夺取计算机视觉领域的圣杯，这也是 DARPA 希望通过举办自动驾驶汽车挑战赛来得到解决方案的无数挑战之一。20 世纪 80 年代，美德两国的机器人专家在自动驾驶汽车领域取得了零星进展，但现实情况是，想要打造一辆能够在高峰时段自动行驶的汽车，要比制作一个能上月球的机器人更难，于是特瑟接受了挑战。这样的努力是有风险的：如果比赛未能带来结果，自动驾驶汽车挑战大赛就将成为特瑟留给世人的笑柄。因此，总决赛的方格旗与其说象征着汽车的胜利，倒不如说代表着特瑟的胜利。

曾有一段黑暗时期，在特瑟任职期间，DARPA 曾聘请海军上将约翰·波因德克斯特（John Poindexter）打造一个名为 "全信息识别"（Total Information Awareness）的系统。这是一个庞大的数据挖掘项目，目标是通过收集信用卡、电子邮件和电话记录在网上追捕恐怖分子。这一项目掀起了一场隐私保护风暴，2003 年 5 月，美国国会决定取消这一项目。表面上看，"全信息识别" 在公众视野中消失了，可实际上，它却被请进了美国情报机构，直到 2013 年爱德华·斯诺登泄露的数十万文件揭露了一个广泛、深层次、追踪任何可能有意义的活动的监控系统时，这一项目才再次受到了世人的关注。在 DARPA 领军者的殿堂中，特瑟也是个古怪的家伙。他在 "全信息识别" 的丑闻中幸运抽身，而后几乎深入并把控了该机构所有的研究项目，推动了整个机构在其他领域的发展。（事实上，特瑟决定挥舞方格旗的举动正是他在 DARPA 任期的一个缩影——特瑟是一个微型领袖。）

DARPA 的成立，是美国对苏联人造地球卫星（Sputnik）的回应，当年苏联卫星的出现对深信自身拥有技术优势的美国人来说无异于晴天霹雳。为了一个明确的使命——美国将永远不会在技术上被任何一方力量取代，DARPA 在建立初期有个更简单的名字"高级研究计划局"（ARPA）。当时，这一机构的负责人多是科学家和工程师，这些人愿意在蓝天技术上投入巨大的赌注，他们同时也与全美最优秀大学的研究人员有着工作和情感上的密切联系。

不过特瑟却并不符合这一情况，他代表了乔治·W. 布什的时代。几十年秘密军事项目承包商项目经理的经历让他和乔治·W. 布什身边的很多人一样，对美国的学术机构充满戒心，在他眼中，这些机构太独立，他无法完全信任他们，并将新任务放在他们肩上。这并不令人意外。20 世纪 60 年代，作为斯坦福大学电子工程专业毕业生的特瑟就已经形成了自己的世界观，那时学界被划分成对立的两派——反战的学生以及为越南战争设计先进武器的科学家和工程师。

出任局长一职后，特瑟开始努力扭转 DARPA 的文化，虽然这一机构早已因在互联网和隐形战机技术方面的创造而声名卓著。特瑟迅速把原本投放在高校上的资金转移到支持伊拉克和阿富汗战争的军事承包商身上，这一机构也从"蓝天"走向了"成果"。特瑟认定，创新仍然能够秘密进行，正如可以通过新想法的风暴推动硅谷的竞争文化一样，即使那些想法失败了，也会得到奖励。

当然，特瑟将 DARPA 带到了新的技术发展方向上。他关注着数千名在战争中伤残的退伍军人，军事决策者有了更多权力、获得了更多成果后，他希望将机构的经费投入人体增强项目以及人工智能领域，这意味着那些受伤的军人能够获得机械肢体。他还对一个名为"海军上将顾问"（Admiral's Advisor）的项目感兴趣，这是 20 世纪 60 年代恩格尔巴特的目标的军事版本，带有他对 IA 的愿景。这一项目被称为"有学习能力的感知助手"（Perceptive Assistant that Learns，PAL），其中大量研究将在斯坦福研究所完成。在这里，这一项目被称为"可学习、可组织的认知助手"（Cognitive Assistant that Learns and Organizes，CALO）。

具有讽刺意味的是，特瑟回归了最初在 20 世纪 60 年代中期由两位具有远见的 DARPA 项目经理罗伯特·泰勒（Robert Taylor）和利克莱德推进的研究计划。让人悲喜交加的是，尽管（很少有人提到）在 20 世纪 70 年代初期道格拉斯·恩格尔巴特曾收获巨大的成功，但是随后，他的项目逐渐在斯坦福研究所失势，并最终被抛弃。恩格尔巴特本人也遭遇了"洗牌"，被分配到第二梯队的商业化分时操作公司。在那里，他的项目几乎被完全忽视，在超过 10 年的时间里一直处于资金不足的状态。DARPA 的再次投资将触发一波新的商业创新。CALO"催化"了苹果的 Siri 个人助手，而 Siri 也算得上恩格尔巴特首创的增强智能方法的直系后裔。

特瑟的自动驾驶汽车挑战赛吸引了大批跃跃欲试的"车库发明家"和志愿者。用军事术语来描述，这是一个"战斗力增倍器"（force multiplier），能让这一机构得到比从传统承包商处得到的更多的创新。然而，在核心之中，特瑟选择追随的特定的挑战赛早在十几年前就已经在同一所大学的研究团体中出现，不过这一团体遭到了他的冷遇。2007 年，赢得城市挑战赛的通用汽车机器人 SUV 背后的主导力量是一位来自卡内基·梅隆大学的机器人专家，在过去超过 10 年的时间里，他一直渴望能够赢得这项大奖。

问鼎冠军，威廉·惠特克的复仇

2005 年秋天，特瑟的第二场机器人穿越加州沙漠的比赛刚刚在内华达州边境结束，斯坦福大学的机器人专家就已经开始庆祝。斯坦利——那辆一度濒临崩溃、由计算机控制的大众途锐汽车，刚刚上演了一场"后来居上"的经典胜利，冲到了巨大横幅下的数千名观众眼前。

不过，就在几米远的另一个帐篷中，气氛就像在刚刚输掉了球赛的橄榄球队的更衣室里一般严肃。卡内基·梅隆大学的队伍一直被看好，他们拥有两辆机器人赛车，和一名严肃的领导者、前海洋探险家和攀岩爱好者威廉·L."莱德"·惠特克（William L. "Red" Whittaker）。他的队伍最终在竞赛中失利的主要原因是运气不佳。18 个月前，惠特克就已经凭借另一辆获得巨资赞助的通用悍马进入了第一届 DARPA 大赛，不过因为一只轮胎在一个陡峭的坡路上微微驶出路沿而失利。这辆车陷入沙土中，最终退出了竞赛。那时，惠特克的机器智能车实际上仍然与其他对手难分伯仲。因此，这次带着有两辆车的参赛队和一众图像分析专家组成的阵容（在比赛之前悉心钻研）回归时，他很容易被看作最具实力的冠军争夺者。

不过，同样的剧情再次上演，坏运气仍然阴魂不散。惠特克团队的主力车几乎一路领先，却在比赛后半程出现故障，大幅减速，这给斯坦福大学的斯坦利留下了机会，让后者顺势夺走了 200 万美元的奖金。在经历了第二次失利后，惠特克站在帐篷里，在所有团队成员的面前进行了一段可以媲美任何橄榄球校队教练的鼓舞人心的演讲。"每个周日……"就像一个输掉了比赛的主帅，他开始对自己的队伍讲话。他们的机器人车直到比赛中后期都处于领先地位，如果不是因为几个松动的组件，结局也许会改写。

这次失利显得格外痛苦，因为斯坦福冠军团队的领导者塞巴斯蒂安·特龙和迈克·蒙特梅罗都曾是卡内基·梅隆大学的机器人专家，可他们却"叛逃"到斯坦福大学，培养了竞争对手，并最终赢得了胜利。几年之后，这次失利仍然让惠特克耿耿于怀。他的办公室门外挂着那支被命运捉弄的机器人汽车设计师团队的照片。在走廊里，惠特克迎接了到访的客人，然后重复讲起那次失败的细节。

这场比赛的失利吸引了很多人的注意，因为惠特克一直被看作全美首屈一指的机器人专家。在参加挑战赛的时候，他早已成了业界传奇，他设计出了能够探索无人险境的机器人。几十年间，他将"可以做到"的态度和冒险家的精神结合在一起。他的父母都曾顶着传奇的光环驾驶过飞机。他的父亲曾经是美国空军的轰炸机飞行员，在战后经营矿业炸药；他的母亲是一位化学家，也是一名飞行员。惠特克年轻时，他的母亲还曾开飞机带他穿过桥洞。

惠特克在宾夕法尼亚的成长经历造就了他开发机器人的风格。他主要将机器当作拓展冒险家能力的工具，这一风格沿袭了传奇登山家伊冯·乔伊纳德（Yvon Chouinard）和深海探险者雅克·格斯特（Jacques Costeau）的传统——前者曾设计制作了自己的登山设备，而后者也亲自打造了自己的水下呼吸设备。拥有普林斯顿大学土木工程专业学位以及两年海军军士的经历，身高 1.90 米的惠特克率先推出了"野外"机器人，这些机器走出实验室，进入现实生活。

不过，在惠特克的机器人世界中，人类仍然占据重要的位置。在所有的实验中，他都将这些机器作为延展冒险家能力的工具。他创造了能在宾州三里岛（Three Mile Island）和切尔诺贝利核泄漏事故后的环境中工作的机器设备。20 世纪 80 年代末，他设计了一个高达 5.8 米的巨型机器人"安布勒"（Ambler），它的设计初衷是在火星上行走。惠特克曾派机器人进入火山，他参与的卡内基·梅隆大学 Navlab 项目也让他成了美国第一批探索自动驾驶汽车的机器人专家。

"这并不是未来的工厂，"惠特克总是这样坦承，"在工厂里成功的想法并不适用于外面的世界。"惠特克年轻时热衷于各种挑战运动，喜欢赛艇、摔跤、拳击和登山。不过，对冒险的热爱也给他带来了难以摆脱的伤痛，他花了10年的时间攀岩，偷偷离开自己的机器人项目，在优胜美地和喜马拉雅山上花了不少时间。他曾经独自在冬天攀登马特洪峰（Matterhorn）东麓。作为匹兹堡当地探险俱乐部的一员，他起初只是休闲式地攀爬，但后来在遇到另一位年轻的登山者时，这种情况发生了变化，那种随意性演化成一种激情。当时，惠特克看到了公告板上的一句话，上面写着"专业登山者愿意教对的人"，还补充道，"你必须有辆车"。

这两个人在未来10年间成了一对形影不离的登山伙伴。

对惠特克来说，这段充满魔力的时间在他们二人决定在秘鲁攀岩的那个夏天戛然而止。那时，他的朋友与另一位年轻的登山者正在攀岩，两人用绳索将彼此系牢，可不幸的是，那个年轻人脚下一滑，两个人一起翻滚着坠落了近300米。事故发生时，惠特克并没有将自己系在同一根绳子上，从而幸免于难。他成功救起了那个年轻的登山者，但好友的生命却被永远留在了那个秋天。受到这次事故的打击，惠特克返回了匹兹堡。他花了几个月的时间才鼓起勇气来到那个已逝攀岩好友的家里，清理他的房间。

好友的死给惠特克留下了无法磨灭的伤痕。他停止了攀岩，不过仍然渴望其他挑战性的冒险。惠特克开始打造一些更奇特的机器人，这些设备能够胜任各式各样的任务——从简单的探索到复杂的修理工作，他的冒险延伸到了火山上，最终也许也会延伸到月球和火星上。虽然20世纪七八十年代时，他一直在地球上攀岩，但想找到一些未经发掘的处女地已经越来越困难了。随着"虚拟探索"成为可能，新的局面也将无限展开，惠特克可以再一次继续自己登山和速降的梦想，这一次可能是和另一个世界的人形机器人一起实现的。

在品尝了那次输给斯坦福大学斯坦利汽车的苦涩之后，惠特克终于在2007年第二届挑战赛上完成"复仇"。他那辆通用汽车公司赞助的"老板"参赛车最终赢得了城市驾驶挑战赛的冠军。

塞巴斯蒂安·特龙，用科技重塑交通系统

硅谷最令人津津乐道的故事，莫过于乔布斯劝百事公司 CEO 约翰·斯卡利（John Sculley）加盟苹果公司时间的那句"你是否希望卖一辈子汽水"。**虽然在一些人眼中这可能是幼稚的举动，但硅谷的精神就是改变世界。它是"规模"这个概念的核心，这是一个十分常见的共同特性，会激励一个地区的程序员、硬件黑客和风险投资者。仅仅赚取利润或是创造一些美丽的东西是不够的，这些产物需要有影响力。**它们必须作为礼物被放到世界上 95% 的圣诞树下，或是为数十亿人带来干净的饮用水或提供充足的电力。

谷歌 CEO 拉里·佩奇套用乔布斯的方法，将塞巴斯蒂安·特龙这员大将招致麾下。特龙是冉冉升起的学术新星，他是从卡内基·梅隆大学来到斯坦福大学的。2001 年，他选择从斯坦福大学申请休假一年，这一决定为他打开了新的视野，他意识到硅谷能够带来的资源比学术界的更多。除了职位、发表论文和学生以外，这里还有更多其他东西。

2003 年，特龙以助理教授的身份回到斯坦福大学。后来，他以观察员的身份参加了第一届 DARPA 挑战赛。这场自动驾驶汽车的角逐彻底改变了他的

世界：他意识到，在那个与世隔离的世界之外还有着一群伟大的思想者，他们发自内心地关心如何改变世界。在此期间，他曾短暂回到卡内基·梅隆大学，并向惠特克表示愿意为他们的软件提供帮助，但却遭到了拒绝。特龙带走了一批卡内基·梅隆大学的学生，其中就包括迈克·蒙特梅罗（他的父亲是 NASA 的机器人专家）。

在 DARPA 第一届挑战赛上，蒙特梅罗进行了一次演讲。在演讲的最后一张幻灯片上，他写了这样一个问题："我们在斯坦福的这群人，是否要加入挑战赛？"然后他用一个巨大的"NO！"自问自答。不参加这次挑战赛的理由可以有几十个——没什么胜算、太辛苦、耗资巨大。特龙看着蒙特梅罗，很明显，虽然他在纸面上是一个典型的悲观主义者，但显而易见的是，他的一切言行举止都在呐喊着："YES！"

在这之后不久，特龙满怀热情、全身心地投入了 DARPA 的竞争之中。人生中第一次，他感觉自己正在做一件可能真正带来广泛影响的事。这支队伍连续几周住在亚利桑那州的沙漠里，靠吃比萨饼过活，把所有精力投在了车子上，直到它能在这里偏远的公路上完美地行驶。

蒙特梅罗和特龙组成了一个互补的完美团队。蒙特梅罗有些保守，而特龙则乐于冒险。作为软件负责人，蒙特梅罗将他的一个个保守的假设写进了程序。而在他不注意的时候，特龙则会浏览代码，然后在一些限制上添加注释，从而让车跑得更快，这经常会惹恼他年轻的队友。不过无论如何，这是一个成功的组合。

拉里·佩奇曾对特龙表示，如果你真正关注一些东西，就可以实现一些令人惊叹的成就。他是对的。在斯坦利赢得 200 万美元的 DARPA 大奖后，特龙把佩奇的话放在了心里。在特龙帮佩奇调试好后者已经摆弄了一阵的家用机器人之后，两个人也成了好朋友。特龙把这个设备借走了一段时间，送回来的时候，它已经能在佩奇家里导航了。

对自动机器人来说，导航是必备技能，而这也成了特龙的专长。在卡内基·梅隆大学和斯坦福大学，特龙都参与了 SLAM 的研究——这一地图构建技术起源于 20 世纪 60 年代的斯坦福研究所，是设计师们为首批移动机器人准备的技术。特龙的研究让这项技术变得更快、更准确，同时也为它在自动驾驶汽车中的应用铺平了道路。

在卡内基·梅隆大学的时候，特龙凭借各种移动机器人吸引了全美的关注。1998 年在华盛顿特区史密森尼学会（Smithsonian），他向世人展示了联网移动博物馆导游"密涅瓦"（Minerva），这款设备能够与游客互动，每小时可行进约 5.6 公里。特龙也曾与惠特克合作制作矿井用机器人，在这一项目中，SLAM 技术同样举足轻重。特龙曾试图整合移动和自动机器人并用于护理和老年护理，但收效甚微。这是一次令人遗憾的经历，也让他深刻地意识到了通过技术来解决人类问题将要面对的限制。

2002 年，在两所大学的合作项目中，特龙推出了新一代 SLAM 技术的 FastSLAM，这一技术能够应用于现实世界，在真实情况中，它必须对数千件物体进行定位。这是新一代人工智能和机器人技术的早期案例，这一领域越来越多地依赖于该统计方法，不再拘泥于遵循规则和推理。

在斯坦福大学，特龙本可快速晋升，并成为斯坦福大学人工智能实验室的负责人。可很快，零零碎碎的学术生活就让他产生了挫败感——那段时间，他必须为教学、公众演讲、工作会议和研究分散自己的精力。

2005 年，在赢得 DARPA 挑战赛的胜利后，特龙在高新科技领域也变得更为知名。在演讲中，他曾描述人类司机带来的大量惨剧——每年，全球都有超过 100 万人因交通事故死亡或伤残。他还加入了自己的故事——在特龙还在德国读高中的时候，他的一个好友被一场车祸夺去了生命；而他亲近的很多人也都经历过亲朋命丧轮下的悲剧。而最近一段时间，一位斯坦福大学教授的家人也因在开车时被卡车撞击而终身残疾，就在那一瞬间，她从一个充满生机的年轻女孩变成了一个可能一辈子都要蒙着阴影与病痛度日的人。

扫码获取"湛庐阅读APP"，搜索"人工智能简史"，即可倾听特龙关于自动驾驶汽车的 TED 演讲。

这种改变世界的目标让特龙在 TED 大会这样的场合有了更多的露面机会。在为 DARPA 挑战赛打造了两款参赛车后，特龙决定离开斯坦福大学。佩奇给了特龙加入 Google Scale 的机会，这意味着他的工作将会接触整个世界。他悄悄地以施乐 PARC（一个充满传奇色彩的计算机科学实验室，现代个人电脑、早期计算机网络和激光打印机的发源地）为蓝本成立了自己的实验室，并在这里继续研究自动驾驶汽车项目并重塑移动计算。在其他项目中，他帮助推出了谷歌眼镜，这是将包括视觉和语音在内的计算能力嵌入普通眼镜的研究项目。

与 IBM 研究和贝尔实验室这类强调基础科学的实验室不同，谷歌 X 实验室更接近 PARC 的风格。PARC 曾帮助这家复印机行业巨头改变了"文件公司"的形象，从而转战计算机领域，并直接与 IBM 竞争。X 实验室的存在也是为了帮助谷歌进入新的市场。

2013 年年末，谷歌网络搜索业务每月的利润流超过 10 亿美元，如此的垄断地位让这家搜索巨头有了足够的安全感去出资支持更具野心的科研项目，而这些工作可能与公司核心业务毫无关系。谷歌著名的"70-20-10"原则是为了让工程师有更多的休闲时间来钻研自己感兴趣的项目。谷歌员工可以利用10%的工作时间投身到与公司核心业务毫无瓜葛的项目中。谷歌两位创始人布林和佩奇深谙梦想和野心的意义，他们将自身的努力称为"登月计划"：不是纯粹的科学，这些研究项目很可能都有商业潜力而不仅仅是学术影响。

对特龙来说，这是一个完美的环境。2008年，他在谷歌的第一个项目中创造了街景车队，并捕捉了美国每一条街道上的民宅和企业的数字影像。第二年，他开始了一个更具野心的尝试：能在公共街道和高速公路上穿行的自动驾驶汽车。在有关车辆的项目上，他既胆大义心细。任何一场事故都可能毁灭一辆谷歌汽车，因此在项目起步的时候，他便已经建立了详尽的安全制度。他敏锐地意识到，如果这一项目中有任何差池，那么便会带来一场灾难。他从来都不允许未经训练的司机靠近研发用的丰田普锐斯车队的方向盘。这些汽车已经能够实现80万公里以上的零事故行驶，但特龙明白，即使每80万~160万公里内仅会出现一次错误，这样的错误率仍然高得让人害怕。同时，他也相信，通向未来道路中的其中一条能让谷歌重新定义汽车的概念。

与汽车行业类似，特龙和他的团队也认同量/价曲线（price/volume curve），这意味着当公司专注制造一款产品的时候，成本会明显下降。当然，现在实验用LIDAR激光雷达动辄数万美元的价格着实不菲，但谷歌的工程师们相信，用不了几年，这一价格就会走低，它永远都不会成为未来汽车材料的搅局者。在权衡成本和可靠性的时候，特龙通常选择在当下设计并建造更可靠的系统，而未来则通过大规模制造技术来降低成本。昂贵的激光制导系统的组建实际上并不太复杂，因此没有理由质疑它的价格不会快速下降。同样的走势已经在雷达上出现过，这个曾经高深而稀有的军事、航空技术，近几年间已经出现在运动探测器和高档汽车中了。

人工智能里程碑

特龙有着工程师的思维方式，并希望走向一个自由主义的未来。而他的商业世界观则认为，全球化的大公司总是比国家的发展快一步。同时，他认同一个在硅谷备受推崇的观点，那就是未来 30 年内，90% 的工作都会因人工智能和机器人技术的进步而被淘汰。在特龙眼中，大多数人的工作实际上都是毫无成就感的无用功。从装卸货物到驾驶卡车的无数种体力劳动可能都会在未来 10 年内消失。他还认为，大多数官僚的存在实际上适得其反，这些人让其他人的工作变得更为艰难。特龙对底特律的汽车行业也十分不屑，在他看来，那些死板古董公司完全可以运用科技来快速重塑交通运输系统，并让它变得更安全，可它们却宁愿每年浪费大量精力来改造汽车尾翼的造型。2010 年，他给这个墨守成规、不愿改变也不熟悉硅谷文化的行业带来了一次发人深省的意外事件。

谷歌无人驾驶汽车的诞生

DARPA 的比赛在美国汽车工业的摇篮底特律激起了涟漪，然而这个行业的人们仍然坚持着传统观念，那就是车注定要被人们操纵，而不是自动行驶。从总体上看，这一行业普遍抵制计算机技术，因为许多汽车制造商都心怀"计算机一定会出毛病"的想法。不过，美国其他地方的工程师却已经开始考虑通过全新的低价传感器镜头、微处理器和互联网来改变交通状况了。

2010 年春天，关于谷歌实验性汽车的传言在硅谷兴起，最初这听起来有些荒诞可笑。人们猜想，这家互联网搜索巨头要在众目睽睽之下"藏"起这些车。甚至出现了这样的故事：谷歌工程师已经成功完成自动驾驶汽车夜间从旧金山飞奔到洛杉矶的任务！一石激起千层浪，这样的说法引来的不仅是哄笑，也有尖刻的提醒：即便这样的发明是可能的，它也不合法。他们怎么可能带着这样疯狂的东西蒙混过关呢？

可以肯定的是，谷歌两位年轻的联合创始人布林和佩奇当时已经完善了那些天马行空的计划，这些计划包括利用人工智能以及其他技术来改变世界。谷歌前任 CEO、现任董事长埃里克·施密特曾告诉记者，他的角色就像是一个监督者或监护人，需要劝说两位联合创始人，哪些想法应该被保持在"标杆"之上或之下。布林和佩奇甚至考虑过太空电梯（天梯）的概念。随着极其强韧的新材料得以开发，人们或许不再需要火箭，而是建造一条能够连通地球和预定轨道的线缆，从而以较低的成本将人类和物资送入太空。当被问到对这个想法的看法时，施密特会尖锐地说，这是一个仍处于考虑阶段的想法，不过至少就目前而言，还在"标杆"之下。

硅谷是技术专家的温室，不过想要在这里守住一个秘密却很难。很明显，这里正在酝酿着什么事情。2007 年 DARPA 挑战赛决赛结束后不到一年，特龙从斯坦福大学辞职，开始了在谷歌的全职工作。他的离职从来没有被公之于众，甚至也没有被媒体提及，但硅谷的精英们却对特龙转换阵营的选择有着浓厚的兴趣。一年之后，他和同事到阿拉斯加参加人工智能会议，在酒吧里，他表达了一些诱人的观点。这些话又被传回硅谷，让人们为之惊叹。

不过最终，谷歌普锐斯车队一位低薪司机的高中同学还是在无意中泄露了"天机"。一个年轻的大学生对记者脱口而出："我高中时的一个同学现在在为谷歌工作，坐在一辆会自己驾驶的车里，每小时能赚 15 美元！"事已至此，这个秘密已经无法被继续雪藏。谷歌将这些自动驾驶汽车停放在了园区开放的停车场上。

谷歌的工程师们并没有费心藏起这些长相丑陋的家伙"头顶"上的传感器，这些车看起来比它们的前辈斯坦福大学的斯坦利还要奇怪。这些普锐斯的挡风玻璃上并没有传感器阵列，但车顶上 30 厘米处却装着一个名为 LIDAR 的 360°传感器。这个咖啡罐大小的激光设备是由高新技术公司 Velodyne 制作的，能够帮助谷歌汽车轻松创建周围几百米范围内的实时地图。当然，这样的设备价格不菲，单是 LIDAR 就让每辆车的成本提高了 7 万美元！

这些配有雷达、摄像机、GPS 和惯性制导传感器，外观奇怪的谷歌汽车是怎样在众目睽睽之下被藏起来的？一些原因是，这些车通常是夜间外出行驶的，看到它们的人通常会错把这些车当成谷歌街景的采景车，采景车车顶竖起的桅杆上装有夸张的大型相机，能够对驶过街道周边的环境构建视觉地图（它们也会记录人们的 WiFi 设置，以此作为信标来提升谷歌安卓智能机的定位精度）。

被误认为街景车，往往能让谷歌无人驾驶汽车大模大样地躲藏在人们眼皮底下，不过也不总是如此。谷歌工程师中最先与执法部门产生摩擦的一个是詹姆斯·库夫纳（James Kuffner），他曾是卡内基·梅隆大学的机器人专家，也是这一团队的首批成员之一。凭借在导航以及类人机器人项目中的工作，库夫纳在卡内基·梅隆大学里小有名气。他的专长是运动规划，思考如何指导机器在真实世界中导航。作为惠特克团队的成员之一，DARPA 挑战赛的失利也让他颇感痛心。随着该团队的主要成员陆陆续续转投谷歌一个代号为"专职司机"（Chauffeur）的项目，他也抓住这次机会选择了新的阵营。

一天深夜，谷歌的工程师们在其重点关注的卡梅尔路段测试自动驾驶普锐斯汽车。之所以选择在夜里进行，是因为他们希望建立起精度能够达到厘米级的详细地图，周围没有行人车辆的时候更容易获得道路的基准地图，于是这辆车就顶着惹眼的 LIDAR 传感器一次次穿过小镇。这样反反复复的动作引起了当地警察的注意，这辆普锐斯被要求停靠在路边的时候，库夫纳正坐在驾驶座上。

"这是什么玩意儿？"警察用手指着车顶。

如何应对这种不可避免的冲突，谷歌无人驾驶汽车的"驾驶员"们都已受过严格的训练。他把手伸向身后，把事先准备好的书面文件递给警察。在阅读这些文件时，这位警官的眼睛瞪大了，然后他变得越来越兴奋，与谷歌工程师一起讨论交通的未来，一聊就聊到了深夜。

这次警察事件并没有导致谷歌汽车项目的泄密，不过遇到了记者，谷歌汽车工程师则选择让步，并同意载他一程。

坐在后座上的体验让一切都立刻清晰明了，短短 3 年的时间，谷歌无人驾驶汽车就已远超 DARPA 挑战赛的参赛车。谷歌普锐斯复制了很多 DARPA

扫码获取"湛庐阅读 APP"，搜索"人工智能简史"，即可一睹谷歌无人驾驶汽车的震撼视频。

的原始技术，但更为精雕细琢。启动自动驾驶状态时，车内会响起《星际迷航》的音乐。从技术角度讲，这次行驶是个了不起的成就。普锐斯沿着山景城街道驶离谷歌园区，试驾开始了。在穿过几个街区的路程中，这辆车在看到停车标志和红灯的时候都会礼貌地停下来，之后并入了交通高峰期的 101 号高速公路。在之后的出口处，这辆车自动驶离高速公路，开上弯曲盘旋的立交桥。对第一次体验自动驾驶车的乘客来说，最令人震惊的莫过于机器驾驶汽车转弯的能力丝毫不逊于人类。人工智能的驾驶行为中丝毫没有机械的影子。

当《纽约时报》刊出这个故事后，谷歌无人驾驶汽车就像晴天霹雳一样给了底特律重重一击。这里的汽车行业将计算机和传感器技术加入车中的效率慢得像蜗牛。虽然巡航控制已经出现了几十年，但智能巡航控制，即使用传感器来自动保持与交通的同步，在 2010 年还算是个奇异的功能。不少汽车企业在硅谷附近都设有"哨所"，不过，在围绕谷歌无人驾驶汽车的宣传变得铺天盖地之后，其他汽车制造商也赶忙在硅谷附近建起了自己的实验室。没人愿意看到发生在个人电脑硬件制造商身上的教训再度重演——当微软 Windows 系统逐渐成为行业标准的时候，硬件厂商发现他们的产品变成了低利润商品，越来越多的资金流向了微软。而现在，汽车行业也意识到，自己正面临着同样的威胁。

与此同时，人们对谷歌无人驾驶汽车的反应也同样褒贬不一。《杰森一家》（The Jetsons）中的那些未来的机器人汽车一直是科幻小说中的常客。在像《霹雳游侠》（Knight Rider）这样的电视连续剧中，也有人工智能车辅助人类的片段。关于自动驾驶，人们也不乏阴暗的揣度。在 2009 年丹尼尔·苏亚雷斯（Daniel Suarez）的科幻惊悚小说《恶魔》（Daemon）中，人工智能控制的汽车不仅能够自动驾驶，还会碾压人类。不过，人们普遍仍对无人驾驶汽车有朝一日是否能成为现实抱有怀疑。

然而，特龙的观点十分明确，人类是糟糕而可怕的司机，这主要是因为人容易犯错误、精力不集中。直到项目曝光时，谷歌无人驾驶汽车已经创下了超过 16 万千米无事故的纪录，而之后的几年里，这一数字又将继续增长并超过 80 万公里。一个名叫安东尼·莱万绍斯基（Anthony Levandowski）的年轻谷歌工程师经常要从伯克利开车到相距超过 60 公里的山景城上班，而特龙本人则会在周末让谷歌无人驾驶汽车带着自己从山景城返回位于塔霍湖的度假别墅。

如今，"半自动"汽车已经在市场上出现，它们给未来交通开启了两条路—— 一条路配备更智慧、更安全的人类司机；而在另一条路上，人类将成为乘客。

2014，无人驾驶汽车商业化元年

谷歌并没有透露这一研究的商业规划，但到 2013 年年底，已有超过 6 家汽车制造商公开表示计划推出自动驾驶汽车。2014 年，商业化的沉寂终于被打破，包括宝马、奔驰、沃尔沃和奥迪在内的少数欧洲汽车制造商开始提供可选功能，比如堵车助手，这是走向自动驾驶的一小步。以奥迪为例，其生产的车辆能在高速路上以每小时 0~62 公里的速度行驶，并稳定在自己的车道中，不过仍然要求人类驾驶员的干预，这一规定是因为律师担心乘客会无聊到睡着或是无法集中注意力。2014 年年末，特斯拉宣布将开始为 Model S 系列电动车提供自动驾驶系统，让特斯拉在高速公路上自动驾驶。

自动驾驶汽车将进一步激化人工智能和智能增强间的争端。虽然针对法律责任问题出现了越来越多的争论——万一出现了机器人车撞死人的案例，该由谁承担赔偿，汽车必须通过的安全标准线实际上低得令人难以置信。2012 年，美国国家公路交通安全管理局（NHTSA）的一份研究估计，仅在轻型汽车上装置电子稳定控制系统（ESC），就能挽救近 1 万人的生命，并防止近 25 万人受伤。这样看来，驾驶可能是日常生活中人类最不应该插手干预的事。即便是身体健全的人也仍然算不上好司机，如果周围有让人分心的小玩意儿，我们有可能表现得更糟糕。我们可以在车身周围包裹由新一代低价摄像头、雷达和激光雷达等设备以及计算机模式识别等技术造就的洞察一切的"眼睛"，从而拯救我们的生命，无论是我们在驾驶还是让机器驾驶。

Mobileye，无人驾驶汽车的另一种可能

人生中顿悟的一刻到来时，阿姆农·沙舒瓦（Amnon Shashua）还是一个年轻的计算机专业本科生。那时他正坐在耶路撒冷一所大学的图书馆里阅读一篇用希伯来语撰写的文章，当时他兴奋地发现，在很多方面，人的视网膜与计算机十分相似。文章的作者是西蒙·厄尔曼（Shimon Ullman），计算机视觉研究先驱大卫·马尔（David Marr）的第一位博士生，也是人类与机器视觉专家。意识到人类的眼睛中也进行着计算后，沙舒瓦对这一过程十分着迷，他决定追随厄尔曼的研究脚步。

1996 年，他来到麻省理工学院学习人工智能，而当时这一领域仍然在艰难地从早期繁荣与衰退的循环中恢复，各家公司也在着手打造建立在由早期人工智能先驱埃德·费根鲍姆（Ed Feigenbaum）和约翰·麦卡锡等人提出的规则和逻辑方法上的商业专家系统。在人工智能研究令人兴奋的早期阶段，似乎直接将人类专家的知识灌输给计算机就已经足够了，不过这样的项目在市场中却脆弱不堪，很快就让一些雄心勃勃的初创公司崩溃倒闭。而现在，人工智能的世界在反弹。虽然在第一个 30 年中，人工智能的发展相对停滞，但在 20 世纪 90 年代，由于统计技术的进步，分类和决策变得更为实际，人工智能也终于可以振翅腾飞了！可惜当时的人工智能实验并没有带来巨大的成绩，这主要是因为那个时代的计算机仍不足以处理手头的数据。不过，新的想法已经呼之欲出。

作为一名研究生，沙舒瓦将精力投入了一个颇有前途的技术——通过多个视角捕捉几何形状进行成像，从而识别物体。这一方法来自计算机图形学世界，是由犹他大学研究生马丁·纽维尔（Martin Newell）开创的一种全新的建模方法。20 世纪 70 年代，计算机图形领域的很多进展都来自这所大学。纽维

尔的灵感来源于厨房里的一个真实的美乐家（Melitta）茶壶。一天喝茶的时候，纽维尔与妻子讨论物体建模中出现的难题时，妻子建议他给面前的茶壶建模，后来，这只茶壶成了早期计算机图形学研究中的标志性图像。

在麻省理工学院，沙舒瓦师从计算机视觉科学家汤米·波乔（Tommy Poggio）和埃里克·格里姆森（Eric Grimson）。波乔的研究涉及神经科学和计算机科学，而格里姆森后来成了麻省理工学院的副校长。当时，从捕捉到识别形状的过程中看似没有障碍，但实际上编写识别软件却十分艰难。即便是在今天，"场景理解"的目标仍可望而不可即，例如，不仅识别出一个女人，同时也要识别出她可能做些什么。人们也仅是在一些小的领域取得了值得注意的进步。举例来说，现在很多汽车都能够及时识别出行人或自行车，从而在发生碰撞前自动减速。

通过脚踏实地钻研这些琐碎的技术，沙舒瓦逐渐成长为一位大师。在学术世界，脑科学家与计算机科学家还在争论不休的时候，他的立场很简单："飞机不会扇动翅膀，但这并不意味着它们不能飞。"研究生毕业后，沙舒瓦回到了以色列。而在这之前，他还开办了自己的公司 Cognitens，利用视觉建模技术对工业零部件进行精准三维建模。这些图像能准确到头发丝的级别，让从汽车到航天领域的制造商们能够对现有零件进行数字化建模，从而检查其是否合适。不过，他很快就出售了这家公司。

在寻找新项目时，沙舒瓦从以前一位汽车行业内的老客户口中听说，有汽车制造商希望能够实现加强计算机辅助驾驶的立体视觉技术。他们对沙舒瓦在多视觉几何领域的工作有所了解，于是询问他是否也对立体视觉有想法。他回答说："这很好，不过你并不需要一个立体系统，一台简单的摄像机就够了。"他指出，在某些情况下，人类在闭上一只眼睛的情况下仍然能够判断距离。

凭借自己创业家的功力，沙舒瓦成功说服通用汽车公司投资 20 万美元用于开发演示软件。他立即叫来了自己在商界的朋友谢夫·阿维拉姆（Ziv Aviram），并建议创办一家新公司。"有个机会，"他这样告诉自己的好友，"这将是一个巨大的领域，以前每个人的思考方式都是错的，现在我们已经有了一个客户，已经有人愿意付钱了。"他们给新公司起名叫 Mobileye，沙舒瓦亲自编写了台式机展示用的软件，然后展示了摄像头的机器视觉，这对当时的汽车制造商来说就好像是科幻小说一般。

项目开始 6 个月后，他从汽车行业一个大型供应商处得知，通用汽车公司计划展开一场竞标，寻求一种用来警告驾驶员车辆偏离车道的方式。在此之前，他们一直专注于更遥远的问题，比如车辆和行人探测，这些汽车行业的从业者们原本认为无法解决的问题。不过零部件供应商劝他："你现在该采取行动了。重要的是先打入汽车内部，这样做以后，你才能有更多机会。"

沙舒瓦认可了这一策略，于是他让自己在希伯来大学的一个学生在这个项目上花了几个月的时间。让车辆在车道中保持行驶的软件写得还不错，但沙舒瓦却意识到，对于愿意率先起步的公司来说，这可能还不够好。因此，这家羽翼未丰的公司很难一举胜出。

后来，沙舒瓦有了一个好主意。他在这款软件中补充了车辆检测功能，但告诉通用汽车公司这个功能存在错误，不要在意。"在下一个版本中我们会解决它，所以你们可以忽略它。"他说。这一句话就已足够，通用汽车公司为能够以低成本检测其他车辆从而提升车辆安全性的想法欣喜若狂，于是决定立即取消投标，并承诺为这家新公司提供项目资金。车辆检测能够推进新一代安全功能的研发，这些功能并不会取代驾驶员，而是通过隐形的传感器、计算机安全网来增强车辆的安全性能。诸如车道偏离预警、自适应巡航控制前方碰撞预警和防碰撞制动等技术正在迅速向前发展，并成为汽车的标准安全系统。

Mobileye 有机会成为全球汽车行业最大的人工智能视觉技术提供商之一，但沙舒瓦却有着更宏大的想法。在先后创建了两家公司之后，2001 年，他到斯坦福大学继续自己的博士后研究，并与塞巴斯蒂安·特龙共用一间办公室。两人终将成为自动驾驶汽车的先驱。

人工智能关键思考

> 沙舒瓦追求的目标与特龙一致，但他的方法却更务实，而不是天马行空式的"登月"风格。他一直深受导师波乔的影响，后者一直崇尚用生物方法来研究视觉，这不同于依靠日益增强的计算机简单粗暴的力量来识别物体的方法。

当像谷歌云这样的超强计算机集群以及大数据集逐渐成熟时，用统计方法来进行计算将是最有效的。但如果没有这些资源该怎么办呢？沙舒瓦会在这里脱颖而出。Mobileye 已经在以色列发展为一家出色的技术企业，公司位于耶路撒冷，距离希伯来大学不远，而沙舒瓦就在这所大学教授计算机科学课程。Mobileye Audi 是一个车辆研究平台，但与挂满传感器的谷歌汽车不同的是，它的外形与普通汽车并无二致，只不过是在后视镜前、挡风玻璃中心的位置装了一台摄像机。手头的任务，即自动驾驶，需要功能强大的计算机，这些设备就藏在汽车的后备箱中，甚至还给行李箱留了些位置。

2013 年春天的一个下午，Mobileye 的两位工程师加比·海因（Gaby Hayon）和埃亚勒·巴贡（Eyal Bagon）在耶路撒冷东部的 1 号高速路上行驶了几公里。后来，他们在一个不起眼的路口停下，Mobileye 的另一位员工正在路边停放的另一辆闪亮夺目的白色奥迪 A7 中等待。离开耶路撒冷的时候，加比和埃亚勒向一位访客道了歉。他们解释道,这辆汽车是一个研发中的项目。如今,Mobileye 为包括宝马、沃尔沃、福特和通用汽车在内的汽车制造厂商提供用于安全应用的计算机视觉技术。据报道,这家公司的第三代技术能够检测行人和自行车。而不久前,日产也展示了公司在这一领域内的成果——为避免碰撞从停靠的汽车后突然走出的行人,车辆自动急转。

像谷歌一样,这些以色列人也进行过深入研究,开发出了自动驾驶所必需的技术。谷歌可能会计划与新贵特斯拉合作,发起对汽车行业的竞争,但沙舒瓦却对汽车行业的文化极其敏感,这从 Mobileye 目前合作的客户中就可以窥见。这意味着他的视觉系统设计必须控制成本,即使是高端汽车,花费也不能超过数百美元,而对一辆普通的雪佛兰轿车,成本甚至不可以过百。

谷歌和 Mobileye 采用了不同方法来解决相同的问题,他们需要帮助车辆知晓周围的情况,在高速条件下,这些判断需要优于人类的准确度。谷歌的系统需要通过雷达、视频、Velodyne LIDAR 传感器对汽车周围的环境进行精细到厘米级别的测绘,增强通过街景车采集到的数据。这些谷歌无人驾驶汽车是通过与谷歌云的无线连接来获得地图数据的。这一网络对谷歌无人驾驶汽车的导航系统来说就好像一根无形的电子拐杖,确认着传感器看到的周围世界。

全球地图数据库能让谷歌的工作变得更容易。谷歌的一位工程师透露说,在这一项目启动之后,他们惊讶地发现,这个世界上竟然有这样多的变化。不仅高速公路的车道经常会因为维护等问题而出现变化,"连整座桥都会移动"。他说。即使不依靠数据库,谷歌无人驾驶汽车也能做到很多似乎只有人才能办到的事情,比如完美地融入高速公路的车流,或是在车水马龙的密集市区应对时停时走的交通。

谷歌的项目结合了特龙德国式的精密以及公司对保密的情有独钟,但以色列人却更不拘小节。一个春日温暖的下午，身在耶路撒冷郊区的 Mobileye 的工程师们并没有谷歌人的谨慎。"你为什么不来试试？"埃亚勒对一位游客说，然后这位工程师就滑到了乘客座位上，坐在一个大显示器和键盘后面。之后，他们开始了时长 1 分钟的快速机器人汽车驾驶课程：你只需要开启巡航控制，然后添加车道保持功能，将方向盘上巡航控制拉杆拉向自己。挡风玻璃上的投影向驾驶员展示了汽车的速度，并有图标提示自动驾驶功能正处于开启状态。

与配有《星际迷航》启动音乐的谷歌无人驾驶汽车不同的是，Mobileye 在切换如自动驾驶模式的时候只有一个小小的视觉提示。Mobileye Audi 在高速公路上飞驶，有时候速度会超过每小时 90 公里。在通向死海的峡谷中蜿蜒盘旋而下时很难感到放松。而在一辆自动驾驶汽车中，对新手驾驶员来说，非常具有挑战性的是前方有车因红绿灯而放慢了速度的时候。这需要所有人的意志力：让脚离开刹车板，并给予这辆车足够的信任。果然，它逐渐减速，平稳地停在了前面那辆车后。

谷歌无人驾驶汽车带给人们的体验是一种分离感——幕后那些略显怪异的机器智能设备，还有那些遥远的云计算机。而与此形成鲜明对比的是，2013 年的测试阶段证明，Mobileye 无人驾驶汽车能让车上的乘客敏锐地感觉到机器援助的存在。这款车需要在车道内略微移动，然后结束停车状态并绝尘而去——这样的行为无法激发人们的信心。不过，如果你了解底层技术，这样的插曲就不会那么让人害怕了。Mobileye Audi 的视觉系统采用了一个"单眼"相机。第三个维度——深度，是通过沙舒瓦和他的研究人员设计的一个巧妙的算法计算得出的，这一技术也被称为"从运动中构建"，只需要略微移动车身，这辆汽车就能绘制出前方世界的 3D 地图。

不过知道这一切对第一次体验 Mobileye 无人驾驶汽车的乘客来说仍然起

不到安慰作用。在一次试驾中，在掠过一辆停在路边的汽车时，Mobileye Audi 突然朝那辆车开去。首次体验的乘客完全不想知道车的"真正的想法"，他们会一把转过方向盘，把车重新带回车道中心。不过，这些以色列工程师们并没有感到惊慌，甚至还流露出一丝愉悦的表情。沿着这条看上去还带有古韵的老路行驶了约半小时，行程结束。乘坐自动驾驶汽车的体验就像科幻小说中的感觉一样，不过这只是这一技术将逐渐带来广泛社会改变的第一个暗示。"交通拥堵辅助系统"已经在市面上出现了。2013 年，在游览以色列的游客看来了不起的技术，在短短 3 年之内，如今已在全世界的高速公路上行驶。

自动驾驶汽车的下一阶段将在 2020 年之前到来——车辆将接手日常驾驶任务，不仅在塞车时，每天通勤的路上也是。通用汽车公司将这一功能称为"超级巡航"（Super Cruise），它标志着人类司机的角色将会出现转变——从手动控制到监督。

人工智能关键思考

谷歌的目标十分明确，这家互联网巨头希望打造新一代汽车，而人将成为乘客，不再需要参与驾驶任务。不过沙舒瓦认为，即使对谷歌来说，完全无人驾驶的汽车也仍然只存在于遥远的未来。完全无人驾驶的汽车将陷入他所描述的一种四向停车难题（four-way stop）。在没有红绿灯的路口，司机之间需要复杂的交流，而对于相互独立、互不连通的计算机系统来说，在可预见的未来想解决此类问题则更为困难。

另一个复杂之处在于，人类司机经常会违背或忽略交通规则，而行人也带来了很多难以处理的问题。这些挑战或许将成为未来完全建立在人工智能基础上的汽车在城市环境中发展的阻碍：我们还没有厘清人工智能车辆造成的事故在法律上如何界定。沙舒瓦认为，一个折中的可能性是，未来可能仍然不属于谷歌高瞻远瞩的全机械智能车，不过或许再过几年，机器人车就能接管高速公路的驾驶。他的方法中加入了复杂的传感器阵列以及关注人类驾驶员的人工智能软件，拥有超强意识的人类能够看得更远、更清晰，也许还能轻松切换到驾驶之外的其他任务上。未来的车辆能够根据驾驶员的喜好或者汽车自己的喜好提醒他是否应该参与驾驶过程。

站在耶路撒冷城郊的那辆 Mobileye Audi 车旁，这里就像是新的乐土。无论你是否愿意，我们已经不再身处那个《圣经》中的世界，未来并不是地理上的领地，而是一个迅速逼近的技术的奇妙世界。机器将从魔像①开始，逐渐变得越来越智能，并接管许多人类的任务，从简单的体力劳动到高深的科学。

应对分心，将人类完全排除在驾驶之外

谷歌遇到了一个问题。公司的无人驾驶汽车项目已开展 3 年，其小型研究小组已经安全完成了超过 80 公里的自动驾驶，他们已经在传统汽车行业眼中那些不可能的领域里取得了惊人的进展。谷歌无人驾驶汽车在白天和晚上都能进行自动驾驶，改变车道，甚至在旧金山蜿蜒曲折的伦巴第街上也能进行导航。谷歌通过互联网来管理这些新技术，并打造起一个"虚拟的"基础设施。他们并没有花费巨大的成本来建立"智能"的高速公路，而是利用了由谷歌街景车队创建的精确的世界地图。

---

① 魔像（Golems），希伯莱传说中被注入魔力后可以行动但无思考能力的假人。——编者注

有一些成果甚至达到了令人毛骨悚然、可以媲美人类的品质。例如，谷歌的汽车视觉系统能够识别出施工区域，并能有针对性地减速，并以自己的方式安全穿越这一地带。它也能为那些部分车身越界的车辆作出调整，并在必要情况下进行移动。这一系统还不能识别出骑自行车的人，但能识别他们的手势信号，并适当减速慢行，给自行车留出变道的空间。这表明谷歌正针对一个更难的问题取得了进展：在面对警察在事故现场或施工区域的手势动作时，无人驾驶汽车将如何应对？

麻省理工学院的机器人专家约翰·伦纳德（John Leonard）的一大乐趣是在坎布里奇周边驾车，并拍摄一些对自动驾驶汽车来说非常复杂的情况。在一个视频中，他的车在丁字路口遇到了一个停车标志，并等待左转。由于从右向左行驶的车辆络绎不绝，而且对面没有停车标志，所以他的车一直没能完成转向。后来，反向驶来的几辆车让情况变得更为复杂。挑战在于，要劝说慢车道上的驾驶员让路，同时还不能撞上另一个方向高速行驶的车。

一段记录了对谷歌视觉系统来说可能最为艰难的挑战的视频拍摄于市中心某处繁忙的人行横道上。在那里，有大量人群被红灯拦了下来。车正在靠近，突然间，一名警察出现在画面左侧，他完全无视车行道的绿灯，为行人拦停了车流。对于计算机视觉系统来说，这并不是一个无法解决的问题。如果系统已经能够识别骑车人和他们的手势，那么警察制服肯定也不在话下。不过这一问题可能不会很快解决，当然也不会很容易解决。

2012 年，特龙几乎完全离开了谷歌研究项目，一是为了通过大规模在线公开课程（MOOCs）改变教育行业，二是因为不愿与谷歌联合创始人谢尔盖·布林竞争 X 实验室的领导权。与硅谷市场上出现的情况相似，特龙无法看到他的项目的未来。在为谷歌建立并兼管秘密 X 实验室几年之后，随着布林的加入，特龙认为，是时候继续前进了。虽然布林提出他们可以共同管理，但特龙却意识到，如果谷歌联合创始人混在其中，他将不再拥有控制权，所以，是迎接新挑战的时候了。

2011年秋天，特龙和彼得·诺维格参与了斯坦福大学免费在线课程的录制，介绍人工智能。此举引起了轰动。超过16万名学生报名参加了这一课程，这一数字是斯坦福大学真正的学生数量的10倍。虽然登记在册的网络学生中只有很少的一部分最终修完这一课程，但它仍然成了一个全球性的"互联网时刻"：**特龙和诺维格的课程带来了一种全新的、低成本的教育理念，它带来了公平的竞争环境，让每一个人都能接受世界上最优秀的老师的教育。**与此同时，这样的在线课程也威胁到名牌大学的商业模式。如果一个普通的城市学院的学生也能学到同样的课程，那么为什么还要去负担斯坦福高昂的学费呢？

虽然名义上特龙每周会有一天时间出现在谷歌，但实际的项目领导权已经被交到了克里斯·厄姆森（Chris Urmson）手中。这位说话轻声细语的机器人专家曾在DARPA自动驾驶汽车挑战赛中担任惠特克的首席助理。厄姆森是特龙加入谷歌后最先招来的一批秘密参与自动驾驶汽车项目的科学家。2014年夏天，他说他想在自己的儿子到达驾龄之前创造出一辆可靠的无人驾驶汽车。根据这样的推算，这大概会在未来6年时间内。

在特龙离开后，厄姆森将项目重新转回到最初的目标，在开放道路上自动驾驶。谷歌已经将自动驾驶环境分成两种：高速公路和城市道路。在一次总结性的新闻发布会上，谷歌承认他们面临的最大挑战是如何应对城市交通环境。不过，厄姆森却在公司网站上发帖反驳说，在他看来，城市道路的混乱，汽车、自行车和行人随机运动的方式，实际上可以进行合理预测。谷歌在训练实验中已经遇到了成千上万类似的情况，公司开发的软件模型已经能够预测预料之中

（汽车在红灯前停下）或意料之外（闯红灯）的情况。厄姆森和他的团队暗示，在高速公路上行驶的挑战已经基本解决，只是有一点需要注意，那就是保持人类驾驶员的注意力集中。这个问题之所以出现，是因为谷歌无人驾驶汽车团队将部分自动驾驶汽车分配给了谷歌员工，让他们在每天上下班的路上进行测试。"我们看到了一些让人紧张的事情。"厄姆森告诉记者。

谷歌最初的自动驾驶项目需要两位专业司机，他们经验非常丰富。坐在驾驶员座位上的人需要时刻保持警惕，并准备好在发生异常情况的时候采取行动。然而现实情况却非常不同，一些谷歌员工在回家路上，在一整天的工作后有一个令人不安的习惯：他们容易心烦意乱、受到干扰，甚至还可能在车上睡着！

这也被称为"放手"问题。这里的挑战在于，需要寻找一种方式，让那些被其他事情分心，例如，读邮件、看电影甚至睡觉的驾驶员快速回到紧急情况发生时必需的"态势感知"（situational awareness）级别。当然，在他们已经逐渐信任的无人驾驶汽车上打瞌睡是很自然的。这是汽车行业 2014 年在堵车辅助系统（该系统使得汽车可以在拥堵的高速路上走走停停）中需要解决的情况。司机必须让一只手留在方向盘上，中间可以有 10 秒钟的间隙。如果司机没有满足这个条件，系统就会发出声音警告，从而脱离自动驾驶模式。不过很多时候，紧急情况可能会在不到一秒的时间内发生。谷歌认为，虽然在遥远的未来这一问题有望得到解决，但以目前的技术还无法做到。

一些汽车制造商已经开始着手处理司机分心的问题了。雷克萨斯和奔驰已经实现了类似的商业化技术，能够通过监测驾驶员的眼睛和头部的位置来确定他们是否在打盹，或是走神。2014 年，奥迪开始研发新系统，用两台摄像机来检测司机是否精力不集中，如果是，那么系统就会突然终止。

人工智能里程碑

> 但就目前而言，谷歌似乎已经改变了策略，并开始着手解决另一个更为简单的问题。2014 年 5 月，在向记者介绍了无人驾驶汽车项目的乐观进展后，他们转而着手探索一个在全新、受限却更激进的城市环境下自动化交通的解决方案。既然无法解决人类分心的问题，谷歌的工程师决定：将人类完全排除在驾驶过程之外。

谷歌不再强调他们的 Prius 和 Lexus 自动驾驶汽车，转而打造 100 辆新款实验电动车，这些新车彻底去掉了现代汽车中的标准控制组件。尽管成功地守住了秘密，但实际上谷歌在无人驾驶汽车项目最初阶段就已经开始进行无人驾驶高尔夫球车的测试了。

现在，谷歌开始计划重新回到本质问题上，用最近特别设计的自动驾使汽车当作班车。坐在新型的谷歌未来汽车中，感觉就像坐在电梯里。这种两座汽车看起来有点像小型的菲亚特 500 或奔驰 Smart，但方向盘、油门、刹车和换档杆都被去掉了。这里的想法是，在拥挤的城市或是园区里的乘客将可以在智能手机上输入自己的目的地，以此发出召车请求。当坐进无人驾驶汽车后，这辆汽车提供给乘客的只有一个"旅程开始"键（Trip Start）和一个红色的"结束"键（E-stop）。工程师们作出的概念性转变之一就是将车辆的速度限制到每小时 40 公里以内，管理谷歌无人驾驶汽车像高尔夫球车一样而非像传统交通工具那样，这意味着他们必须放弃空气气囊和其他会增加成本、重量和复杂性的设计限制，而这些限制意味着新型汽车只适用于低速的都市驾驶。

尽管每小时 40 公里的速度低于高速公路的标准，但在像旧金山和纽约这样的城市，平均交通速度分别是每小时 29 公里和 27 公里，所以，慢但是有效的自动驾驶汽车或许会在某天取代今天的出租车。哥伦比亚大学地球研究所进行的一项研究发现，曼哈顿 13 000 辆出租车每天载客 47 万次。它们的平均速度是每小时 16~18 公里，平均 3 公里搭乘 1.4 名乘客，乘客平均需要等待 5 分钟才可搭乘出租车。报告指出，相比之下，未来由智能手机控制的 9 000 辆自动驾驶汽车将有能力将等待时间降到 1 分钟以下。假定利润率为 15%，当前出租车服务的成本大约是每 1.6 公里 4 美元，相对地，未来无人驾驶汽车的成本只有每 1.6 公里 50 美分左右。这份报告指出了其他两个案例研究中的相似之处，这两个案例分别是密歇根的安·阿伯（Ann Arbor）和佛罗里达巴布科克·兰琪（Babcock Ranch）的规划社区。

人工智能关键思考

谷歌高管和工程师们提出了城市规划者们一直以来倡导的观点：大量空间被浪费在了使用率不高的交通工具上。例如，用于通勤的班车在一天中大多数时候处于泊车状态，这些空间本可以被用于建造房屋或公园。在城市里，自动驾驶出租车将不间断运行，只需返回快速充电工厂，让机器人更换电池。这样便很容易想象，不再以私家车为中心，而是拥有更多绿色空间和宽阔道路的城市，将会对行人和骑行者来说都更加安全。

特龙谈到当前交通系统的危险和不合理之处时，提出了安全性问题和重新设计城市的可能性。除了浪费大量资源，目前的交通运输基础设施设计还要对全美每年 3 万名交通事故死者负责——这个数字几乎是印度和中国的 10 倍，而在全世界范围内，每年有超过 100 万人死于交通事故。这是一个引人注意的问题，但已经被责任问题和更艰巨的伦理问题挡了回去。反对自动驾驶汽车的理由是，法律系统尚无法判断事故过失是由设计还是执行错误导致的。这个问题已经说明，汽车设计缺陷和法律后果之间已经存在某种复杂的关系。例如，丰田汽车公司收到的针对车辆突然加速的索赔已经导致该公司损失超过 12 亿美元，通用汽车公司也因为设计缺陷而召回了大量汽车。这些汽车的点火开关存在缺陷，会导致突然刹车等问题。召回数量甚至超过了其 2014 年的汽车生产量，这一召回举措最终或将花费通用汽车公司数十亿美元。但是，对于这种挑战仍有一个简单的补救办法。美国国会可以单独为自动驾驶汽车创立一条责任豁免规定，就像它为儿童疫苗做的事情一样。只有当自动驾驶汽车被牵扯进交通事故时，保险公司便可以简单地推行无过失责任原则。

手推车难题，是否选择"更小的恶魔"

责任问题的另外一个方面已被描述为另一个版本的"手推车难题"。所谓的"手推车难题"通常是这样的：一辆失控的手推车正一路向下狂奔，如果它继续前进的话，将有 5 个人会被杀死。你可以让这辆手推车转向另一个不同的方向，从而拯救这 5 个人的生命，在那个方向上只有 1 个人，而这个人将被手推车撞死。掉转手推车，以牺牲 1 个人的代价来避免 5 个人的死亡，道德会允许吗？ 1967 年，英国哲学家菲利帕·富特（Philippa Foot）在一篇论述堕胎伦理问题的论文中首先提出了这个难题，最终引发了针对选择"更小的恶魔"这一情形的无止境的哲学辩论。最近，它又演变成"机器人汽车是否应该为了躲避跑到路中央的 5 个孩子而选择开到人行道上撞死 1 个成年人"的形式。

通常，人们可以设计让软件选择那个"较小的恶魔"，但问题的框架似乎在其他层面上存在错误。因为 90% 的交通事故是由驾驶员错误导致的，似乎自动驾驶汽车能够令伤亡总数出现显著下降，所以，尽管仍然有少数事故纯粹是技术失败导致的，但更好的产品应该服务人类。从某种程度上说，汽车产业已经赞同了这一逻辑，例如，紧急气囊拯救的生命远比问题气囊包导致的伤亡要多。

对这一问题狭隘的关注也忽视了自动驾驶汽车在未来可能的运行方式。很有可能到那个时候，路政工人、警察、紧急车辆、汽车、行人和骑行者都会以电子信号的形式告知其他人自己的位置，即便没有实现完全自动化，这一方式也能显著提高安全性。一种名为"V2X"的技术正在全球范围内进行测试，它能够持续传送并共享附近汽车的位置。未来，甚至上学的孩子们也会配戴上这种传感器，向汽车提示自己的位置并发出警报，从而降低事故发生的可能性。

令人困惑的是，哲学家们通常不会从更宏观的角度探究手推车难题，而只是将其当作独立事件的一个缩影。诚然，如果技术失败，这将成为一出独立的悲剧。改善交通整体安全性的系统似乎十分必要，尽管它们并不完美。将人类排除出驾驶行为所带来的哲学问题远比它对经济、社会甚至文化产生的影响更引人注目。2013 年，美国有 3.4 万人死于交通事故，236 万人受伤。2012 年，全美有 380 万人以驾驶汽车维生。对比一下这些数字。如果无人驾驶汽车在未来 20 年内出现，它们很有可能取代很多人的工作。

事实上，这一问题远比仅仅要选择拯救更多生命或是提供更多工作岗位微妙。恩格尔巴特在 1968 年进行技术（这些技术导致了个人计算和互联网的诞生）展示的时候，含蓄地使用了驾驶的暗喻。他坐在键盘和显示器前，展示了图形交互计算是如何被用来控制计算，"驶过"未来的网络空间的。人类在这个智能增强模型中处于主导位置。驾驶是对交互式计算的最初比喻，但今天，谷歌的观点已经改变了这一比喻。新的比喻更像坐在电梯里或是火车上，并且无须人类干预。在谷歌的世界里，你只需按下一个按钮，就会被带到目的地。这种交通的概念破坏了深植于美国文化中的很多理念。在 20 世纪，汽车成了美国人理想中自由和独立的同义词。现在，那个时代正在终结。取代它的会是什么？

重要的是，谷歌在改变这一比喻的过程中起到了十分重要的作用。从某种意义上说，谷歌开始成为智能增强的典型代表。拉里·佩奇开发了用来改善互联网搜索结果的 PageRank 算法，通过公众信息源的积累筛选有价值的信息来源，这进一步挖掘了人类智能。谷歌最初以收集和组织人类知识起步，随后，它成了万尼瓦尔·布什在 1945 年《大西洋月刊》（*Atlantic Monthly*）上最先提出的最初的全球信息检索系统 Memex 的一部分，为人们所用。

但是，随着谷歌的发展，它开始将这些系统推向"取代"而非"拓展"人类。很明显，谷歌的高管们在某种程度上已经考虑过，他们正在创造的系统会产生的社会影响。谷歌的座右铭仍然是"不作恶"（Don't be evil）。当然，这句话相当模糊，可以被翻译成任何意思，但它仍然说明，像谷歌这样的公司，其目标不仅仅是实现股东价值的最大化。

人工智能关键思考

自 2001 年起就在谷歌担任研究主管、经验丰富的人工智能科学家彼得·诺维格指出，随着智能程度越来越高的机器的出现，人类与计算机之间的合作关系会成为这一难题的出路。人类国际象棋专家和国际象棋计算机程序的合作甚至能打败最优秀的人工智能下棋程序。"作为社会的一员，这就是我们必须做的事。计算机正变得更加灵活，它们能做得更多。或许真正能够获得不断发展的是与机器一起共事的人。"他在 2014 年 NASA 的一场会议上这样说。

人类和未来的智能汽车之间会建立怎样的关系？那些最初作为军事计划，意图将战场后勤自动化从而降低成本、避免士兵受伤的项目，现在站在了重塑现代交通业的最前沿。世界在埋头前进，交通系统在实现自动化，但是现在，我们对它的影响还只是一知半解。

　　显然，它会对安全、效率和环境质量方面产生显著的积极影响。然而，世界上那些数以百万计的以驾驶维生的人们又将怎样？当他们成为 21 世纪的"铁匠"和"无线电天线制造师"的时候，他们又将如何应对？

MACHINES

OF LOVING GRACE

03

跨越 2045 年，人类将去往何处

随着机器学习能力的增强，它们日益呈现出了极强的独立性，而这一新机器时代正掀起一场十分严酷的工业革命，可以将一名工厂工人置于不被雇用的地步。奇点临近，到底谁才是人类命运的主宰者？2045 年，对人类来说究竟将是艰难的一年，还是会掀起一场技术盛宴的一年，抑或是两种可能同时发生的一年？

飞利浦工厂的工程师宾尼·维瑟（Binne Visser）说："有了这些机器，我们可以制造出任何一款消费设备。"维瑟参与制造了一条机器人组装线，可以无限量地生产电动剃须刀。他认为，除了剃须刀，这些产品也可以是智能手机、计算机等如今的任何一种产品。

飞利浦的电动剃须刀工厂设在荷兰德拉赫滕（Drachten），穿过一片平坦的农田，从阿姆斯特丹向北部乘 3 小时火车就能来到这里。这家工厂对工厂机器人有着清晰的见解：完全自动化的"熄灯工厂"已经投入使用，但时至今日，这一切还只能在有限的情况下实现。当已经开始制造灯泡和真空管的飞利浦成长为世界上主要的消费电子产品品牌时，从外面看，德拉赫滕工厂好像是上个时代已经略微褪色的遗迹。

在电视机等消费品领域被亚洲新贵们抢占了市场的飞利浦，仍然保持着它作为世界顶级剃须刀和其他很多消费品制造商的地位。像欧洲和美国的许多公司一样，飞利浦的大多数制造工作都在劳动力较为廉价的亚洲完成。2012年出现了转折点，飞利浦取消了将一个高端剃须刀组装工序转移至中国的计划。由于传感器、机器人和摄像机的价格下降，以及将成品运输到亚洲以外市场的运输成本的上升，飞利浦转而选择在德拉赫滕厂区打造出一条几乎完全由自动化机器人手臂组成的组装线。在许多电子产品领域溃败的飞利浦，决定投资维持自己在一些预置电脑家用电器领域的领先地位。

这家灯火辉煌的单层自动化剃须刀工厂是一个模块化的大型机器，它由超过128个互相连接的站点组成，每一个闪亮的透明笼子通过运输机与旁边的"同胞"相连，它们一个个的外形酷似电影院里的封闭式玻璃爆米花机。这条生产线本身就是一个巨大的鲁布·戈德堡（Rube Goldberg）式[①]管弦乐团。128条手臂各自都有独一无二的"末端操纵装置"，一只专业手掌能够以两秒的间隔不断重复完成同一工序。每两秒完成一次装配，这样换算下来，每分钟可制成30个剃须刀、每小时1 800个、每月1 304 000个、每年更是令人震惊的15 768 000个。

这些机器人十分灵巧，每一个都专门负责重复自己无休止的单一工作。有个机器人的手臂可以同时拿起厚度相当于两根牙签的5厘米线缆，精确地弯曲，随后将它们的剥离端准确地放入电路板上极小的洞孔里。这些线缆是由一个名叫"抖动台"的送料器挑选的。一位人类技工将材料放入箱中，然后将它们分散在一个光照充足的表面上（上面有摄像机进行观察）。就像玩"拾棍子"（Pick Up Sticks）游戏一样，机器人手臂可以同时捡起两个线缆。每当线缆缠在一起时，它就会摇晃桌面分离它们。它清晰地识别线缆以后，又会快速捡起另两根线缆。与此同时，几个人徘徊在剃须刀生产线边缘。一队穿着蓝色外套的工程师通过添加原材料，确保系统一直运转。一个特别的"老虎团队"（tiger team）[②]一直处于待命状态，确保机器人手臂的故障时间不会超过两小时。与人

---

① 用极其复杂的机械完成极其简单的任务，得名于同名作者的系列漫画。——编者注
② 受雇闯入电脑系统以检测其安全性的专业技术人员。——编者注

类工厂的工人不同,这条生产线从来不休息。这家工厂由美国机器人手臂组成,编程工作由一队欧洲自动化专家完成。这是不是人类工厂一线工人将要消失的新制造时代到来的预兆呢?尽管在中国,有数以百万计的工人劳动力正在通过手工劳动完成相似的消费组件生产工作,但德拉赫滕的这家工厂组装的设备要比一台智能手机更加精密复杂,却又完全不需要借助人类劳动力。

在自动化工厂里,错误几乎不会发生,而且这一系统可以容忍小错误。在一个站点,产品线末端,剃须刀的小型塑料组件正好在旋转切头下面断裂了。其中的一个外形酷似吉他拨片的部件散落在了地板上。生产线不会停顿。一个线下传感器识别到了这部分遗失,这个剃须刀被分流到一个特殊的重加工区域。在这个工厂的生产线上,唯一有人类直接工作的地方就是由 8 名女工完成的最后一道工序:质量检测,这一过程尚未实现自动化,这是因为人类的耳朵仍然是检测每个剃须刀是否正常运转的最好的工具。

熄灯工厂,也就是无人生产线,创造了一个喜忧参半的局面。为了尽可能降低产品的总成本,有必要将工厂建造在原材料、劳动力和能源附近,或是靠近成品消费者的地方。如果机器人能够用比人类更低的成本生产任何产品,那么,工厂靠近市场而非廉价劳动力的源头,就变得更加经济。事实上,工厂确实正在重返美国境内。一家由伟创力公司(Flextronics)运营的太阳能面板制造工厂就位于旧金山南部的米尔皮塔斯(Milpitas)。在这里,一个大横幅打出了响亮的口号:"将工作和制造业带回加利福尼亚!"

走进弗里蒙特(Fremont)的工厂,你会发现这是一家高度自动化的制造工厂,同时也并没有创造岗位;事实上,这里,只有不到 10 个工人在组装线上处理产品,而在亚洲的工厂,同样多的面板却可能需要数百个工人来完成。正如伟创力主管所问的:"什么时候,齿轮才会取代保罗·班扬(Paul

Bunyan)[①]？总会有一个价格点，我们已经很接近那个点了。"

诺伯特·维纳，一位科学家的反叛

信息时代刚开始的时候，自动化的速度与诺伯特·维纳的想法一致。在1949年春天，他给美国汽车工人联合会（UAW）的负责人沃尔特·鲁瑟（Walter Reuther）写了一封长达3页的信，表示自己拒绝通用电气公司提供的担任顾问的机会——通用电气希望维纳为自动化机器设计提供技术建议。

通用电气曾在1949年两次接触这位麻省理工学院的科学家，邀请他讲课并担任工业控制应用伺服机制设计的顾问。伺服系统使用反馈来精确地控制组件位置，这对第二次世界大战后自动化机器顺利进入工厂来说是必不可少的。出于道德原因，维纳拒绝了这两次工作邀请，但他也意识到，具备与他相似的知识、但对工人缺乏责任感的人很可能会接受这些工作。

维纳意识到了这一潜在的可怕"社会影响"，却未能成功联系上其他工会。从写给鲁瑟的信中就可以看到，他遭受了挫折。

人工智能关键思考

　　1942年年末，维纳就已经意识到计算机可能会通过编程来运营工厂，并开始担心随着"无人组装线"的出现而到来的影响。在软件层面上，这还没有成为浏览器先锋马克·安德森（Marc Andreessen）口中"将吃掉世界"的力量，但维纳将这一轨迹向鲁瑟进行了清晰的描述。他写道："为某项工业目的而进行的

---

① 美国民间传说中力大无穷的伐木巨人。——编者注

开发是一项非常需要技术的工作，而非机械劳动。需要以正确的方式将工作'录入'（taping）机器，就像现在的计算机器接受录入一样。"今天，我们将这个过程称为"编程"，软件盘活了经济，乃至现代社会的方方面面。

在写给鲁瑟的信中，维纳预见到了天启："这个设备非常灵活，能够进行大规模生产，而且无疑会使得工厂不再需要员工，例如自动化的摩托车生产线。在当前工业组织下，这种工厂导致的失业将带来灾难性的影响。"

鲁瑟回复了电报："对你的来信深感兴趣，希望尽早有机会与你一叙。"

鲁瑟的回复在 1949 年 8 月就已发出，但直到 1951 年 3 月，两人才在波士顿的一家宾馆碰面。他们一起坐在宾馆餐厅里，对组建"劳动力 - 科学 - 教育协会"这一想法一拍即合，希望以此扭转即将到来的自动化时代可能对产业工人造成的最恶劣的影响。维纳见到鲁瑟时，已经出版了《人有人的用处》。这本书在论述自动化可能带来的好处的同时也警告了人类被机器征服的可能性。在 20 世纪 50 年代的前 5 年，维纳甚至可能成为一位广受欢迎的演讲家，传播他对自动化发展失控和机器人武器概念的担忧，在见到鲁瑟后，他欣喜地发现"鲁瑟先生拥有我在首次尝试时，缺乏的那种联系工会的政治才能"。

维纳不是唯一试图唤起鲁瑟对自动化危险的注意的人。在与维纳会面几年之后，UAW1250 的主席阿尔弗雷德·格莱纳基斯（Alfred Granakis）也致信鲁瑟，警告自动化可能带来的岗位损失。这时，格莱纳基斯已经见过了福特汽车在俄亥俄州克利夫兰设立的使用自动化技术的引擎和铸造工厂。他将自己看到的工厂描述为"汽车行业中最接近完全自动化的工厂"，并补充道："解决这一切的经济方案是什么呢，沃尔特？我很担心见到一个由我辅佐成长起来的经济学上的'科学怪人'。我认为，劳动力的麻烦要出现了。"

几年前，维纳已经与科学和技术机构断绝了联系。1946 年 12 月，他在一封题为《一位科学家的反叛》（*A Scientist Rebels*）的写给《大西洋月刊》的信中表达了自己对科学伦理的强烈信念（一年之前，他的良知因广岛和长崎原子弹事件而饱受折磨）。这篇文章中包含了一段第二次世界大战期间他给一位请求他对制导导弹系统做技术分析的波音研究科学家的回复："制导导弹系统的实际用途只会不加区分地残杀外国平民，无论如何，它都不能为这个国家的平民提供庇护。"信中还提到了扔下核弹所引发的道德问题："当科学家成为生与死的仲裁者，思想交流这一科学最伟大的传统之一就必须受到某些约束。"

1947 年 1 月，维纳退出了一场在哈佛大学举行的关于计算机器的学术研讨会，以此抗议这些系统将被用于"军事目的"的决定。20 世纪 40 年代，计算机和机器人都还只是科幻小说中的素材，很难理解维纳如何在当时就对这些科技在今天才显露出来的影响有了如此透彻的见解。1949 年，《纽约时报》邀请维纳总结他眼中"最终的机器时代将会是什么样子"——套用当时周日版资深编辑莱斯特·马克尔（Lester Markel）的话来说。维纳接受了邀请，并为文章撰写了草稿。马克尔并不满意这份草稿，请维纳进行改写。维纳做了修改。但是由于各种原因（比如，互联网还未出现），后人无法找到这篇文章的任何一个版本。

1949 年 8 月，参考维纳在麻省理工学院发表的文章，《纽约时报》曾请他重发文章的第一版手稿，以便与第二版手稿进行整合。（我们不清楚编辑为什么把第一版手稿遗失了）。"你能把第一版手稿发给我吗？我们会看看能不能把这两版整合在一起。"这家报纸周日版的一位编辑这样写道，随后，周日版便从日刊报纸中独立了出去。"也许是我弄错了，但我认为，你丢了一些最好的素材。"当时维纳正在墨西哥旅行，他这样回复道："我认为，我在交出第一版手稿时就已经完成了自己的工作。去我在麻省理工学院的办公室里拿出手稿需要联系和麻烦很多人……所以，不要再想做这件事了。在目前的情况下，我觉得我最好放弃这次工作。"

接下来的一周，这位《纽约时报》的编辑将第二版手稿退还给维纳，这篇文章和维纳的其他文章一起躺进了麻省理工学院图书馆的"档案和特殊收藏"区，与世隔绝数年。直到 2012 年 12 月，一位名叫安德斯·弗恩斯戴特（Anders Fernstedt）的独立学者发现了这篇文章。他主要研究卡尔·波普尔（Karl Popper）、弗里德里希·哈耶克（Friedrich Hayek）和恩斯特·贡布里希（Ernst Gombrich）这三位在 20 世纪活跃在伦敦的维也纳哲学家的工作。在这篇尚未发表的论文中，维纳的态度十分明确："这些机器的趋势是要在所有层面上取代人类，而非只是用机器能源和力量取代人类能源和力量。很显然，这种新的取代将对我们的生活产生深远影响。"

维纳接着还提到了"基本没有员工"的工厂的出现和"录入"重要性的提高。他也提到了很多关于机器学习的理论可能性和实践影响："这样一台机器的局限性来自对其获得的这些对象理解中的局限性，来自在获得这些对象的每道工序中的多种可能的局限性，来自我们所拥有的将这些工序在逻辑上整合起来以达到目的的能力的局限性。简单来讲，如果我们人类能以一种清晰、易懂的方式做事，就可以让机器来完成这件事。"

在计算机时代开始的时候，维纳就清晰地捕捉并透彻地陈述了下面的观点：自动化拥有"将一名工厂工人的价值降低到一文不值、无需被雇用的地步"的潜能，结果就是"我们会生活在一场十分残酷的工业革命中"。

人工智能里程碑

维纳不仅对计算机革命做了早期的"黑暗"预言，还预见了一些更令人心惊胆战的事情："…… 如果我们朝着制造机器的方向前进，这些机器可以学习，它们的行为可以通过经验来进行修正，那么我们必将面对这样一个事实：我们给予机器的任何程度的独立性都可能导致对我们自身意愿的反抗。瓶子里跑出的精灵不会心甘情愿地重新回到瓶子里，同样，我们也没有任何理由希望它们善待我们。"

在 20 世纪 50 年代早期，鲁瑟和维纳在建立"劳动力 - 科学 - 教育协会"这一观点上达成了一致意见。但是，这次合作并没有立即产生影响，部分是因为鲁瑟代表了美国劳工运动的一部分，这部分人将自动化视为不可避免的过程——这位劳工领袖意图与技术力量周围的管理层们进行一番讨价还价："归根结底，人们必须承受现代工作带来的重负，并通过增加休闲和创意消遣进行奖励。在拥抱自动化和新技术的过程中，他似乎完全接受了'将效率作为一个理想、中立条件'的概念。"

维纳的警告最终会成为燎原星火，但不是在 20 世纪 50 年代这个属于共和党、劳工运动在美国联邦政府中没有什么朋友的时代。只有当肯尼迪在 1960 年赢得选举，以及其继任者林登·约翰逊（Lyndon Johnson）上台后，维纳和鲁瑟的早期合作才使美国政府为自动化作出了为数不多的努力。1964 年 8 月，约翰逊成立了一个研究技术对经济影响的专家团队。

压力的源头是一个名叫"三重革命专门委员会"（AdHoc Committee on the Triple Revolution）的左派团体，它向总统发送了一封公开信。这个团体中包括美国民主社会主义者负责人迈克尔·哈林顿（Michael Harrington）、民主社会学生组织的联合创始人汤姆·海登（Tom Hayden）、生物学家莱纳斯·鲍林（Linus Pauling）、瑞典经济学家贡纳尔·米达尔（Gunnar Myrdal）、和平主义者马斯特（A.J. Muste）、经济史学家罗伯特·海尔布隆纳（Robert Heilbroner）、社会评论家欧文·豪（Irving Howe）、民权活动家贝亚德·鲁斯廷（Bayard Rustin）和社会党总统候选人诺曼·托马斯（Norman Thomas），等等。

他们提出，第一次革命是在"自动控制"（Cybernation）出现之时："新的生产时代已经开始。这个时代组织原则与工业时代组织原则之间的差异，就像工业时代组织原则和农业时代组织原则之间的差异一样。计算机和自动化的自律机器已经引发了自动控制革命，结果会产生一种几乎具有无限生产力的系统，而它所需的人类劳动力却在日益减少。"由此促成的美国国家技术、自动化和经济进步委员会（National Commission on Technology, Automation and Economic Progress）囊括了一批杰出人物，其中就有鲁瑟、IBM 的托马斯·沃森（Thomas J. Watson）、宝丽来（Polaroid）的埃德温·兰德（Edwin Land）、麻省理工学院的经济学家罗伯特·索洛（Robert Solow）和哥伦比亚大学的社会学家丹尼尔·贝尔（Daniel Bell）。

1966 年年末，一份长达 115 页的报告问世。报告后更附加了一份长达 1 787 页的附录，这其中也包括由外部专家完成的特别报告。在特别报告中，由兰德公司（Rand Corporation）的保罗·阿莫（Paul Armer）完成的对计算技术带来的影响的 232 页分析，出色地预测了信息技术的影响。事实上，报告标题中的论断在接下来几年中都得到了证实：计算机正变得越来越快、越来越小、越来越便宜；计算力量将变得像今天的电力和电话服务一样容易获得；信息本身将变得更加廉价和容易取得；计算机将变得更容易使用；计算机将被用于处理图像和图形信息；计算机将被用于处理语言，等等。但是，报告最后达成的一致结论还是传统的凯恩斯式观点："技术消除的是岗位，而非工作"。这份报告最后得出结论，技术性取代将成为对经济成长来说暂时但必要的垫脚石。

随着经济升温，这场关于未来技术性失业的争论得以告一段落，部分原因是越南战争的影响，以及随之而来的 20 世纪 60 年代后期的国内冲突。在首次发出关于自动化机器的警告 15 年以后，维纳将想法转向了宗教和技术，但他仍然是一位坚定的人道主义者。在他最后撰写的《神与魔像》（*God & Golem, Inc.*）一书中，他通过宗教的棱镜探讨了未来世界中人与机器的关系。通过引用魔像的寓言，他指出，尽管抱有最好的想法，但是人类仍然没有能力理解他们的创造的最终影响。

在维纳与约翰·冯·诺依曼（John von Neumann）1980 年的传记中，史蒂芬·海姆斯（Steven Heims）提到，20 世纪 60 年代后期，他向很多数学家和科学家请教他们对维纳的技术理念的评价，这些科学家的通常反应是："维纳是一位伟大的数学家，但他也十分古怪。当他开始讨论社会和科学家责任这个不在他专业领域内的话题时，好吧，我就不能太把他的话当回事儿了。"

海姆斯得出了这样的结论：维纳的社会理念触动了科学圈的神经。如果科学家们承认了维纳想法的重要性，他们就必须重新审视自己已经根深蒂固的关于个人责任的理解，这是他们不愿做的事情。"人以自己的形象创造了人，"维纳在《神与魔像》中写道，"这似乎反映了创造行为的原型，或者就是其本身，就像上帝以自己的形象创造了人类一样。相似的事物会出现在这些不那么复杂（而且可能更容易理解）、被我们称为机器的无生命系统中吗？"

人工智能关键思考

1964 年，在维纳去世前不久，《美国新闻与世界报道》（*U.S. News & World Report*）曾问他："维纳博士，是否存在这样的

> 可能：这些机器，或者说计算机，有一天会凌驾于人类之上？"
> 维纳的答复是："如果我们没有采取一个现实的态度，这样的危
> 险肯定会出现。这种危险其实是智力惰性本身。有些人被'机器'
> 这个词迷惑，分不清哪些事可以用机器完成、哪些事不能，什么
> 会被留给人类、什么不会。"

只有到了现在，距离维纳提出的问题已经过去 65 年后，机器自治的问题
才变得不仅是个超前理论。五角大楼已经着手应对新一代"智能"武器带来的
影响，而与此同时，纠结于"手推车难题"的哲学家们又开始试图赋予无人驾
驶汽车道义责任。在未来的 10 年中，随着制造、物流、交通和通信日益被学
习算法而非人类所控制，创造自动机器的影响将更加频繁地显现。

维纳早期曾希望扮演技术版的保罗·里维尔（Paul Revere），在 20 世纪
五六十年代关于自动化的辩论渐渐退散后，技术导致的对失业的恐惧最终在
2011 年左右从公众意识中消失。主流经济学家通常会同意将此描述为"勒德
谬论"（Luddite fallacy）。早在 1930 年，凯恩斯就曾阐述自己对新技术所带来
的广泛影响的看法："我们正在被一种新型疾病所折磨，一种某些读者甚至没
有听说过名字的疾病，也是他们将在未来不断听到的疾病，那就是技术型失业。
这意味着，我们发现节约使用劳动力方法的速度超过了我们为劳动力寻找新用
途的速度，失业因此产生。但是，这只是一个短暂的失调阶段。"

凯恩斯很早就指出，技术是新型工作的一个强有力的生产者，但他提到
的"临时阶段"确实是一个相对概念。毕竟，他也曾提出一句名言："在这场
长跑中，我们都已阵亡。"

1995 年，经济学家杰里米·里夫金（Jeremy Rifkin）撰写了一本名为《工

作的终结》（*The End of Work*）的书。农业经济的衰落和新型工业就业的快速增长，与凯恩斯的替代说法出现了惊人的吻合，但里夫金认为，新型信息技术的影响将与之前几波工业自动化的影响出现质的区别。在书的开头部分，他提到在 1995 年，全球性失业达到了自 20 世纪 30 年代大萧条时期以来的最高值，全球有 8 亿人口处于失业或不充分就业的状态。他写道："生产重构，以及机器对人类劳动力的永久性取代，已经开始给数百万工人的生活带来了悲惨的代价。"

里夫金的观点也遭遇了挑战——在这本书出版的过程中，美国的就业人数从 1.15 亿增长到了 1.37 亿，这意味着在美国的总人口只增长了 11% 的情况下，美国的劳动力总数增长超过了 19%。而且，例如劳动力参与率、就业人数占适龄劳动力人口比率以及失业率等关键的经济指标都没有显示出技术性失业的证据。这一情况要比里夫金曾经预测过的、即将到来的黑人与白人劳动力的冲突更加微妙。举个例子，从 20 世纪 70 年代开始，随着跨国公司转移到低成本制造业地区并使用通信网络重新分配办公室工作，全球性工作外包对本国就业产生的影响已经远远超过了部署自动化技术带来的影响。所以，里夫金的研究实际上失去了可信性，同样也没有引发多高的关注度。

在 2008 年衰退的复苏期当中，一种新型的、更为广泛的技术转型开始显露端倪。白领就业成了自第二次世界大战结束以来美国经济的增长引擎，但是现在，裂痕开始显现。曾经的白领铁饭碗开始消失。随着美国经济在 2009 年以一种被称为"失业复苏"的形式逐渐恢复，程序化的白领工作开始变得岌岌可危。迹象就是，高耸于经济金字塔上层的知识分子们的工作第一次变得朝不保夕。包括麻省理工学院的大卫·奥特尔在内的经济学家开始批评劳动力正在发生改变的一些特征，并提出了美国经济正被"挖空"的观点。他认为，或许金字塔的底部和顶部正在增长，但是对现代民主十分重要的中等阶层工作却在蒸发。

有越来越多的证据表明，**技术的影响不光会"挖空"，还会"降低"劳动的难度**。在一些案例中，某些高声望的职业因为信息和通信技术成本的下降（比如新型全球计算机网络）开始显现出自动化的影响。而且，人工智能软件首次对某些高技能工作（如小时工资 400 美元的律师和小时工资 175 美元的律师助理）产生影响。2000 年出现了这样的势头——建立在自然语言理解上的新人工智能技术应用出现，比如"E-discovery"这款软件，它可以在需要在诉讼中公开的法律文件中寻找重点。很快，这款软件将不再只是在电子邮件里寻找特定关键字。E-discovery 发展迅速，现在，它已经能扫描数百万份电子文档，识别潜在概念，甚至能找出所谓的"确凿证据"，即非法或不当行为的证据。

从某种程度上说，由于公司间的诉讼动辄涉及上百万份文档记录，需要查找相关材料，这款软件已经变得十分必要。对比研究显示，机器在分析和分类文档方面能够做得像人类一样好，甚至超越人类。"从合法的人员配置角度来看，这意味着从前被安排进行文档阅览工作的大批人手现在不再有用武之地了。"供职于一家重要化学制品公司的律师比尔·赫尔（Bill Herr）表示，这家公司曾经召集众多律师花上数周时间阅读文档和信函，"人们感到厌烦，开始头疼，但是计算机不会"。

技能错配，技术性失业的元凶

马丁·福特（Martin Ford）在科技圈观察到了技术的影响，这位拥有一家小型软件公司的独立工程师在 2009 年年末自费出版了《隧道中的灯光：自动化、加速中的科技和未来经济》（*The Lights in the Tunnel: Automation, Accelerating Technology and the Economy of the Future*）一书。福特开始相信，信息技术正在以一种超乎寻常认知的速度影响着求职市场。福特既拥有对软件技术的专业理解，也具备深深的悲观主义情绪。在一段时间里，他很孤立，在很大程度上延续了里夫金在 1995 年写作的《工作的终结》一书的论点。但是，随着不景气时期的延长，主流经济学家仍然无法解释就业为何没有出现增长，他加入了一场"技术人员和经济学家警告说技术破坏正全面到来"的暴动当中。

2011 年，麻省理工学院斯隆商学院的两名经济学家埃里克·布莱恩约弗森（Eric Brynjolfsson）和安德鲁·麦卡菲（Andrew McAfee）自费出版了一篇题为《与机器赛跑》（*Race Against the Machine*）的专题论文。

人工智能关键思考

> 《与机器赛跑》的主旨思想大致如下："数字技术变化迅速，但组织和技能并不能保持相同的发展速度。结果就是，数以百万的人们被抛在了后面。他们的收入和工作都正在被摧毁，这使他们变得比数字革命发生以前还要落魄……"

《与机器赛跑》一文在网络上传播，在重新点燃有关自动化的争论方面起了作用。因为计算技术在工作场所的加速普及，讨论仍围绕之前的概念展开，这一次，就没有"经济创造新的岗位种类"的凯恩斯式回答来解题了。

与马丁·福特一样，布莱恩约弗森和麦卡菲记录了一组不断增多、正在重新定义工作场所的技术应用，或者一些正处于改变定义边缘的应用。大卫·奥特尔的理论或许是最吸引人的。但是，2014 年的一份报告指出，美国劳动力正呈现出"去技能化"趋势，对具备认知技能的岗位的需求正在下滑，甚至连奥特尔也开始避免正面回应。保罗·博德里（Paul Beaudry）、大卫·格林（David

Green）和本·桑德（Ben Sand）在美国国家经济研究局（NBER）的一份报告
中提出，具备较高技能的工人倾向于将具备较低技能的工人排挤出工作岗位。
虽然他们没有明确证据直接指向对某种技术的应用，但是对高端劳动力受影响
的分析仍然令人不寒而栗。

博德里等人在报告中写道："2000 年之前，许多研究人员都记录道，在对
技能的需求方面出现了一股强劲的上升势头。在本文中，我们记载了自 2000
年以来这种需求的下降，尽管同时期接受过高层次教育的工人人数仍在持续增
长。与此相对应的是，我们发现具备高技术素质的工人已经开始向职位阶梯的
下层移动，开始去担任以往通常由具备较低技术素质的工人完成的工作。"

尽管对这些能看、会听、能言、可以行动的机器存在恐惧，但是劳动力
也没有表现出在不远的未来技术进步将酝酿出一场彻底崩盘的倾向。事实上，
2003—2013 年的 10 年间，美国劳动力在总量上的增长超过了 5%，从 1.314
亿增加到 1.383 亿。可以确定的是，同一时期，美国人口增长率超过了 9%。

✋ 人工智能里程碑

> 如果没有出现彻底的崩盘，这种缓慢的增长率说明了一个更混
> 乱的复杂事实。一种可能性是，相比一次纯粹的"去技能化"，这些
> 改变或许代表了更为广泛的"技能错配"（skill mismatch），这种解
> 释更符合凯恩斯的预期。

麦肯锡最近发布的一份关于未来工作的报告显示，2001—2009 年，交易
和生产相关岗位都出现了下降，但有 480 万个关于交互和问题解决的白领岗位
被创造出来。可以明确的是，涉及程序化工作的蓝领和白领岗位都面临危机。

《金融时报》2013年曾发布报道表示，2007—2012年，美国的劳动力中增加了38.7万名管理人员，同时几乎损失了200万个文员岗位，这个时代通常被人们称为互联网的Web2.0时代。第二代互联网商务软件催生了一系列软件协议和产品套装，它们都简化了业务工程的整合过程。伴随着失去文员的巨大影响，由IBM、惠普、SAP、Peoplesoft和甲骨文等公司牵头，现代公司中的许多重复性业务功能都以较快的速度实现了自动化。

但即便是在文员的世界中，全面进行自动化预测和岗位削减似乎也并不合理。银行柜员和ATM机的例子就是自动化技术、计算机网络和劳动力动态之间复杂关系的一个绝好例子。2011年，在讨论经济时，奥巴马也曾使用这个例子："我们的经济存在一些结构性问题，很多企业已经通过裁员来变得更有效率。你走进银行时，会去使用ATM机，而不会求助于银行柜员。你也会在机场使用自助设备而不是去柜台获得人工服务。"

这引发了一场关于自动化影响的政治风波。事实是，尽管ATM机在崛起，银行柜员们并未离开。2004年，据《快公司》（*Fast Company*）查尔斯·菲什曼（Charles Fishman）报道，1985年，在部署ATM机的相对早期，全美有6万台ATM机和48.5万名银行柜员，2002年，这一数字增加到了35.2万台ATM机和52.7万名银行柜员。2011年，《经济学人》引用了"2008年全美拥有60.05万名银行柜员"这一数字。与此同时，美国劳工统计局预计，这一数字到2018年将增至63.8万名。而且，《经济学人》指出，2008年，全美增加了15.29万名"计算机、自动化柜员及办公室机器修理工"。仅仅关注ATM机，并没有抓住"自动化系统融入美国经济的方式"这一问题的复杂性本质。

美国劳工统计局的数据显示，真正的转型发生在"后勤部门"——1972年，这里的员工构成了银行劳动力的70%："首先，主要的客户服务任务的自动化将每个网点的员工人数降低了 75%。其次，ATM 机并没有取代高度可视化的、需要面对客户的银行柜员，相反，它取代了数以千计可见性较差的文员工作。"因为劳工统计局在 1982 年改变了对银行业文员岗位的记录方式，很难准确估计后勤部门自动化对银行业带来的影响。但毫无疑问的是，银行业内的文员岗位逐渐在消失。

展望未来，新型计算技术对银行柜员的影响或许可以让我们预见无人驾驶快递汽车的影响，即便这项技术可能是完美的——当然，这也有待论证。因为快递涉及复杂的人类业务以及与人类交流的复杂性，送货上门的快递员将很难被取代。

尽管很难将衰退的影响与新技术的实现分离开来，新型自动化技术和快速的经济转变之间日益增加的联系已经被用来暗示美国劳动力的瓦解，这至少也是一段延长的混乱期。布莱恩约弗森和麦卡菲在一个更长版本的《与机器赛跑》——题为《第二次机器革命》(*The Second Machine Age*) 的文中探讨了这种可能性。微软研究中心的一位知名计算机科学家雅龙·拉尼尔 (Jaron Lanier) 在《谁将拥有未来?》(*Who Owns the Future?*) 一书中也提出了相似的见解。两本书都在 Instagram (一家互联网图片分享服务提供商，2012 年被 Facebook 以 10 亿美元收购) 的兴起和柯达 (一家标志性的图像公司，2012 年宣布破产) 的衰落之间建立了直接联系。"Instagram 这个只有 15 人的团队打造了一款拥有超过 1.3 亿用户、图片分享量达到 160 亿的简单应用，"布莱恩约弗森和麦卡菲写道，"但是，像 Instagram 和 Facebook 这样的公司雇用的员工中只有很少一部分同样是柯达需要的人。而且，Facebook 拥有的市场价值是柯达曾经创造出的市场价值的数倍，并已经缔造了至少 7 位身价超过 10 亿的富翁，他们中任何一个拥有的资本净值都是乔治·伊士曼（George Eastman）巅峰时期的资产的 10 倍还多。"

拉尼尔更直接地点出了柯达的悲哀："它甚至开发了第一部数码相机。但是今天，柯达破产了，数字相片的新面孔变成了 Instagram。2012 年，当 Instagram 以 10 亿美元被卖给 Facebook 的时候，它只有 13 名员工。这些消失的岗位都到哪里去了？这些中等级别岗位创造的财富发生了什么？"

他们的观点中存在的缺陷是，他们隐藏了实际的工作等式，并忽略了柯达公司存在财务混乱的事实。首先，即使 Instagram 确实"杀死"了柯达（事实上，它没有），这些岗位的比例远比他们提到的"13∶145 000"更复杂。Instagram 这样的服务并没有孤立地出现，但当互联网已经达到很高的成熟程度，并创造了数百万的高质量岗位后，这一切才成为可能。

人工智能关键思考

图书出版商蒂姆·奥莱利（Tim O'Reilly）清晰地阐述了这一观点："请抽出一分钟来思考这个问题：柯达真的是被 Instagram 取代的吗？它难道不是被苹果、三星和其他取代了照相机的智能手机制造商们取代的吗？难道不是被这些提供了柯达胶片替代品的网络提供商、数据中心和设备供应商们取代的吗？苹果拥有 7.2 万名员工（2002 年仅为 1 万名）；三星拥有 27 万名员工；康卡斯特（Comcast）拥有 12.6 万名员工。"

而且奥莱利的观点甚至一开始并没有捕捉到互联网带来的积极的经济影响。2011 年，麦肯锡的一份研究指出，在全球范围内每损失一个岗位，互联网就会新创出 2.6 个岗位。对发达国家而言，在过去 5 年时间里，这一现象创造的价值占到了 GDP 增长的 21%。"柯达与 Instagram 之争"的观点还存在另一个挑战，那就是，当柯达艰难地向数字技术转型时，它的主要竞争对手富士已经完成了技术转型，并获得了成功。

柯达的衰落远非"它错失了数字化"或"它没能收购（或开发出）Instagram"这么简单。**真正的难题包括规模、时代和急缓度。这家公司拥有庞大的退休人员负担，它的内部文化导致人才流失，并且无法吸引新的人才。**事实证明，这是一场完美风暴。柯达曾大张旗鼓地试图进军医药行业，但并未成功，它败就败在了选择进入医疗成像业务。

奇点临近，人类会否被机器取代

基于人工智能的自动化及其导致的岗位损失引发了一种新的焦虑，这种焦虑或许最终会被证明是有一定根据的，但那些受到警示的人很可能正沉迷于用手机后的摄像头拍照。如果等式两边分别是人工智能方向的技术和智能增强方向的技术，那么，就还留存有这样的希望：人类仍然拥有寻求娱乐和工作机会的无限能力，做一些有市场的、有益的事情。

如果人类是错的，那么，2045 年对人类来说将是艰难的一年。又或者，它会标志着一场技术盛宴的到来。再或者，是两种可能同时发生。2045 年是雷·库兹韦尔预测人类超越自己生物存在的一年。言外之意是，人类或许将可以主宰自己的命运。

库兹韦尔是一位人工智能专家和企业家，2012 年他加盟谷歌，担任工程总监一职，着手准备打造"人工大脑"。库兹韦尔代表的是一个由硅谷许多最优秀、最耀眼的技术专家组成的圈子，他们受到了计算机科学家、科幻小说家弗诺·文奇"技术奇点将不可避免"这一观点的启发（文奇认为，在某一时间点，机器的智能将会超越人类）。1993年，当文奇首次写到"奇点"这个概念的时候，他为此设定了一个相对宽泛的时间范围：2005—2030年。在这期间，计算机或许会"醒来"，并超越人类。

"奇点"运动的依据是，大批以信息技术为基础的技术将取得指数级的改善，从处理能力到存储都会如此。从某种程度上讲，这是对技术驱动的指数曲线力量的一种十分虔诚的信念。罗伯特·杰拉奇（Robert Geraci）在《人工智能启示录》（*Apocalyptic AI*）一书中对这种观点进行了阐述。他发现，奇点论和一大批救世主式的宗教传统之间存在一些令人感兴趣的社会性上的相似之处。

奇点假设同样建立在新兴人工智能研究的基础上。罗德尼·布鲁克斯（Rodney Brooks）就是其中的先锋，他首先研究出了使用简单组件打造复杂系统的机器人的方法。

库兹韦尔在《人工智能的未来》（*How to Create a Mind*）[①]一书中、杰夫·霍金斯（Jeff Hawkins）在《智能时代》（*On Intelligence*）一书中，都在试图表达这样一个观点：现在，作为人类智能基础的简单的生物"算法"已被发现，我们要做的不仅仅是将它们"扩展"到设计智能机器上。

这些观点饱受争议，并遭到了神经科学家的批判。但在这里值得一提的是，这些是新自动化争论中的根本观点。今天，同样令人震惊的是，因为对相同数

---

① 这是一本洞悉未来思维模式和奇点到来时刻的颠覆之作，向我们展现了2045年的世界。到那时，我们会是谁？我们又会是什么？人还能称之为人吗？《人工智能的未来》一书给了我们答案。本书中文简体字版已由湛庐文化策划、浙江人民出版社出版。——编者注

据存在不同解释，由此出现的关于劳动力未来的观点同样十分丰富。

莱斯大学的计算机科学家摩西·瓦迪是美国《计算机协会通讯》（*Communications of the Association for Computing Machinery*）的主编。2012 年，他开始公开发表观点，认为当前人工智能的发展速度已经很快，所有人类劳动力都将在未来 30 年内被废弃。2012 年 10 月，《大西洋月刊》发表了一篇题为《人类智慧的结果》（*The Consequence of Human Intelligence*）的文章，瓦迪认为，这个论点正日益成为人工智能研究圈的代表："但我认为，人工智能革命不同于工业革命。19 世纪，机器战胜了人类的肌肉；现在，机器正在与人类的大脑角力。机器人兼具大脑和肌肉。我们都正在面对'被我们的造物完全取代'的未来。"

人工智能关键思考

瓦迪认为，在那些新岗位的增长较为稳健的领域，例如网络搜索引擎经济，存在一些新的工种，比如进行"搜索引擎优化"（SEO）工作的技术人员，因为内在原因，这些工作将在不远的未来变得十分脆弱。"通过观察搜索引擎优化，是的，现在他们通过这种做法创造了很多岗位，"他说，"但是，这个岗位到底是做什么的？它在学习搜索引擎真正的工作方式，并将其运用到网页设计中。你可能会说，这是一个机器学习难题。或许，现在我们需要人类，但这些家伙（软件自动化设计师）正在改变局面。"

瓦迪以及很多与瓦迪有同样想法的人都作出了这样一个假设：市场经济不会保护人类劳动力免受自动化技术的影响。像许多"奇点论"者一样，他提出了一揽子社会工程学方案，用以缓解这一影响。布莱恩约弗森和麦卡菲在《第二次机器革命》一书中描绘了很多具有新"新政"（New Deal）风格的政策措施，比如"让儿童受到良好教育""支持我们的科学家"和"升级基础设"。哈佛大学商学院教授克莱顿·克里斯坦森（Clayton Christensen）[①]等人提出，我们应当关注创造岗位的技术，而非那些毁灭岗位的技术（很明确的 IA 对 AI 的观点）。

与此同时，尽管许多相信改变正在加速的人开始担忧随之而来的潜在影响，另外一些人却抱有更加乐观的态度。2013 年年初发表的一系列报道中，创立于 1987 年、总部位于德国法兰克福的国际机器人联合会（IFR）提出，制造类机器人实际上增加了经济活动，因此，比起导致失业，这些机器人事实上直接和间接地增加了人类岗位的总数，这个解释是合理的。2013 年 2 月发表的一篇研究宣称，到 2020 年，机器人产业在全球范围内直接和间接创造的岗位总数将从 190 万增长到 350 万。次年发布的修正版报告指出，每部署一个机器人，将创造出 3.6 个岗位。

但是，如果"奇点论"是错误的，又会怎么样呢？

2012 年春天，一位自诩"暴脾气"的西北大学经济学家罗伯特·戈登（Robert Gordon）向硅谷宣扬的"创新创造岗位和进步"发难。他指出，那些所谓的增加并没有在传统生产力相关的数字中得到体现。

在流传甚广的美国国家经济研究局 2012 年的白皮书中，罗伯特·戈登提

---

① 克里斯坦森是"颠覆式创新"理念的首创者，对于创新，他有很多领先于他人的观点。其著作《创新者的课堂》《创新者的处方》中文简体字版已由湛庐文化策划、浙江人民出版社出版。——编者注

出了一系列观点，主张 20 世纪的生产力泡沫只是一时性事件。他还提到，这些被他描述为"技术乐观主义者"的人们引述的自动化技术，并没有产生像 19 世纪早期工业创新一样的生产力影响。"计算机和互联网革命开始于 1960 年左右，在 20 世纪 90 年代后期'.com'时代达到巅峰，但它对生产力的主要影响在过去 8 年里已经消失殆尽，"戈登这样写道，"许多用计算机取代烦琐、重复文员工作的发明已经老去了，它们多数出现在 20 世纪七八十年代。2000 年以来的创新主要围绕娱乐和通信设备进行，这些设备变得越来越小，越来越智能，越来越强大，但这并没有像电光、汽车或室内管道一样从根本上改变劳动生产力或生活标准。"

从某种意义上讲，这是对硅谷信奉的"涓滴"（trickle down，源自集成电路中的指数级进步）效应的毁灭性打击。因为如果技术乐观主义者是正确的，那么新信息技术的影响应该会导致新型生产力的爆炸式增长，特别是在互联网得到应用后。戈登指出，与早期的工业革命不同，计算革命并没有带来什么可比较的生产力进步。"他们提醒我们，摩尔定律预测，计算机芯片的性能、容量会呈现出无穷的指数级增长，但他们没有意识到，从摩尔定律到高性价比集成电路，这一转变的峰值出现在 1998 年，之后就一直在下降。"2014 年，他在对自己最初论文的回应中这样写道。

生产力之争，回归还是告别

2013 年春天，戈登在 TED 会议上遇到了批评者，其中最有知名度的一个是麻省理工学院的经济学家埃里克·布莱恩约弗森。在由 TED 主持人克里斯·安德森（Chris Anderson）引导的讨论中，两人就"机器人的未来影响"及"摩尔定律中的指数级增长是会继续还是已经达到了'S 曲线'的峰值并正在下降"

等问题展开了激烈辩论。技术乐观主义者认为，发明与技术得以采用之间的空当，只会推迟生产力增加产生的影响，尽管指数效应正在不可避免地减弱，但是，它们将孕育后来的发明，例如真空管之后是晶体管，再后面是集成电路。

扫码获取"湛庐阅读APP"，搜索"人工智能简史"，即可观看这一激烈的论战。

但是，戈登一直在跟"奇点论"者唱反调。他在《华尔街日报》的一篇专栏文章中提出，无人驾驶汽车实际并不会带来多少生产力机会。而且他认为，无人驾驶汽车不会对安全产生显著影响——自 1950 年以来，平均每 1.6 公里的车祸致死率已经下降了 10 倍，这使得这一数据在未来进行改善的意义降低了。他也质疑了类似"新一代移动机器人将大举进军制造业和服务业"的观点。"缺乏多任务能力的事实被机器人狂热分子忽视了，他们只是在等待，认为这些能力总会出现。在不久的将来，我们的机器人将不仅会在《危险边缘》（Jeopardy! ）[1]这样的比赛中胜出，它们还能在机场的行李搬运站检查你的行李，取代行李搬运工。但是，人类能做的体力工作不太可能在未来几十年间被机器人取代。当然，人们将开发出多功能机器人，但在机器人从制造业和批发业中走出，进入服务业或建筑业并成为取代人类的关键因素之前，这将会是一个漫长、渐进的过程。"戈登这样说。

戈登的怀疑招来了批评的洪流，但他拒绝作出让步。他对批评者的回应起到了效果，"不要对你希望获得的东西失去警惕！"戈登同样指出，诺伯特·维纳或许已经阐述出了对"第 3 次工业革命"（IR3）可能影响的最为深刻的见解——为自动化而自动化很可能造成不可预测的、相当负面的影响。

---

① IBM 的超级计算机系统 Watson 曾赢得这项比赛的冠军。——编者注

人工智能关键思考

　　生产力之争有增无减。近来，争论"传统生产力标准已经不能准确度量日益数字化的经济（在这里，信息得以自由共享）"已经成为技术专家和经济学家们的时尚。他们问，你会怎么度量维基百科这种资源具有的经济价值呢？如果"奇点论"者是正确的，那么，随着人类劳动力出现富余，以一场前所未有的经济危机形式出现的转型显然应该更早到来。事实上，结果可能相当令人悲观：人类在经济中的容身之地将越来越小。

　　显然，这种现象在工业化世界中尚未出现，但最近丰田汽车决定系统性地将人类劳动力放回生产过程，这一有趣的转变说明自动化是存在瓶颈的。丰田的企业理念是"好的改变"，基于这种理念，丰田一直以来都是自动化技术领域的全球领导者。在将自己的自动加工推向"熄灯工厂"的过程中，丰田意识到，自动化工厂并不会改善公司本身。

　　丰田总裁丰田章男（Akio Toyoda）认为，公司曾经拥有非凡的工匠，这位工匠也就是人们熟知的"神"，他拥有制造万物的能力。这位工匠同时拥有人类的能力，可以进行创造，并改善了制造工艺。现在，为了将灵活性和创造力带回工厂，丰田选择恢复100个劳动力密集的工作区。

　　丰田"众神"的归来，让人回味起斯图尔特·布兰德（Stewart Brand）写于1968年的《全球概览》（Whole Earth Catalog）的卷首语："我们如同神明，或许也能当好神明。"布兰德后来承认，他是从英国人类学家埃德蒙·利奇（Edmund Leach）那里获得了灵感。利奇也在1968年写下了这样的话："人类已经变得像神明一样，我们是不是到了理解自身神性的时候？科学让我们获得了对环境和命运的彻底掌控。但是相比喜悦，我们诚惶诚恐。为什么会变成这样？这些恐惧应该如何消解？"

人工智能关键思考

无论是激烈的生产力之争还是丰田对人工和自动化的重新调配，蕴含在两者之中更深层次的问题是关于人类和智能机器之间关系的本质。丰田向着一种更注重人与机器人合作的关系转变，这种转变或许说明了一种对技术的新关注：关注加强人类，而非取代人类。

但是，"奇点论"者认为，这样的人机关系只是人类知识进行转移的一个过渡阶段，在某一个时间点，创造力将被转移到某些未来智慧机器上，或者它们自身将产生这样的创造力。他们提到了机器学习领域的微小进步，认为这说明计算机将在不远的未来的某个时间点上展现出像人类一样的学习技能。

以 2014 年为例，谷歌投资 6.5 亿美元收购了 DeepMind 技术公司。DeepMind 只是一家没有生产出商业产品的小创业公司，它已经证明，机器学习算法具备玩视频游戏的能力，在某些情况下甚至优于人类。收购传言刚被传出的时候，由于 DeepMind 掌握的技术的影响力和意义，这次收购受到了不小的关注，谷歌甚至设立了一个"伦理委员会"来评估任何不确定的"进步"。这种监督是否真有必要，或者此举只是炒作收购、证明价码的宣传噱头？我们不得而知。

不可否认的是，在科学、制造和娱乐等多个领域，人工智能和机器学习算法都已经拥有了足以改变世界的应用。从机器视觉到用于半导体设计以改善品质的模式识别，再到所谓的"理性"药物识别算法（可以系统化地创造新药物），再到政府监管和通过侵犯隐私牟利的社交媒体公司，例子比比皆是。乐观主义者希望，如果这些应用仍然以人而非算法为中心，滥用的可能性将被降到最低。事实是，直到现在，与其他先前产业相比，硅谷都不存在一个道德上的监管者。如果真的有哪家硅谷公司因为道德原因拒绝了一项可盈利技术，那才是真的了不起。

撇开关于拥有自我意识的机器的哲学讨论，尽管戈登对生产力的提高充满悲观情绪，但是出于性能和成本原因，将人类设计在系统之外变得更加可行，而且"理性"。谷歌既可以被视作一家智能增强的公司，也可以被视作一家人工智能公司，它似乎也卷入了一场关于这个分歧的内部拔河之争。谷歌最初采用的 PageRank 算法，或许可以被当作"增强人类"的历史上最有力的例子。这一算法系统地挖掘了关于信息价值的人类决策，收集并排列了这些决策，以便产生网页结构的先后顺序。尽管有些人批评它，认为它以一种系统化的方式从大量毫不知情的人类那里吸取了大量智力价值，用户和公司之间明显存在一条不成文的社会契约。谷歌挖掘了人类知识的财富，并将它返还给社会。现在，谷歌搜索对话框已经成为世界上最强大的信息垄断。

从那时起，谷歌在设计 IA 和 AI 应用与服务之间"摇摆不定"：哪个效果最好，就用哪种方法来解决问题。举个例子，尽管饱受争议，谷歌眼镜的现实增强系统无疑拥有符合它名字的承诺的潜能：一种增强人类能力的工具。而谷歌无人驾驶汽车项目则代表了使用机器取代人类机构和智力的纯粹的人工智能系统。事实上，作为一家公司，谷歌实质上已经成为一个进行大规模人工智能技术部署并产生了社会影响的实验体。

🖐 人工智能里程碑

2014 年，在一次面向一组 NASA 科学家的演讲中，谷歌研发主管彼得·诺维格明确提出，想要在人工智能方面获得进步，唯一合理的解决方案就藏在人与智能机器合作的系统中。他所给出的解决方案，强有力地宣告了有必要将分离的 AI 和 IA 圈聚合起来。

考虑到当前建立自动化工厂的迫切性，这样的整合似乎不太可能在一个广泛的社会基础上实现。但是，最近浮现在经济周围、关于消灭岗位的制造机器人的黑色恐惧，或许不会被一个关于人机关系的更为平衡的观点所取代。

欧洲同样在经历快速老龄化。根据欧洲委员会的数据，在欧洲，每位 65 岁以上老人将只对应 2 名工作年龄的成人（现在，这个数字是 4 人），预计将有 8 400 万人拥有与年龄相关的健康问题。欧盟认为，人口结构的转变十分值得关注，并预计最早到 2016 年，欧洲将出现一个规模为 176 亿美元的老年人护理机器人市场。

美国也将面临老龄化问题，虽然十分相似，但并没有亚洲和欧洲那样极端。尽管实际情况是，美国比其他国家的老龄化速度缓慢（部分原因是有大量移民持续涌入），抚养比率（dependency ratio）[①]继续上升。这意味着，儿童和老人的比例将会从 2005 年的 100 名成人工作年龄成人比 59 名儿童和老人，转变到 2050 年的 100（名成人）比 72（名老人和儿童）。在美国，婴儿潮时代出生的人口退休（美国的退休年龄为 65 岁）正在以每年约 1 万名的速率发生，未来 19 年，这一速率还将继续上升。

---

① 抚养比率 = 非就业人口 ÷ 就业人口 ×100%。例如，夫妻二人要养活四位老人、一个小孩，那么再加上他们自己，此时的抚养比率就为 350%。——编者注

　　世界各地的工业社会如何照料他们正在老龄化的人口呢？一个老龄化的世界将在未来 10 年显著地改变对话的主题，从恐惧自动化到寄希望于智能增强。《机器人与弗兰克》（*Robot & Frank*）是 2012 年上映的一部有趣并富有预言意义的影片，它描述了一名患有轻度痴呆症的退休前科犯与自己的机器人照料者之间的关系。如果像弗兰克拥有的那台机器人一样的护理机器人及时出现，为全球那些被机器人取代、现在已经进入老年的人群提供技术安全网，这又是多么具有讽刺意味啊！

MACHINES
OF LOVING GRACE

04

从寒冬到野蛮生长，人工智能的前世今生

虽然很多人相信世界上第一个机器人 Shakey 预示了人工智能的未来，但其商业化进程却不甚理想。20 世纪 80 年代初，人工智能公司一家接一家地走向崩溃。现如今，新一波人工智能技术预示着新"思维机器"的出现。而随着微软、谷歌等公司的加入，新一波人工智能浪潮再次被唤起。

20 10 年秋天，大卫·布洛克（David Brock）在斯坦福大学档案室里一个满是霉味的箱子旁坐下，他感觉自己的心脏都要停止跳动了。作为半导体行业内一位注重细节的历史学家，布洛克苦心钻研着威廉·肖克利（William Shockley）有关英特尔联合创始人戈登·摩尔（Gordon Moore）生活的研究论文。1955 年，带领团队在贝尔实验室共同发明了晶体管之后，肖克利搬到了美国圣克拉拉，并创建了一家生产新型、更具可制造性的晶体管的初创公司。布洛克在肖克利的论文中找到了一个被遗忘的大胆建议：1951 年，肖克利试图说服美国首屈一指的科研机构——贝尔实验室建立"自动可训练机器人"项目。

几十年间，关于硅谷兴起原因的争论一直没有平息，其中一种解释是，在帕洛阿尔托市中心长大的肖克利因为母亲身体欠佳，选择回到了这个曾经的美国水果之都。他将自己的半导体实验室设在帕洛阿尔托南部山景城的圣安东尼奥路旁，这一位置与如今谷歌庞大的企业园区只隔了一条高速路。

摩尔是这家晶体管初创企业的早期员工，后来因难以接受肖克利强硬的管理风格，成为"八叛逆"中的一个，这 8 个人携手给肖克利打造了一个竞争对手。"叛逃"是硅谷最神圣的传说之一，这种知识与技术自由让这里成了创业的温床，这与世界之前的景象完全不同。许多人相信，肖克利决定将自己的晶体管公司设在山景城的决定点燃了硅谷的火花。不过肖克利究竟想完成怎样的计划，是一个更为有趣的问题。在别人眼中，他是一个创业者、一个存在致命缺点的管理者。即便如此，他的创业激情仍然是几代技术人员的榜样。不过，这只是一些解释罢了。

人工智能里程碑

布洛克坐在档案室中，盯着一张泛黄的提案，上面写着"A.T.R.项目"。文字没有废话，很符合肖克利的风格："以下描述的项目可能比贝尔系统之前的任何设想都宏大，"他这样起笔，"史上最大的产业很有可能因为这一项目的发展而扎下根来。这一行业在未来二三十年间的发展很可能直接取决于我们对此项目开发的热情。"这一项目的目标，说白了就是"用机器代替人进行生产劳动"。机器人是必要的，因为大多数自动化系统在灵巧性和认知能力上都无法媲美人类。"从长期情况考虑，这种机械化能够带来极致的经济文明，不过在短期之内却是不切实际的。"肖克利写道。而且，他最初的设想不仅是创造一个"自动化工厂"，还要制造可以训练的机器人，它们"能够轻松地被修改并执行各种各样的操作"。他的机器将拥有"手""感官""记忆"和"大脑"。

肖克利的类人机器工人的灵感来源于工厂的装配工作——熟练的人类工人们需要不断完成一系列动作，而想要完全替代此类人力劳动，提案中描述的那种机器工人是必要的技术突破。肖克利的洞察力和眼光是惊人的，因为这样的想法居然产生在计算机时代的黎明期，那时大部分工程师甚至还没有领会到技术的影响力。当时距离大众媒体口中的"巨型大脑"ENIAC的诞生仅仅过了 5 年，而距离诺伯特·维纳预示了信息时代即将拉开帷幕的里程碑式的《控制论》一书的出版也仅仅过了两年时间。

肖克利最初的这一见解预示了自动化在未来几十年间的历程。例如，自动化仓储系统公司 Kiva Systems 也预见到了现代仓储中最难实现自动化的部分，是那些需要人的眼睛和双手来识别、挑选物品的任务。2012 年，亚马逊以 7.75 亿美元的价格收购了这家公司。如果没有认知能力和灵巧性，机器人系统就会被限制在重复的工作中，因此 Kiva 选择攻破中间的步骤，打造了能够将物品带给人类工人的移动机器人。而一旦机器认知和机械手变得更好、更便宜，人类就可能完全在生产环节中消失。

在 2014 年 12 月的圣诞购物季期间，亚马逊一反它一贯的保密姿态，邀请记者参观了位于美国加州特雷西（Tracy）的一座配送工厂。不过这些记者并没有看到工厂内一个特殊的实验站，那里正在开发能够执行"挑拣"工作的机械手臂，这是一个现在仍被留给人类工人完成的工作。亚马逊正在测试开发的丹麦机械臂，有朝一日或许可以接替这些工作。

20 世纪中叶，虽然肖克利没有表达出对可训练的机器人替代人类的道德顾虑，维纳却看到了一个潜在的灾难。在《控制论》一书出版两年之后，维纳在《人有人的用处》中评估了世界被越来越智能的智能机械充斥导致的后果。

尽管有所顾虑，但在布洛克描述的 20 世纪 50 年代的"自动化运动"中，维纳也贡献了自己的力量。布洛克认为，美国对自动化的痴迷可以追溯到 1955 年 2 月 22 日，当时维纳和时任麻省理工学院电气工程系负责人的戈登·布朗（Gordon Brown）在纽约市的一场晚宴上发言。这次主题为"自动化是什么"的活动吸引了 500 位麻省理工学院的校友。

同一天晚上，在美国的另一端，电子企业家阿诺德·贝克曼（Arnold Beckman）主持了表彰肖克利和三极管（原始真空管）发明者李·德·福雷斯特（Lee De Forest）的庆功活动。在这场活动中，贝克曼和肖克利发现，他们二人都是"自动化爱好者"。那时贝克曼已经着手改良正致力于化工行业自动化的贝克曼仪器公司（Beckman Instruments），晚会即将结束的时候，肖克利同意给贝克曼送上一份他的新专利"电光眼"（electro-optical eye）的副本。这次谈话让贝克曼决定将肖克利半导体实验室纳为贝克曼仪器公司的子公司进行投资，不过他也错过了收购肖克利"电光眼"的机会。肖克利在提案中谈及用机器人代替工人的时候，美国关于"自动化"的辩论激战正酣。"自动化"这一术语因为约翰·迪博尔德（John Diebold）1952 年发表的《自动化：自动工厂即将到来》（*Automation: the Advent of the Automatic Factory*）一书而逐渐流行。

肖克利的先见之明令人震惊，20 世纪 70 年代就已加盟斯坦福大学人工智能实验室的机器人专家罗德尼·布鲁克斯在 2013 年读到了布洛克发表在《*IEEE Spectrum*》上的文章，他把肖克利 1951 年的备忘录递给员工传看，让 Rethink Robotics 公司的员工猜猜这篇备忘录写于什么时期。没有一个答案接近正确的时间。这篇备忘录比 2012 年秋天 Rethink Robotics 公司推出的巴克斯特机器人早了 50 多年。不过巴克斯特机器人却几乎与肖克利在 20 世纪 50 年代提出的概念完全吻合—— 一个可训练的机器人，拥有带有表情的 LCD "脸""手""感觉器官""记忆"，当然，还有"大脑"。

人工智能关键思考

肖克利与布鲁克斯之间的差异在于，后者希望巴克斯特机器人能够与人类工人合作而不是取代他们。机器人要做的，是接管工厂里重复、枯燥的工作，让人们有精力去从事更有创造力的工作。肖克利的备忘录表明，硅谷正纠缠于一个根本的悖论——技术可以增强人类，也可以抛弃人类。如今，这种矛盾比以往任何时候都要突出。那些设计了能够定义并重塑信息时代的系统的人，将选择是否在未来世界中留有人类的位置。

硅谷隐藏的历史，预示了谷歌最近打造移动机器人的"登月"努力。2013年，谷歌悄悄地将世界上最好的机器人专家招致麾下，希望借此在下一波自动化浪潮中称霸。就像谷歌秘密的汽车项目一样，谷歌移动机器人项目的轮廓仍然十分模糊。至少是现在，谷歌是想增强还是取代人类仍不可知。不过，谷歌今天所做的事仍然是20世纪60年代肖克利那关于可训练机器人的野心的写照。

世界首个机器人 Shakey，引爆人工智能大爆炸

AI 与 IA 之间的对立对安迪·鲁宾来说已经很明确了。在 2005 年加盟谷歌并参与智能手机业务之前，鲁宾曾在多家硅谷技术公司担任机器人工程师。2013 年，鲁宾放弃了谷歌安卓手机业务主管的头衔，并悄悄收购了一些全球最好的机器人技术公司，并招聘了一批优秀专家。在斯坦福工业园边的加州大道旁，他为自己的公司找到了一个新家。这里距离最初施乐公司的 PARC 实验室、第一代个人电脑奥托（Alto）的诞生地仅有半个街区。鲁宾公司的建筑看起来并不起眼，不过在楼边的街道上，仍然能看到楼梯天井处放置的一座威风的机器人雕像。不过，一天晚上，这群一直"鬼鬼祟祟"的机器人专家终于接到了街对面的邻居打来的一通不愉快的电话：那个看起来阴森诡异的机器人总会让他们的小儿子从噩梦中惊醒。从此，这个机器人也被挪到了房间内，从人们的视线中彻底消失。

几年前，作为忠实的机器人爱好者，鲁宾也曾在斯坦福大学人工智能研

工厂及服务用机器人的到来（在人类监督下工作），将有大量重复任务和苦力活被机器人接手。机器人将导致新一波技术失业。他认为，社会有义务重新思考一些问题，比如每周工作时间的长短、退休年龄以及终身服务。

在超过 5 年的时间里，斯坦福研究所的科学家们在努力设计一款能够完全由人工智能操纵的机器。不过在科学的外衣之下，五角大楼之所以赞助这一项目，是因为他们希望有朝一日这些机器人能被用于军事活动，用来跟踪敌人而不必担心牺牲美军或盟军士兵的生命。Shakey 不仅是诸多现代人工智能与现代社会增强研究的试金石，它也是军事无人机的前身，而现在这些机器正在阿富汗、伊拉克、叙利亚和其他地区的天空中巡逻。

约翰·麦卡锡，"人工智能"概念之父

Shakey 是计算美国西迁以及 20 世纪 60 年代早期人工智能研究的代表。虽然项目获得了赞助的恩格尔巴特出生于美国西部，但其他大多数研究员却都不是本地人。1956 年美国达特茅斯学院的夏季研讨会后，人工智能逐渐被视为新的研究领域，当时的约翰·麦卡锡还是达特茅斯学院一位年轻的数学教授。1927 年，麦卡锡出生于波士顿，他的父亲是一位爱尔兰天主教徒，而母亲是犹太裔立陶宛人，两人都是美国共产党的活跃分子。他的父母都是知识分子，母亲鼓励每一个孩子追求他们选择的理想。

12 岁那年，麦卡锡读到了埃里克·贝尔（Eric Temple Bell）的《数学大师》（*Men of Mathematics*）一书，也正是这本书让包括科学家弗里曼·戴森（Freeman Dyson）和斯坦尼斯拉夫·乌拉姆（Stanislaw Ulam）在内的当时最顶尖的精英们确定了自己的职业。高中时期的麦卡锡是人们眼中的数学神童，在申请大学时，他只选择了坦普尔·贝尔任教的加州理工学院这一所学校。在麦卡锡看来，

那段时间的自己"气焰嚣张",在申请材料中描述未来计划时,他只写了简单的一句话:"我打算成为一名数学教授。"贝尔的那本书仿佛让他看到了这条路将带来什么。麦卡锡认为,数学家主要是因为研究的质量获得奖励的,他为这种自己亲手创造智慧的想法深深着迷。

在加州理工学院的时候,麦卡锡仍然是个野心十足的学生。他直接学习了高级微积分,同时还选择了包括航空工程学在内的一系列其他课程。他在第二次世界大战后期开始了其军旅体验,经历的更多的是官僚化的行事而不是真正的作战行动。麦卡锡就驻扎在离家不远的加州港口城市圣佩德罗(San Pedro)的麦克阿瑟堡(Ft. MacArthur)。在军队里,他担任普通职员,为即将退役的士兵准备退伍和晋升事宜。后来,他来到普林斯顿大学读研究生,并迅速拜访了应用数学家、物理学家约翰·冯·诺依曼,后者在现代计算机基本设计的定义中起到了关键作用。

当时,"人工智能"的概念已经在麦卡锡的头脑中发酵,只不过那时的他还没有找到合适的词来形容这一概念,这个词要等到5年之后,也就是1956年的达特茅斯学院的夏季研讨会时才出现。在加州理工学院参加"希克森关于行为中的脑机制研讨会"(Hixon Symposium on Cerebral Mechanisms in Behavior)时,他第一次产生了这样的概念。虽然那时可编程计算机还没有诞生,但这个想法已经流传开来。

研究生时期的麦卡锡与数学家、诺贝尔奖获得者约翰·纳什(John Nash)成了同学。1998年,西尔维娅·纳萨尔(Sylvia Nasar)曾为纳什撰写了传记《美丽心灵》(A Beautiful Mind)。普林斯顿的研究生们总喜欢捉弄彼此,麦卡锡就曾经成为一张折叠床的牺牲品。他发现另一位研究生在他们的游戏中成了双面间谍,密谋与麦卡锡一同捉弄纳什,又与纳什合谋来捉弄麦卡锡。博弈论成为当时的风尚，而后来纳什也因为在这一领域的贡献获得了诺贝尔经济学奖。

1952 年夏，麦卡锡和明斯基加入了贝尔实验室，成为数学家兼电气工程师克劳德·香农（Claude Shannon）的研究助理。被誉为"信息论之父"的香农早在 1950 年就创造了一个简单的国际象棋机，并展现出对生物生长模拟程序——"自动机"的兴趣。1970 年，英国数学家约翰·康威（John Conway）发明的"生命游戏"（Game of Life）细胞自动机使"自动机"声名鹊起。

那时，明斯基被自己即将举办的婚礼分心，麦卡锡却将在贝尔实验室的大部分时间用来与香农一起研究数学论文，在香农的坚持下，这些内容被称为"自动机研究"（Automata Studies）。不过"自动机"这个词却让麦卡锡有些无奈，因为它将论文的焦点从更具体的人工智能领域转移到了更深奥的数学领域。

4 年后的 1936 年，在推出这个在 60 年后的今天仍然在改变世界的新学科时，麦卡锡终于解决了当初的这个插曲。他支持使用"人工智能"一词，因为它"把想法钉在了桅杆上"，并聚焦于达特茅斯学院的夏季研讨会。而一个令人意想不到的后果是，这个词暗示了用机器代替人类大脑的想法，这在后来导致科研人员分成了人工智能和智能增强两大阵营。1956 年，在麦卡锡帮助组织、由洛克菲勒基金会赞助的"达特茅斯暑期人工智能项目"中，这一学科经历了洗礼，而这也被证明是一次大事件。这一学科的其他候选名称包括："控制论""自动机研究""复杂信息处理"以及"机器智能"。

人工智能关键思考

麦卡锡希望避免使用"控制论"一词，因为在他眼中，这个词的发明者诺伯特·维纳是个夸夸其谈的讨厌家伙，他实在不想与维纳争论。同时，麦卡锡也想避开"自动机"这个术语，因为

> 这听起来似乎远离了智慧的范畴。不过，"人工智能"这一术语仍然有着其他含义。几年后，麦卡锡在一篇书评中对被称为"技术的社会建构"的学术概念提出了异议，他煞费苦心地将"人工智能"一词与它那以人类为中心的根源剥离开来。麦卡锡坚持认为，这并不是在研究人类行为。

几年之后，麦卡锡指出，达特茅斯学院夏季研讨会的提案并不涉及对人类行为研究的批评，"因为（他）认为这两者是不相关的"。麦卡锡认为"人工智能"一词与人类行为几乎毫无关系，它唯一可能暗示的是机器可以去执行类似人类执行的任务。参加过那场达特茅斯夏季研讨会的研究人员中，只有卡耐基研究所的研究员艾伦·纽厄尔（Allen Newell）和赫伯特·西蒙（Herbert Simon）致力于人类行为研究，而在此之前两人已因巧妙地将社会和认知科学相联系而获得赞誉。几年之后，由几位达特茅斯学院夏季研讨会成员提出的方法被定名为"GOFAI"，即"有效的老式人工智能"（Good Old Fashioned Artificial Intelligence），这是一个旨在通过对逻辑及分支领域中问题的解决来达到人类智力水平的方法，即"启发式"。

20 世纪 50 年代，当时全球最大的计算机制造商 IBM 也参与了那场夏季研讨会的规划。1955 年，麦卡锡和明斯基在 IBM 实验室花了一夏天的时间，参与真空管大型计算机 IBM701 的研发工作（这款机器仅生产了 19 台）。在达特茅斯学院夏季研讨会之后，IBM 的几位研究人员也进行了人工智能研究的前期工作，不过在 1969 年，这家计算机制造商勒令公司停止全部相关工作。有证据表明，当时的 IBM 害怕人们会把其生产的机器与剥夺工作机会的技术联系在一起。当时，IBM 首席执行官小托马斯·沃森（Thomas J. Watson, Jr.）曾参与美国关于计算机自动化的作用和后果的政策讨论，他不希望人们将自己的公司与破坏就业联系起来。后来，麦卡锡用"愚蠢"和"政变"描述了IBM 的这次"变阵"。

斯坦福大学人工智能实验室，语音识别技术滥觞

早些年，虽然麦卡锡和明斯基在追寻人工智能的道路上的分歧越来越大，但两人仍然形影不离——明斯基的未婚妻在带明斯基去见自己父母的时候甚至考虑带上麦卡锡。在研究生阶段，明斯基将注意力放在神经网络的建造上。随着工作逐渐取得进展，他越来越多地将智能扎根进人类的经验中。相反，麦卡锡在整个职业生涯中都在希望通过正规的数学逻辑方法来模拟人的头脑。

虽然在初衷上存在差别，两人仍然关系紧密。那时，他们拥有"特权"，能够接触由专人小心监管的一间屋子大小的计算机。据麦卡锡回忆，1958 年他和明斯基加入麻省理工学院并担任教师后，在这里成立了自己的人工智能实验室。有一天，麦卡锡在走廊里碰见了明斯基，对他说："我觉得我们应该开展个人工智能项目。"明斯基回答说，他也觉得这是一个好主意。

就在这时，电子研究实验室负责人杰罗姆·威斯纳（Jerome Wiesner）走了过来。

麦卡锡赶忙提高了声调："马文，我想建个人工智能项目。"

"你想要什么？"威斯纳回应道。

麦卡锡低着头飞速思考着："我们想要一个房间、一个秘书、一个键控穿孔和两个程序员。"

威斯纳回答说："6 个研究生，你们看怎么样？"

他们选择的时机近乎完美。那时，麻省理工学院刚刚获得了高额补助，

政府希望他们"出色"，可并不知道怎样才算"出色"。这笔钱能够支持 6 个数学系的研究生，可当时威斯纳不知道他们究竟要做什么。对威斯纳、麦卡锡和明斯基来说，这完全是个偶然敲定的解决方案。

在苏联人造卫星进入太空后，1958 年春，麻省理工学院的这笔资金补助立刻到位，美国政府的研究经费开始大量流入各所高校。人们普遍认为，美国政府对科学事业的慷慨解囊，最终将使军方得到回报。当年，艾森豪威尔总统成立 ARPA，以此防止未来科技带来的意外。

三人的偶遇对世界有着深不可测的影响。这"6 个研究生"中大多数人与麻省理工学院技术模型铁路俱乐部（MIT Model Railway Club）有关。这是一个非正式的团体，这些未来的工程师是被"计算"这块巨大的磁铁吸引而来的。这一俱乐部精神后来也延伸成为"黑客文化"，其中最受会员们珍视的精神，就是信息的自由共享。1962 年，当麦卡锡离开麻省理工学院并在斯坦福大学成立对手实验室的时候，他也在同时传播了这种黑客哲学。后来，最初的黑客文化也煽动起如免费 / 开源软件、知识共享和网络中立性等社会运动。

人工智能里程碑

在麻省理工学院的时候，麦卡锡为了以更有效的方式进行人工智能的研究，发明了一种 LISP 计算机分时编程语言。他有一个早期观念，那就是其人工智能项目在趋于完善之后，能够在计算系统上由多个用户展开互动并进行逻辑设计，而不再需要每次进行注册，并且每次只能由一人使用。

在麻省理工学院决定对建设分时系统进行调查，而不是立即采纳他的建议之后，麦卡锡决定前往美国西海岸。后来，麦卡锡埋怨说，向大学教师和工作人员询问他们对计算机分时的看法，就像是问挖沟工人他们觉得蒸汽铲子有什么价值一样愚蠢。

麦卡锡彻底转换到了西海岸的反主流文化之中。虽然已经脱离美国共产党很长时间，但他却仍然偏"左"，并很快被这种新兴的反文化吸引。他扎起长发，并成为围绕着斯坦福附近的半岛地区逐渐兴起的"自由大学"运动的积极参与者。不久后，在自由大学召开会议讨论非暴力的智慧时，一名激进分子威胁说要杀死麦卡锡，就这样，麦卡锡永久地跳到了右翼，登记成为美国共和党人。

与此同时，麦卡锡的职业生涯蓬勃发展。斯坦福大学教授的身份就像是获得资金的许可证，在转投斯坦福大学之后，他向自己的朋友、麻省理工学院前心理学家、1962 年成立的 ARPA 信息处理技术办公室负责人利克莱德寻求帮助。利克莱德曾在关于分时的早期研究中与麦卡锡合作，在麦卡锡选择投靠斯坦福大学后，利克莱德曾出资赞助麻省理工学院的一项雄心勃勃的分时项目。麦卡锡后来坦言，如果早知道利克莱德会如此力推分时这一想法，他当年绝不会离开。

在西海岸，麦卡锡发现这里不存在官僚保护，他迅速建立起了斯坦福大学人工智能实验室，与麻省理工学院的同行抗衡。后来，他从数字设备公司（DEC）争取到一台计算机，还在斯坦福大学校区后山的直流电源实验室（D.C. Power Laboratory）发现了空地——GTE 在取消了在美国西海岸设立研究实验室的计划后，向斯坦福大学捐赠了一座建筑和一块土地。

斯坦福大学人工智能实验室很快成为加州黑客的天堂，并催生了与麻省理工学院相同的黑客情怀。史蒂夫·"斯拉格"·拉塞尔（Steve "Slug" Russell）和怀菲德·迪菲（Whitfield Diffie）跟随麦卡锡奔向西部。在之后 15 年的时间里，一个由硬件和软件工程师组成的惊人阵容进入了这个实验室——这里保留了反主流文化氛围，然而麦卡锡在政治取向上变得更为保守。

苹果联合创始人史蒂夫·乔布斯和史蒂夫·沃兹尼亚克两人深刻地记着青少年时期参观斯坦福大学这个设立在山上的实验室的经过。斯坦福大学人工智能实验室在后来成为一个棱镜，透过它，一群年轻的技术人员和一个全面爆发的产业即将出现。

人工智能里程碑

斯坦福大学人工智能实验室开启了早期对机器视觉以及机器人的研究,这里也是语音识别技术无可争议的发源地。麦卡锡把拉吉·瑞迪（Raj Reddy）论文题目定在了语音处理领域，而后来瑞迪也成了这一领域的精英研究员。再后来，斯坦福大学人工智能实验室也开始了与斯坦福研究所的 Shakey 类似的移动机器人项目，并先后从卡内基·梅隆和麻省理工学院吸引来了机器人专家汉斯·莫拉维克（Hans Moravec）和罗德尼·布鲁克斯。

随着自然语言识别、计算机音乐、专家系统以及电子游戏《宇宙战争》（Space War）的出现，这一时期也成为人工智能的第一个黄金时期。心理专家肯尼斯·科尔比（Kenneth Colby）参与到在线对话系统 Eliza 的改良工作中，这一系统最初是由麻省理工学院的约瑟夫·魏泽鲍姆开发的。科尔比的模拟人名叫"帕里"（Parry），带有偏执型人格。曾经使用过 IBM 早期 650 大型机的雷迪记得，当年那款机器每小时的使用费为 1 000 美元。而现在，他每天从早

8 点到晚 8 点，能有 12 小时的时间"拥有"一台比 650 快上 100 倍的电脑。"我甚至以为我死了，去了天堂。"他说。

麦卡锡的实验室催生了一系列子学科，而在早期最强大的一个是计算机科学家埃德·费根鲍姆首创的知识工程（knowledge engineering）。他的第一个项目 Dendral 开始于 1965 年，这是软件专家系统领域早期极具影响力的一项研究，这一系统的目标是捕捉并组织人类知识，而最初的目标是帮助化学家识别未知有机分子。这一项目由计算机科学家费根鲍姆和布鲁斯·布坎南（Bruce Buchanan）与其他学科的两位精英——分子生物学家约书亚·莱德伯格（Joshua Lederberg）以及避孕药之父、化学家卡尔·杰拉西（Carl Djerrassi）合作的，旨在对人类有机化学专家解决问题的策略进行自动化研究。

布坎南还记得，莱德伯格曾与 NASA 签订过一个合同，内容涉及火星上存在生命的可能性，以及进行质谱分析时寻找此类生命不可或缺的工具："……事实上，整个 Dendral 项目都被设计到了一个非常具体的应用之中：去火星，挖出一些样本，寻找存在有机物的证据。"布坎南回忆说。的确，Dendral 项目始于 1965 年，那时 NASA 内部正进行一场关于在登月任务中人类将扮演怎样的角色的激烈辩论。当年，在航天事业刚刚迎来曙光的时候，关于人类是否需要参与控制过程中的问题，NASA 内部出现了巨大分歧。几十年后的今天，人类又在讨论是否要进行载人飞行器登陆火星任务。

这股由斯坦福大学人工智能实验室蔓延开来的人工智能乐观情绪充斥着整个 20 世纪 60 年代。虽然这段岁月已经被历史遗忘，但在大约几年之后，当年曾住在斯坦福大学人工智能实验室阁楼里读研究生的莫拉维克回忆，在麦卡锡提出最初的提案时，他曾告诉 ARPA，在未来 10 年里，他们可能将打造出"全智能机器"。50 多年后的今天，这样的自信显得不切实际，甚至有些傻得可爱，但在电脑都尚未诞生的 20 世纪 40 年代后期，凭借这种最初的好奇，麦卡锡定义了制造匹敌人类能力的机器的目标。事实上，在人工智能历史的第一个 10 年，这种乐观无处不在，这从 1956 年达特茅斯学院的夏季研讨会上就可见一斑：

> 这项研究建立在一种猜想的基础之上，那就是学习的每一方面或智力的任何其他功能，原则上都可以准确地描述，并由机器模拟。我们将尝试，来寻找制造能够使用语言、提炼抽象概念的机器的方法，解决现在仍属于人类的各种问题，并完善人类自身。我们认为，如果一批优秀的科学家在一起研究一个夏天，那么这一领域中的一个或多个问题就能得到显著的推进。

不久之后，明斯基被麦卡锡的乐观情绪所带动，只留下一个研究生去处理机器视觉问题，因为这仅仅是一个夏季研究项目。"我们最终的目标是创造能够像人类一样高效地从经验中学习的程序。"麦卡锡写道。

作为这项努力的一部分，麦卡锡创建了一个实验室，这里是那些希望用机器模仿人类的研究者的天堂。同时，这也将带来未来导致计算世界分裂成两大独立研究团体的文化鸿沟—— 一个阵营的科学家想要取代人力，而另一个阵营则想用同样的技术来增强人类智能。其结果是，在过去 50 年，AI 和 IA 两大阵营间潜在的紧张关系一直围绕在计算机科学的心脏地带，而这一领域已经创造了一系列正在改变着世界的强大技术。

人工智能关键思考

　　人们很容易认为，AI 和 IA 是同一枚硬币的正反两面。两者的根本区别在于，是设计造福于人类的技术，还是将技术作为目标本身。如今，这种差异的体现是，制造越来越强大的计算机、

> 软件和机器人的目的是以人类用户为核心进行设计，还是替代
> 人类。

一些科学家们持有前者的观点，于是他们离开斯坦福大学人工智能实验室，并反对麦卡锡式的早期人工智能。

20 世纪 70 年代在施乐公司率先创造出现代个人电脑概念的艾伦·凯，曾经在斯坦福大学人工智能实验室工作过一年，他认为这是他职业生涯中最低产的一年。那时他已经有了创造 Dynabook 的想法，这是一款"适合所有年龄段的孩子的个人电脑"。这一想法在未来将成为点燃计算新时代的火花，但在当时，他却仍然是斯坦福大学人工智能实验室黑客文化的局外人。对斯坦福大学人工智能实验室的其他研究人员来说，未来的愿景很明确，那就是机器很快就能匹敌甚至代替人类，这才是世界上最酷的事情，而在未来，这些设备的能力将很快达到并超越它们的人类设计师。

汉斯·莫维拉克，人工智能最坚定的信徒

想要找到汉斯·莫拉维克，你需要从卡内基·梅隆大学的校区驱车几公里，来到匹兹堡一片不太起眼的住宅区。他的办公室就藏在一条小购物街尽头的一段楼梯通向的顶层小公寓中。莫拉维克还带着从小保留的奥地利口音，他把这间小两居变成了一个隐秘的办公室，在这里，他可以集中精力工作，不用担心被人打扰。公寓里还有一个狭小的客厅，里面放着一台小冰箱。客厅后面的那间办公室甚至比它还要小，窗帘完全遮住了窗户，房间里满是巨大的计算机显示器。

几十年前，他成为当时全球知名的机器人专家，获得公众的广泛关注，

杂志经常会用"像机器人一样"来形容他。不过，现实中的莫拉维克和这种描绘一点儿都不沾边，他总会爆发出阵阵大笑，并带着一种自嘲式的幽默感。莫拉维克仍然是卡内基·梅隆大学机器人研究所的兼职教授，他在那里已经教了很多年书。作为约翰·麦卡锡最知名的研究生之一，莫拉维克几乎完全从他曾经帮助创建的世界中消失了。

几年前，当曼哈顿学院宗教学教授、《人工智能启示录》的作者罗伯特·杰拉奇前往匹兹堡进行研究的时候，莫拉维克婉言拒绝了他的见面邀请，表示自己正在为一个新创业公司忙碌。杰拉奇和其他很多作家一样，将莫拉维克和雷·库兹韦尔两人视作一种技术宗教运动的联合创始人，指出他们认为人类将不可避免地被我们目前正在创造的人工智能和机器人归为一类物种。2014年，随着科技界名人的加入，这一运动得到了大量曝光——埃隆·马斯克（Elon Musk）和史蒂芬·霍金等人都曾简略地表达过未来人工智能系统将对人类种群带来的潜在威胁。

杰拉奇认为，有一些计算机技术专家期待着他们的发明将带来的后果，他们并没有逃过西方社会的宗教根源，而是对其进行了重述。"最终，人工智能的世界末日的预言，几乎和世界末日的预言如出一辙。如果它们真的来了，那么这个世界将再一次成为一个具有魔力的地方。"杰拉奇这样写道。作为一位宗教学教授，人工智能领域的这种运动实际上可以被简化为一种"疏离感"（alienation）的概念，这在他看来主要是出于人类对死亡的畏惧。

杰拉奇关于疏离感的概念并不简单等同于 20 世纪 50 年代美国影星詹姆斯·迪恩（James Dean）式的那种与世隔绝感。然而，想要给莫拉维克贴上一种畏惧死亡的标签并不容易。这位机器人技术先驱在 20 世纪 70 年代曾住在斯坦福大学人工智能实验室的阁楼中。那时，这里是第一代计算机黑客完美的反主流文化世界，这些人发现他们有特权去使用的这些机器可以作为"幻想的放大器"（fantasy amplifiers）。

20 世纪 70 年代，尽管计算资源匮乏，麦卡锡却仍然认为人工智能的发展指日可待，他曾推断一个有用的人工智能需要的只是："1.8 个爱因斯坦，以及曼哈顿计划①所需资源的 1/10。"与他的看法不同的是，莫拉维克认为重点在于计算技术的迅速和加速发展。他很快受到了摩尔定律的影响，并得到了一个他认为合乎逻辑的结论：机器智能不可避免，莫拉维克也确信这很快就会发生。他这样总结 20 世纪 70 年代人工智能领域遇到的障碍：

> 最难进行自动化，且如今的计算机性能仍然无法满足的任务，是去完成那些在人们看来最自然不过的事情，比如看、听和用常识进行推理。根据在计算机视觉研究过程中的经验，我想我已经很清楚造成这种困难的一大原因。其实很简单，我们现在用来研究的机器，比人类自身实现类似功能的神经系统的性能仍然慢上百万倍。这种巨大的差异阻碍着我们的工作，在那些本不该出现问题的地方出毛病，让一些其他的任务显得极其困难，这也会造成一些努力被带错了路。

在斯坦福大学人工智能实验室 1975 年的报告《原始力量在智能领域的作用》（*The Role of Raw Power in Intelligence*）中，莫拉维克第一次总结了自己与麦卡锡的分歧。这是一次强大的宣言，他深信处理能力将呈指数级增长，这同时也让他确信，当前的限制只是临时的。

莫拉维克在之前得到的一个教训，之后无数次被他应用在其职业生涯中，这就是，**如果作为一位人工智能设计师的你感觉自己陷入困境，那么只需要等**

---

① 第二次世界大战期间美国陆军所研究核武器计划的代号。——编者注

上 10 年时间，你的问题就定然能够通过计算性能的提升而得到解决。

人工智能关键思考

1978 年，莫拉维克在发表于科幻杂志《*Analog*》上的一篇文章中向公众表达了他的观点。在《*Analog*》的那篇文章中，他仍然坚持麦卡锡的大部分理论，并认同大约 10 年后，机器将能够超越人类智力水平的观点："假设我的预测是正确的，那么再过 10 年，制作可以匹敌人类智慧的设备的硬件的价格应该相当于目前一台中等大型计算机的水平。"接着，莫拉维克问道："那么，然后呢？"答案是显而易见的，人类会被这种正在由我们自己创造的新物种"超越"。

1980 年，在离开斯坦福之后，莫拉维克写了两本描绘智慧机器时代的畅销书。1988 年，他在《心智孩童：机器人和人类智能的未来》（*Mind Children: The Future of Robot and Human Intelligence*，以下简称《心智孩童》）一书中讨论了一个早期而详尽的观点：他从小喜爱的机器人正在逐渐演变成一种独立的智能物种。10 年之后，他在《机器人：由纯粹机器到非凡心智》（*Robot: Mere Machine to Transcendent Mind*，以下简称《机器人》）一书中又改良了这一观点。

其实，在 15 年前计算机时代刚刚到来的时候，道格拉斯·恩格尔巴特也有过相同的见解，只不过没有莫拉维克出名：计算机的计算能力将呈现指数级增长。带着这样的认识，恩格尔巴特启动了斯坦福研究所的智能增强项目，这最终导致了个人计算和互联网的到来，莫拉维克却不一样，他继续着自己与机器人一辈子的浪漫"恋情"。虽然已不再激进、乐观，但莫拉维克整体上的信心却从未动摇过。20 世纪 90 年代，除了完成第二本著作，他还休了两个长假，希望抓紧时间完善计算能力，让机器能够看见和理解周围的世界，这样它们就能够导航和自由移动了。

莫拉维克的第一个假期是在丹尼·希利斯（Danny Hillis）位于马萨诸塞州坎布里奇的思考机器公司（Thinking Machines Corporation）度过的。莫拉维克希望借用这里的超级计算机。不过那时这台新型超级计算机 CM-5 还没有准备好，于是他就在一个工作站上改进了自己的代码，并等待机器就绪。在假期的最后一段时间里，莫拉维克意识到，自己只需要等待超级计算机的计算能力能够被复制到自己的台式机上，而不是反复重写代码，来让它在一个有着特殊目的的机器上运行。5 年之后，他在德国柏林的梅赛德斯 - 奔驰研究实验室开始了自己的第二个假期，在这里，他又一次有了同样的认识。

不过莫拉维克仍然不愿放弃，从德国回到美国后，他得到了 DARPA 的合同，继续自动移动机器人软件的研究。花 10 年写了两本畅销书并努力争取一片技术的乐土之后，他觉得是时候安顿下来做一些事情了。计算能力的指数级增长，势必让人工智能机器的概念在硅谷变得更加根深蒂固。2005 年，莫拉维克的基本观点又在雷·库兹韦尔的《奇点临近》(The Singularity Is Near)一书中被裹上了一层华丽的包装。"它正在成为一大看点，正在干涉真正的工作。"书中写道。到现在，艾伦·凯的那句名言，莫拉维克早已烂熟于心——"预测未来最好的方式就是去创造它。"

莫拉维克的电脑"巢穴"距离 2003 年他成立的机器人叉车公司 Seegrid 几公里，到他在匹兹堡的家只有几步路的距离。在过去的 10 年间，他已经抛弃了自己未来主义的角色，成了一个隐士。从某种程度上说，这是他童年时期第一个项目的延续：在加拿大长大的莫拉维克在 10 岁时用易拉罐、电池、灯和马达制作了自己的第一个机器人。高中时期，莫拉维克又制作了一个能够跟随灯光移动的机器乌龟以及一只机械手臂。在斯坦福大学的时候，他成了"斯坦福车"（Stanford Cart）项目背后的中流砥柱——这种配有电视摄像机的移动机器人，能够穿越障碍训练场。1971 年，他在来到斯坦福大学后继承了斯坦福车项目，并逐渐重建了整个系统。

Shakey 是世界上第一个自动机器人，但斯坦福车却有着自己丰富悠久的多彩历史，它才是自动驾驶汽车的前身。1960 年，斯坦福车项目获得了 NASA 的资助，并在机械工程系展开了研究，当时这一项目的目标是用于月球表面的远程驱动。挑战之处在于，地球与月球之间存在 2.7 秒的无线电信号延迟，考虑到这种情况，技术人员还要解决究竟应当如何控制这种车的问题。项目最初申请的资金赞助曾遭到否决，因为当时把人类保留在操作流程中的想法更受支持。而当 1962 年肯尼迪总统决定美国将发展载人探月项目时，斯坦福车也成了不再需要的研究而遭到弃用。

就这样，这台牌桌大小、有 4 个轮子的机器人一直被遗忘在灰尘中，直到 1966 年斯坦福大学人工智能实验室副主任莱斯·欧内斯特（Les Earnest）让它重见天日。欧内斯特说服机械工程系把这辆小车借给斯坦福大学人工智能实验室，用于自动驾驶汽车的研发。后来，研究生们为斯坦福车编写程序，凭借斯坦福大学人工智能实验室大型机的计算能力，这个小机器人能够以每小时不到 1.6 公里的速度沿着地板上的白线运动。研究人员又加入了无线电控制杆，用于远程操作。用两个简单的光电传感器来进行追踪本该是件易事，不过在那时候，把摄像机连接到计算机上的举动看起来仿佛是某种绝技。

后来的 10 年间，莫拉维克修改并破解了这一系统，最终，它终于能在房间里移动，并在半数时间里在障碍场地中正确导航。这款车在很多方面看都是失败的。莫拉维克尝试通过单一相机的数据来同步地图成像和定位，他遇到了人工智能领域最困难的难题之一。他的目标是为这个世界创建一个准确的三维模型，这是理解周围环境的关键一步。

当时唯一的反馈信息来自这辆车移动的距离。斯坦福车并没有真正的立体视觉，因此这辆车缺乏对深度的感知。莫拉维克想到了一种节约成本的方法：他用一个杆子让相机前后移动，与视角成直角，让软件有可能通过单一摄像机计算出立体视图。这是几十年后以色列计算机视觉公司 Mobileye 采用的软件方法的前身。

自动驾驶的过程沉闷又缓慢，不过有了远程控制以及摄像机的帮助，莫拉维克很享受在自己的计算机工作站里远程控制斯坦福车的感觉。控制这辆小车绕着坐落于斯坦福西部丘陵上的环形的斯坦福大学人工智能实验室运动，就好像在控制月球车一样，这看上去非常前卫。没过多久，在通向斯坦福大学人工智能实验室的行车道上就竖起了黄色的交通标志，上面写着："小心机器人车！"这辆斯坦福车曾经跑到室外探险过，不过并不是非常成功。实际上，它似乎很愿意去自找麻烦。1973 年，斯坦福车遭遇了重大挫折：一次手动驱动运转时，这辆小车冲出坡道发生侧翻，一个电池流出了酸液，并损坏了一个贵重的电子电路。整个重建过程花了大约一年时间。

莫拉维克经常会在斯坦福大学人工智能实验室周边测试这辆小车，不过通向实验室后部的路上有个斜坡，这让无线电信号大幅减弱，很难看清车的具体位置。有一次，他让小车围着大楼绕圈的时候错误地判断了自己的位置，并转向了错误的方向。这辆机器人车没有转回来，而是沿着车道开向了车水马龙的阿拉斯特拉德罗路（Arastradero Road），这条路通向帕洛阿尔托山脚。

莫拉维克一直在等待机器人信号的提升，不过图像却一直模模糊糊，屏幕上充满了静态图片。然后，让他大吃一惊的是，一辆车突然从机器人旁边开过，这个场景看起来有些古怪。最后，他终于从计算机终端旁起身，出去亲自寻找这个叛逃的机器人。他走到了自己以为机器人停下的位置，结果一无所获。后来他觉得一定是有人在和他开玩笑。最后，他还在"追捕"这个犯了错误的机器人时，它自己从路上开了回来，上面还坐着一位技术人员。这辆机器人车本计划沿着阿拉斯特拉德罗路一路下山，不过在驶离斯坦福大学人工智能实验室园区的时候被逮了个正着。通过一小步一小步的积累，工程师们在自动驾驶汽车的设计上取得了显著进展。莫拉维克最初设想的正确性已经在很大程度上得到了证明：我们应该静待计算成本的下降与计算能力的提升。

莫拉维克就这样一直默默进行着机器视觉技术方面的研究，不过也在其中遇到了不少挫折。2014 年 10 月，他的初创工厂视觉系统宣告破产，法院下令重组。尽管有着各种各样的颠簸起伏，但是这些琐事改变的仅仅是他的日程。关于现在这波人工智能和机器人浪潮是否将取代人类劳动力的问题，莫拉维克轻轻笑着说，他要做的是取代人类，"劳动力，这只是最低限度的目标吧"。

人工智能关键思考

莫拉维克最初在自己的第二本著作《机器人》中勾勒出了自己对不久后的未来的愿景。在这里，他得出的结论是，没有必要去代替资本主义，因为让不断发展的机器相互竞争是值得的。"我认为，"他说，"实际上，我们只是建造出了一个温和版的自己。""终结"劳动这种看法在现在很多技术人员眼中成了一个日益响亮的警报，不过在莫拉维克的世界观中，这只是个小麻烦。人类善于宽待彼此。就像其他很多技术精英一样，他更想知道的是在社会商品和服务过剩的时候我们该做些什么。莫拉维克认为，民主为分享资本积累打通了道路，这些资本越来越多地从超级生产力企业中流出。如提升社会保障金并一路将退休年龄降到出生年龄的举措也将成为可能。

在莫拉维克的世界观中，智能增强只是技术发展的中期阶段，只有在人类能完成而机器尚不能完成的任务还存在于世的短暂时期，增强技术才是有必要的。与利克莱德一样，莫拉维克也认为机器提升的速度将越来越快，而人类只会匀速进化。他相信在 2010 年左右——而不是 2020 年，所谓的"万能机器人"将会出现，它能掌握一系列基本应用。1991 年，他首次提出了这一想法，后来只是对时间表进行了改变。在未来的某一个时间，这些机器将增长到一个节点，那时它将能从经验中学习，并逐渐适应周围的环境。他仍然信仰着阿西莫夫的三大机器人法则。**市场将确保机器人的行为是人道的——如果哪个机器人会造成大量死亡，那它一定不会卖得很好。在莫拉维克看来，未来，机器也将形成意识。**

人工智能关键思考

莫拉维克在《机器人》一书中指出，未来需要通过并采用一系列严格的法律，来约束完全自动化的企业。法律应当限制这些企业以及由它们控制的机器人的增长，以防止它们拥有过度的能力。如果这些企业增幅过大，那么自动反垄断机制就会生效，并强制对其进行分割。在莫拉维克的未来世界中，基于人工智能的企业社会将对流氓公司进行调查与追究，并以此保护公众利益。他的世界观中并没有浪漫的情怀："我们不能对机器人太过多情，因为与人类不同的是，机器人并没有进化史，因此对它们来说，自身的生存才是首要之事。"他仍然保留着自己的基本假设：发展人工智能的企业以及通用机器人的到来，将标志着一个能够满足每一个人愿望的乌托邦的降临。

不过莫拉维克眼中人工智能和机器人的未来世界，除了乌托邦式美好的一面，也有阴暗面。机器人将扩张至太阳系，在小行星中进行探索，并不断增殖和构建自己的副本。在这一点上，他的想法与雷德利·斯科特（Ridley Scott）的《银翼杀手》类似。在这部反乌托邦科幻电影中，机器人开始对太阳系殖民。"有些事情可能会出错，世界上也可能出现邪恶的机器人，"他说，"一段时间后，在小行星带之外的宇宙中会充斥着各种野生机器人，它们的头脑不会像地球上那些被驯服的机器人一样受到约束。"我们是否需要建造行星防御系统，来保护我们免受这些机器后裔的袭击？或许不会，他分析道，这种新技术的生命形式或许对扩张到宇宙中更感兴趣（但愿如此）。

在匹兹堡郊区那个温馨又孤独的指挥中心，在摆满电脑屏幕的房间里，人们很容易接受莫拉维克的科幻愿景。然而到目前为止，仍然鲜有确凿的证据能够证明，技术进步的加速度能在他有生之年里带来那片人工智能的乐土。尽管现在的现实是，我们还没有开发出能够自动驾驶的汽车，尽管他本人已经被迫多次调整了自己估计的时间表，莫拉维克还是用自己巨大的计算机屏幕展示着这些曲线，并仍然坚信自己的基本信念，那就是人们仍然有希望创造出这些机器的后继品种。

人类是否会加入这场盛大的冒险？虽然在第一本书《心智孩童》中，莫拉维克提到了将人脑上传到计算机中的想法，不过他并没有像雷·库兹韦尔那样努力去寻找长生不老的方法——库兹韦尔正在进行一些非同寻常但让人充满疑虑的医疗方法，希望能够延长自己的生命。莫拉维克的目标是活到 2050 年，现在他每天都努力吃好，并经常步行，对于现年 64 岁的他来说，完成这一目标或许并不是毫无可能。

人工智能商业化的冬天

在 20 世纪七八十年代，人工智能的魅力吸引来了一代杰出的工程师，不过它最终还是难免让人失望。人工智能一旦未能兑现承诺，这些工程师中有不少人就转向了对立的智能增强的阵营。

谢尔顿·布雷纳（Sheldon Breiner）出生于美国圣路易斯一个犹太中产阶级家庭，很小的时候，他便对自己接触到的一切感到好奇。20 世纪 50 年代，他选择到斯坦福大学读书，一部分原因也是为了离自家的面包店尽可能远。他想看看这个世界，他在高中时便意识到，如果自己选择留在圣路易斯，那么父亲很可能会强迫他接管家族生意。

毕业之后，布雷纳到欧洲旅行了一段时间，然后又服了一阵兵役，再后来回到斯坦福大学成了一名地球物理学家。他很早就开始痴迷于"磁力可能会造成或预测地震"这一想法。1962 年，他加入 Varian Associates，这是硅谷发展早期一家主营磁力仪的公司。他的任务是为这些能够检测到地球磁场微小变化的设备找到新的用途。Varian 和布雷纳的 360 度智能算得上绝配，这些高灵敏度的磁力仪第一次变成了便携式设备，从勘探原油到机场安检，将有大量市场成为这一技术的新秀场。

几年后，布雷纳会成为高科技行业的印第安纳·琼斯（Indiana Jones）[①]，用这项技术探索考古现场。在布雷纳手中，Varian 磁力仪能够发现雪崩遇难者、

---

① 《夺宝奇兵》系列电影主角。——译者注

被埋藏的宝藏、失踪的核潜艇甚至被淹没的城市。早些时候，他在斯坦福大学附近的一片场地进行了野外试验，在那里，他对距地球表面 402 公里、1.4 万吨当量的核爆炸产生的电磁脉冲（EMP）进行了测量。这种代号为 "Starfish Prime" 的分类测试，让人们对核爆炸、对地球上的电子产品的影响有了新的认识。

1967 年撰写博士论文期间，布雷纳开始探索地球深处巨大磁力的微小变化，它们能否在地震预测中发挥作用。

布雷纳在圣安地列斯断层（San Andreas Fault）沿途约 192 公里区域内的每一个托架上都设置了一组磁力仪，并用电话线将获得的数据传回到斯坦福校园里一个破旧的小屋中。他在这里安装了一个笔式绘图仪，能够记录来自不同磁力仪的信号，这是一个其貌不扬的设备，它能推动（而不是拉拽）五色墨水笔下方的一卷记录纸。布雷纳从当地一所高中雇了一名学生来换纸，并给这些图标盖上时间章。不过这一设备存在着严重缺陷，几乎每隔一天，纸就会堆成小山。后来，布雷纳选择了新款惠普数字打印机，并重新设计了系统，那位每天能通过换纸赚到 1 美元的高中生就这样成了早期自动化的 "牺牲品"。

后来，休斯公司（Hughes）聘请布雷纳参与深海磁力仪的设计，这款产品将由 Glomar Explorer 拖行，它的主要目的是在深约 3 000~3 600 米的海床上寻找诸如锰结核等矿产。10 年后，新的故事浮出水面，原来当初的实际任务是，美国中央情报局（CIA）希望找到一艘沉没在太平洋海底的苏联潜艇。1968 年，在罗伯特·肯尼迪遇刺后，白宫科学顾问请布雷纳展示这项技术能如何检测被隐藏的武器。布雷纳来到行政办公楼，展示了一个采用 4 个磁力计的相对简单的方案，而这在后来成了现代金属探测器的基石，直到现在仍然在机场等公共场所被广泛使用。

最终，布雷纳能够证明断层的磁场变化与地震存在关联，但这些数据被地磁活动蒙上了阴影，这导致他的假说并没能获得广泛认可。不过缺乏科学的确定性并没有让他打退堂鼓。在 Varian 时，布雷纳的工作是为磁力仪找到更多的商业应用机会，1969 年，他和 Varian 的 5 个同事一起创建了一家名为 Geometrics 的公司，这家公司使用机载磁力计来勘探石油矿藏。

7 年之后，布雷纳将石油勘探公司卖给了 EG&G。又过了 7 年，他在 1983 年选择离开。在这一时期，由约翰·麦卡锡的斯坦福大学人工智能实验室率先推出的人工智能技术，以及费根鲍姆和莱德伯格所做的捕捉与存储人类专业知识的工作，开始逐渐泄露到硅谷周围的环境之中。1985 年 7 月，美国《商业周刊》的封面故事是《人工智能——就在这里！》（*Artificial Intelligence —It's Here!*）；两个月之后，在 CBS 的晚间新闻中，丹·拉瑟（Dan Rather）大篇幅报道了斯坦福研究所用于寻找矿藏的专家系统的研发工作。在这种热情的影响下，布雷纳也成为一波以技术为导向的企业家中的一员，他们开始相信这一领域已经足够成熟，可以进行商业化。

1977 年，Dendral 的早期工作引发了无数类似系统的诞生。斯坦福大学的另一个项目 Mycin 同样采用了基于 "if → then" 逻辑的 "推理引擎"（inference engine），以及一个包含了约 600 项规则的 "知识库"，它的任务是推理血液感染。20 世纪 70 年代，匹兹堡也开展了一个名为 "内科医生 -I"（Internist-I）的计划，这也是针对解决疾病诊断和治疗难题的早期努力。1977 年，斯坦福研究所的人工智能研究员彼得·哈特和理查德·杜达（Richard Duda）开发了 Prospector，用于探测矿藏，这一工作后来获得了 CBS 的热切关注。1982 年，日本宣布了自己的第五代计算机项目，将注意力高度集中在人工智能领域上并掀起了一场竞争热潮，这最终带来了一个新市场，这个领域里刚刚从学校毕业的博士生就能获得 3 万美元的年薪。

魔鬼已经跑出了瓶子。开发专家系统已经形成一个叫作"知识工程"的新学科。它提倡的是，你可以将科学家、工程师或经理人的专业知识打包汇总，并将它应用到企业数据中。计算机将有效地成为权威。虽然采纳了技术可以增强人类的原则，但在20世纪80年代，软件企业在向企业推销产品时，给出的仍然是节约成本的承诺。作为一种生产力工具，这些软件的目的要尽可能规避替代工人的说辞。

布雷纳仔细思考着各种各样的行业，努力筛选着最容易将人类专家的知识打包的行业，很快，他将目光对准了商业贷款和保险承保。当时，世界还没有充斥着针对自动化的警告，他也没有发现关于这些内容的问题。计算机世界正逐渐分化为越来越廉价的个人电脑以及更加昂贵的"工作站"——一般是包含计算机辅助设计应用的机器。两家从麻省理工学院人工智能实验室走出的公司——Symbolics 和 Lisp Machines，将重点放在了使用采用 Lisp 编程语言（专为人工智能应用设计）的专业计算机上。

布雷纳创办了自己的公司 Syntelligence。后来，这家公司与 Teknowledge 和 Intellicorp 并肩成为20世纪80年代硅谷最出名的三大人工智能公司。他四处网罗人工智能专家，并从斯坦福研究所挖来了哈特和杜达。这家公司创造了自己的编程语言 Syntel，并将它用在公司软件工程师使用的一种先进的工作站上。Syntelligence 还针对 IBM 个人电脑开发了两款程序——"承保顾问"（Underwriting Advisor）和"贷款顾问"（Lending Advisor）。布雷纳对公司的定义是信息工具提供商，而不是人工智能软件开发商。

人工智能关键思考

《纽约时报》记者在撰写一篇关于商业专家系统诞生的文章时采访了布雷纳。布雷纳表示："每个公司里，通常会有一个非常出色的人，每个人都喜欢向他咨询问题。这些人往往会得到提拔，可正因此，他也就不再需要发挥自己的专长了。我们在努力保护这些专业知识，避免这位出色人物的离职、死亡或退休可能带来的影响，我们希望把这些知识推广给更多的人。"这篇关于模拟人类推理的文章 1984 年出现在了《纽约时报》的头版上。

在推广这两种贷款和保险软件的时候，布雷纳表示，它们将帮助客户持续、大幅度地节约成本。自动化运用人类专业知识的想法足够引人入胜，这为他从银行和保险公司手中争取到了大量的前期订单，并从风险投资公司处获得了赞助。美国国际集团（AIG）、圣保罗（St. Paul）、消防员基金会（Fireman's Fund）、富国银行（Wells Fargo）和美联银行（Wachovia）向这款软件投资了600 万美元。在大约 5 年的时间里，布雷纳的公司一直投身于这一项目的研发，最终公司员工人数破百，年营收达 1 000 万美元。

可问题在于，对布雷纳的投资者来说，这样的发展速度还是不够快。1983年定下的 5 年计划是，公司年营收超过 5 000 万美元。由于人工智能软件的商业市场未能达到足够快的增长速度，布雷纳在公司内部也陷入挣扎，他难以满足风险资本家、董事会成员皮埃尔·拉蒙德（Pierre Lamond）的要求——后者出身半导体行业，完全没有软件经验。最终，布雷纳在这场斗争中败北，拉蒙德从别的公司请来了新的经理，这家公司的总部也迁到了得克萨斯州——新经理的家乡。

Syntelligence 公司遭遇的正是那场"人工智能的冬天"。20 世纪 80 年代初，人工智能公司一家接一家地走向崩溃，有的是因为资金问题，有些则是因为回归实验研究或重新变回了咨询公司。市场上的失败成了人工智能发展中的一个经久不衰的故事，从炒作到失败反复循环，紧随每次太过野心勃勃的科学断言而来的总是绩效和市场的双重失望。那一代深深沉浸在 20 世纪 60 年代技术乐天派人工智能文献中的信徒们，是这场崩溃的早期隐患。从那时开始，同样的繁荣和萧条周期持续了几十年，尽管在此期间人工智能实现了进步。如今，这一周期很可能再次转回原点。在一些人眼中，新一波人工智能技术预示着新"思维机器"（thinking machine）的出现。

在欧洲，人工智能的第一个冬天实际上早到了 10 年。1973 年，英国一位应用数学家迈克尔·詹姆斯·莱特希尔爵士（Sir Michael James Lighthill）领导的一项研究严厉苛责人工智能领域没有兑现承诺、实现预测，例如，早期的斯坦福大学人工智能实验室预测人工智能将在 10 年后发挥作用。据莱特希尔称，虽然"人工智能的一般调查"（Artificial Intelligence: A General Survey）对美国的影响不大，但它却导致英国的研究资金缩减，研究人员四散。BBC 专门以"人工智能的未来"为主题安排了一次电视辩论，莱特希尔批评的对象因此获得了一个作出回应的机会。约翰·麦卡锡乘飞机去参加这次活动，但他却无法为自己的领域作出令人信服的辩护。

10 年后，人工智能的第二个冬天在美国降临（1984 年开始）。在离开前，布雷纳成功地将 Syntelligence 的销售额推到了 1 000 万美元。自 1984 年起，就已出现"非理性繁荣"的警告，当罗杰·尚克（Roger Shank）和马文·明斯基在一次技术会议上提出这个问题时，他们指出，正在出现的商用专家系统并没有包含任何重要的技术进步，相关研究从 20 年之前就已开始。1984 年，对道格拉斯·恩格尔巴特和艾伦·凯的加强理念来说也是重要的一年。这一年，他们的想法渗透到了每位办公室员工的身边。随着 Macintosh 的发布，需要一次市场模拟来构建个人计算机的价值，史蒂夫·乔布斯选中了对 PC 最好的比喻：它是"我们思维的自行车"。

被排挤出自己创立的公司后，布雷纳继续开始自己的下一次探险———一家为苹果 Macintosh 设计软件的创业公司。从 20 世纪 70 年代开始直到 80 年代，硅谷许多最聪明、耀眼的人都走过这样的道路。

从 20 世纪 60 年代开始，这一项目在麻省理工学院、斯坦福大学人工智能实验室和斯坦福研究所悄悄展开，并逐渐渗透到世界各地。最初，人类对机器人和人工智能技术的观点主要来自布拉格傀儡（Prague Golem）的传说、玛丽·雪莱（Mary Shelly）的《科学怪人》（*Frankenstein*）以及卡雷尔·恰佩克（Karel Čapek）开创性的《罗素姆万能机器人》（*Rossum's Universal Robots*），这些著作都提出了关于机器人对人类生活影响的一些基础问题。

然而，当美国计划将人类送上月球，一拨强调科技、总体持乐观主义的科幻小说也随之浮现，这些作品来自艾萨克·阿西莫夫（Issac Asimov）、罗伯特·海因莱因（Robert Heinlein）和亚瑟·克拉克（Arthur Clark）。在克拉克的小说《2001：太空漫游》中，肆意横行的感知计算机 HAL 不仅对流行文化造成了深刻影响，同时也改变了人们的生活。开始在宾夕法尼亚大学读计算机研究生之前，杰瑞·卡普兰就已经对自己有了打算。《2001：太空漫游》于 1968 年春天出版，那年夏天，卡普兰把这本书反反复复读了 6 次。他和自己的两个朋友反复地诵读它，其中一个朋友说："我要拍电影。"后来他的确做到了，成了一位好莱坞导演。另一位朋友成了一名牙医，而卡普兰则走进了人工智能的世界。

"我要去创造那个东西。"卡普兰这样告诉自己的朋友。这里所指的"东西"便是 HAL。与布雷纳相似，卡普兰也成了第一批试图将人工智能带向商业化的人，而在这一努力因为人工智能的冬天而搁浅的时候，他也选择转投智能增强技术。

在还是研究生的时候，卡普兰曾读过特里·威诺格拉德的 SHRDLU 系统，它使人类通过自然语言与计算机交互。卡普兰因此明白了人工智能的世界中什么是可能的，又该如何将其实现。就像当时很多有抱负的计算机科学家一样，他也将自己的经历投诸自然语言理解。卡普兰是一个数学神童，他是新一代计算机学究中的一员，他不是那些口袋里塞满了笔的书呆子，而是对这个世界有着更广泛认识的天才。

从芝加哥大学获得博士学位后，卡普兰追随女友来到费城。一位叔叔请他到自己经营药品批发业务的仓库帮忙，并希望有朝一日他能接管这一生意。不过，他却迫切地需要做一些不同的事情。他记得在芝加哥大学的编程课程，也没有忘记自己对《2001：太空漫游》的痴迷，于是进入宾夕法尼亚大学，成了一名计算机科学研究生。在那里，他与阿维德·乔希（Aravind Krishna Joshi）一起进行研究，后者是早期计算语言专家。尽管只有文科背景，但他很快就成了明星级的人物。在 5 年的学习中，他在所有课程中的表现都近乎完美，而毕业论文的题目是创建数据库的自然语言前端。

作为一位新近毕业的博士生，卡普兰在斯坦福大学和麻省理工学院进行了试讲，并造访了斯坦福研究所，还在贝尔实验室接受了整整一个星期的面试。当时，电信和计算机行业都迫切需要计算机科学博士，而他第一次造访贝尔实验室时被告知，这个实验室计划聘请 250 名博士生，而且并不打算接受低于这一平均水平的人数。卡普兰忍不住想要指出，250 这一数字超过了当年美国哲学博士毕业生总数。在埃德·费根鲍姆决定聘请他担任知识工程实验室的研究助理之后，他最终选择了斯坦福大学。虽然斯坦福大学不及宾夕法尼亚大学严谨，但这里确是技术的天堂。硅谷已经声名远播，这里的半导体行业正遭到来自日本的威胁，而那时的苹果是当时全美增长速度最快的公司。

卡普兰的工作处提供免费食物，每天晚上还会举办各种学术活动，"结交美女"的机会也从来不缺。他在斯坦福大学人工智能实验室附近、距离斯坦福大学几公里的 Los Trancos Woods 社区购置了自己的房子，并考虑把实验室从山上搬到斯坦福大学校区的中心。

1979 年卡普兰来到斯坦福的时候，正赶上人工智能的第一个黄金时代——像《哥德尔、埃舍尔、巴赫——集异璧之大成》（*Gödel, Escher, Bach: An Eternal Golden Braid*）作者侯世达（Douglas Richard Hofstadter）和后来将人工智能技术带向华尔街并将它变成了数十亿美元对冲基金的大卫·肖（David Shaw）这样的毕业生，那时也都在这所学校里。推动了 Intellicorp、Syntelligence 和 Teknowledge 等第一波人工智能公司的商业力量，那时才初具规模。

虽然宾夕法尼亚像是一座孤立的象牙塔，但在斯坦福大学，学术界和商界之间的围墙已经逐渐坍塌。对投资和创业的狂热几乎无处不在。和卡普兰在同一个办公室工作的科特·维度斯（Curt Widdoes），很快就要带着曾经用来打造 S1 超级计算机的软件去创办 Valid Logic Systems ——这是一家早期的电子设计自动化公司。他们使用了新开发的斯坦福大学网络（SUN）工作站。隔壁房间的研究生安迪·贝托尔斯海姆（Andy Bechtolscheim）曾设计原版 SUN 硬件，后来他很快创立了太阳微系统公司（Sun Microsystems），开始将自己在研究生时期开发的这款硬件商业化。

卡普兰也迅速变成了一个"商业开发"人士，这种氛围就弥漫在空气中。他在晚上进行咨询工作，为后来成为世界首款全数字音乐键盘音乐合成器 Synergy 的设备编写软件。这款设备添加了各式功能，这在后来也成了现代合成器的标准，并被用来制作电影《创：战纪》（*Tron：Legacy*）的原声音乐。

就像斯坦福大学的其他人一样，他也边学习边赚钱。他们都创办了自己的公司。在地下室的那个名叫列昂纳德·波萨克（Leonard Bosack）的家伙，当年在探索让计算机互联的方法并制作了世界上最早的路由器，后来他与妻子桑德拉·勒纳（Sandy Lerner）携手创办了思科系统公司（Cisco System）。

卡普兰在斯坦福大学担任研究助理，这是一份非常好的工作，相当于一个非终身制的教学岗位，不过却不必忍受讲课的痛苦，但它也有一个缺点。在教职员工中，科研人员几乎是二等公民的代名词。他经常被人叫去帮忙，尽管他自己能写代码，可以进行严肃的技术工作。他的角色有点类似《星际迷航》中"进取"号星舰（Starship Enterprise）上那个可靠的工程师斯科提（Scotty），是让一切保持运转的那个角色。在里根时代"星球大战计划"（SDI）的推动下，数额庞大的投资涌入了人工智能世界。这是军方主导的支出，但并不完全是为了军事应用。美国人正在酝酿专家系统的想法。最终，这一热潮带来了40家初创公司，而1986年美国与人工智能相关的软硬件销售额高达4.25亿美元。

卡普兰在斯坦福大学只待了短短两年。后来，他同时收到了人工智能领域两家创业公司抛来的橄榄枝。其中一家是埃德·费根鲍姆的Teknowledge——在他看来，斯坦福的计算机科学家应该为自己在学术领域的研究的进展获得相应的报酬。这家公司很快成为"专家系统咨询行业的凯迪拉克"，同时还开发定制产品；另一家公司叫作赛门铁克（Symantec）。几十年后，它成长为一家巨型计算机安全公司，不过当初的赛门铁克则在从事人工智能数据库项目，而这与卡普兰的技术专长一致。

那时的卡普兰仿佛对工作有着无限的热情。他对参加派对并不狂热，也不喜欢被人打扰，在他看来，节假日意味着可以做更多的事。那时，斯坦福研究所的一位德高望重的自然语言研究院加里·亨德里克斯（Gary Hendrix）找到卡普兰，希望他能帮忙为一个名为"Q&A"的项目的早期试用版编程，它是第一个"自然语言"数据库。这一项目的想法是让不熟练的用户能够通过用正常语言发出查询信息来检索信息。这一项目并不提供报酬，只是承诺在项目"起飞"后给予其股份。

卡普兰的专长是自然语言"前端"——它能让使用者向专家系统键入问题。而亨德里克斯需要的却是为展示而打造的简单的数据库"后端"。就这样，在1980年的圣诞假期，卡普兰坐了下来编写并完成了这一程序。最初，整个项目都是在 Apple II 上运行的。他这样做纯属偶然，实际上也没有因此致富。第一代赛门铁克从未实现商业化，风投家们决定实施强裁，在这种融资过程中，创始人往往需要牺牲自己的资产价值来换取新的投资，这样一来，卡普兰原本就少得可怜的股权一下子就变得一文不值。

最终，卡普兰选择离开斯坦福并加入了 Teknowledge，这主要是因为卡普兰十分敬重的芝加哥大学物理学家、商学院教授李·赫克特（Lee Hecht）也选择加盟 Teknowledge 并担任 CEO，管理起了由 20 个从斯坦福来的人工智能"难民"组成的 Teknowledge 突击部队。1982 年，赫克特曾向《大众科学杂志》（*Popular Science*）表示："我们的创始人创造了比其他人更多的专家系统。" Teknowledge 在斯坦福园区附近大学路的尽头开设了一间店铺，不过很快，他们就搬到了帕洛阿尔托市中心一座更华丽的高层建筑中。在 20 世纪 80 年代初，这间办公室体现出了一种时尚的现代主义风格，主色调近乎黑色。

这家超一流的公司明确指出，新的人工智能项目售价并不会多便宜。专家系统中每一条规则都需要工作人员与专家进行长达一小时的交流，而一个可行的专家系统往往需要 500 条甚至更多的规则。一个完整系统的开发费用可能高达 400 万美元，不过与布雷纳相似，赫克特也相信，通过对人类专业知识进行整理和抽象化，随着时间的推移，企业能够节约大笔开销。

在接受杂志采访时，赫克特曾透露，一个完整的系统每年能为制造商节省 1 亿美元的支出。赫克特称，他们正在进行原型设计的石油公司专家系统每天能为企业节省约 1 000 美元。在这次采访中，费根鲍姆还断言，当计算机能够自动采访人类专家的时候，瓶颈就将被打破。赫克特看到了卡普兰作为黑客之外的另一种潜力，并对他承诺，如果他加盟 Teknowledge，自己将教他经营一种业务的方法。他抓住这次机会离开了斯坦福。在新的公司，他的办公室就挨着赫克特的房间，他的目标是打造能够通过软件取代人类专家劳动的新一代咨询公司。

不过，在一开始时，卡普兰对销售这些高科技的"艺术"一无所知。他被安排负责营销工作，而做的第一项工作居然是准备描述公司服务的宣传册。只有学术背景的卡普兰制作了一个营销用的三折传单，希望一次性吸引企业客户来参加关于如何打造设有费根鲍姆特色功能的专家系统的系列研讨会。他发出了 5 000 本宣传册，一般来说，此类回复率能达到两成左右，不过他们得到的不是 100 个回复，而是 3 个，而其中一个人竟以为他们要讲授人工授精知识。

对这群人工智能研究员来说，这是一次粗暴的打击，他们本想一夜之间改变世界，却发现在大学校园之外几乎没人对人工智能有所耳闻。最后，他们勉强拉来了几家专注于国防业务的大公司，这总算让赫克特可以说出那句"收到了来自'全球超过 50 家大型公司的咨询'"了。1982 年年初，Teknowledge 终于能够用两个月的时间处理 100 万美元的业务了。

这的确是一个凯迪拉克式的企业。他们用 Lisp 语言在售价 2 万美元的施乐之星（Xerox Star）工作站上编写程序。更糟的是，整个公司的运营仅依靠由卡普兰带领的少数几个市场人员。当时 Teknowledge 的标志性口号是："我们聪明，我们牛，尽管把钱交给我们。"可事实却大相径庭，这项技术甚至无法真正有效地工作。尽管早期路途坎坷，但最终他们还是引起了人们的重视。

甚至有一天，连瑞典国王也亲自参观了这家公司。出于皇家礼仪，国王随行人员的派头没有一丝马虎。特工处率先到访，检查工作区，连浴室都没有遗漏。这支先遣部队似乎要在他们等待的时候实时追踪国王的动向。

卡普兰屏气凝神地站在门口，这时一个身穿标准硅谷装束——商务休闲装，身材矮小、毫不起眼的绅士独自走了进来，有些傻气地问旁边年轻的 Teknowledge 高管："我应该坐在哪里？"卡普兰依旧心乱难平："你来得有些不巧，现在我们都在等着瑞典国王驾临。"这位绅士打断了他的话："我就是瑞典国王。"原来国王本人是位出色的科技精英，他对这家公司正在做的工作颇有见解，这些理解甚至比公司大部分潜在用户还要强，而这正是他们面临的挑战的核心。

不过，卡普兰却迎来了转机，他被邀请参加国王在旧金山波西米亚俱乐部（Bohemian Club）举办的晚宴。卡普兰应邀出席，并与一位美丽的瑞典女性相聊甚欢。他们聊了将近一个小时，卡普兰觉得她也许是王后，而事实上，她只是负责此次皇室与随行人员赴美之旅的瑞典航空公司的一名空姐。其实，这次邂逅的两位主角都犯了一样的错误，在卡普兰觉得面前的女人可能是瑞典王后的同时，这位空姐也以为他就是史蒂夫·乔布斯。这个故事有一个圆满的结局，那次见面后两人开启了 8 年的恋情。

然而，Teknowledge 就没有这样的好运气了。这家公司患上了"房间里最聪明的人"（The Smartest Guys in the Room）综合征。凭借由全球顶尖的人工智能工程师组成的阵容，他们抓住了这一新领域的魔力，针对那些需要高昂咨询费用的业务，他们传授着自己的炼金术。然而，当时的人工智能只不过是把一堆"if-then-else"语句摆在一起，然后封装在一个要价过高的工作站中，并用当时并不常见的大型电脑显示屏，配以诱人的图形界面，呈现在人们的面前。事实上，比起所谓的"罐装"专业知识，它更像是满是烟雾弹的骗术。

卡普兰本人成了这家公司内部的"特洛伊木马"。1981 年，IBM PC 为个人电脑带来了合法地位，并大幅度削减成本，同时扩大了计算的普及范围。道格拉斯·恩格尔巴特和艾伦·凯的智能增强基因几乎无处不在。计算可能被用来扩展或替代人类，成本的下降让软件工程师可以选取其中的任意一条路。这时，计算终于从企业数据中心那些悉心维护的玻璃墙后走向了企业的办公用品预算之中。

卡普兰很快就了解了这种变化带来的影响。斯坦福大学人工智能实验室前研究员拉里·泰斯勒也同样很早就有了相同的领悟，后来他为史蒂夫·乔布斯设计了 Lisa 和 Macintosh，并帮助约翰·斯卡利打造了 Newton。他曾试图警告施乐 PARC 的同事，低廉的个人电脑将会改变世界，但在 1975 年，没有人听得进这些话。6 年之后，很多人仍然没有领悟到微处理器成本下降带来的影响。这家公司的专家系统软件当时被部署在定价过高的工作站上——每台耗资约 1.7 万美元，而完整版本的费用在 5 万 ~10 万美元之间。不过卡普兰意识到，个人计算机已经强大到足以轻松运行高价的 Teknowledge 软件。当然，这对这家公司的影响是，抛开那些华丽高端的工作站，人们会看到它们真正的面目——应该以 PC 软件价格出售的软件包。

Teknowledge 的其他人不愿花时间去倾听这个怪诞的"邪说"。于是乎，卡普兰做了与几年前几乎一样的事情，那时他用自己在斯坦福的业余时间帮助打造了最早的赛门铁克。圣诞节时，当所有人都在度假时，他却一直待在自己位于斯坦福校园后丘陵里的小屋中，开始改写 Teknowledge 软件，使其能够在 PC 上运行。卡普兰用一个快若闪电的编程语言 Turbo Pascal 编写了这款专家系统解释器的新版本，这一软件的运行速度甚至超过了原版的工作站产品。卡普兰用假期的时间完成了这一程序，然后回来，用自己的"玩具"个人电脑展示了 Teknowledge 演示程序"葡萄酒顾问"（Wine Advisor），一举消灭了在施乐之星工作站上运行的官方软件。

公司一下乱成了一锅粥。这不仅打破了 Teknowledge 的商业模式（因为个人计算机软件相对非常便宜），还侵犯了员工眼里自己在宇宙中的位置。每个人都恨他。尽管如此，卡普兰还是设法想要说服李·赫克特下决心推出一款基于 PC 技术的产品，不过这是种疯狂的举措，它意味着这款产品的售价不是 8 万，而是 80 美元。卡普兰成了这一团队的"叛徒"，他知道自己是时候走出这扇门了。时任华尔街技术分析师，后来成为著名硅谷风险投资者的安·温布莱德（Ann Winblad）刚巧出现，卡普兰向她讲述了计算机世界的变化。

"我认为你该去见一个人。"她告诉他。

这人就是米奇·卡普尔（Mitch Kapor）——Lotus 研发公司创始人兼CEO，这家公司是 123 电子表格程序的开发者。卡普兰与卡普尔见了面，描述了自己让大众都能使用人工智能的愿景。这位 Lotus 创始人对这一想法很感兴趣："我有钱，你来提出一个你想为我打造的产品如何？"

卡普兰的第一个想法是开发低价版 Teknowledge 专家系统"ABC"（与123 对应），不过这一想法并没有吸引卡普尔的多少热情。不久，卡普兰坐在卡普尔的私人飞机中时，Lotus 的这位创始人带着纸质笔记本坐在他身边，面前摆着一台尺寸与缝纫机相仿的笨重的康柏电脑开始打字。这给卡普兰带来了灵感。他提出了一个自由格式的笔记程序，它可以被用作日历，也能作为日常生活琐事的存储仓库。卡普尔很喜欢这个想法，于是两人与 Lotus 的软件设计师埃德·比洛夫（Ed Belove）一起，为这一程序起草了一系列想法。

卡普兰再次回到自己的小屋，这次他用了一年半的时间与比洛夫一起为这款程序编写代码，而卡普尔则帮忙进行整体设计。Lotus Agenda 是这一代个人信息管理器软件中的第一批，这在某些方面也是万维网出现的预兆。信息可以一种自由的方式进行存储，并能自动组织成为不同的类别，这在后来被描述为"文字的电子表格"，也是新一代软件工具的典型代表，这些程序遵照恩格尔巴特的传统，赋予了用户新的能量。

这款软件于 1988 年推出，受到了包括埃丝特·戴森（Esther Dyson）在内的行业分析师的如潮好评，它还将继续赢得追捧。美国"人工智能的冬天"刚刚到来，新一波人工智能公司大多早早枯萎，不过卡普兰很早就预见到了将发生的事情。像布雷纳一样，他迅速从一个人工智能忍者转变成恩格尔巴特智能增强世界中的一员。当时的个人电脑正在成为史上最强大的智慧工具。越来越明显的是，将人类设计在计算机系统之内或之外，实际上有着同样的可能性。

当人工智能在商业化的道路上步履蹒跚时，个人电脑和智能增强的发展却在突飞猛进。20 世纪 70 年代末 80 年代初，个人计算机产业在美国爆发。几乎就在一夜之间，计算机能够成为家庭的梦幻放大机、办公室生产力工具的想法取代了将计算机视作政府企业的官方工具的看法。到 1982 年，个人计算机成为一种文化现象，《时代周刊》甚至将个人计算机作为"年度人物"印在了封面上。

这些设计师自己在人工智能与智能增强的选择中选择了后者。后来，卡普兰创建了 Go 公司，并设计了世界上第一台笔触式计算机，这也预示了十几年之后 iPhone 和 iPad 的出现。就像 1980 年前后那个在人工智能的冬天选择转换阵营的谢尔顿·布雷纳一样，卡普兰在即将到来的后 PC 时代中也成了"人本主义"设计运动中的一员。

像人脑一样思考，人工神经网络出现突破

对可以运转的人工智能的追求，从一开始就被烙上了虚伪的希望，以及技术和哲学上苦涩的争吵。1958 年，即达特茅斯人工智能夏季研讨会召开两年后，《纽约时报》在第 25 版一个不起眼的位置刊载了合众社（UPI）一篇题为《在实践中学习的全新海军设备：心理学家展示可通过阅读变聪明的计算机雏形》（*New Navy Device Learns by Doing: Psychologist Shows Embryo of Computer Designed to Read and Grow Wiser*）的短文。

这篇文章原本是康奈尔大学心理学家弗兰克·罗森布拉特（Frank Rosenblatt）的演示报告，其中描述了一种被海军寄予厚望的电子计算机的"雏形"。报告显示，这种设备有朝一日或可以"行走，说话，观察，写字，自我复制，并对自己的存在有意识"。在当时，这一设备实际上只是在气象局的 IBM 704 计算机上运行的模拟程序，能够在约 50 次尝试之后分辨出左右。海军计划在一年之内以 10 万美元左右的成本在这些电路的基础上打造一台"思维机器"。

人工智能里程碑

罗森布拉特博士向记者表示，这将成为世界上首个能够"像人脑一样"思考的设备，最初它也会犯错误，不过随着经验的增加，

> 它会变得更聪明。他表示，新机械脑的一种运用是代替人类进行太空探索。这篇文章提出了这样的结论：首台感知机（Perceptron）将配有 1 000 个电子"联想细胞"，通过 400 个光电元件（类似眼睛的扫描设备）来接收电子脉冲。不过，文章也指出，人类大脑由 100 亿个相应细胞组成，与眼睛的连接多达 1 亿个。

人工神经网络的早期工作可以追溯到 20 世纪 40 年代。1949 年，这一研究吸引到了当年还是哈佛数学专业一位年轻学生的马文·明斯基的注意。后来，明斯基也投身于这一领域的研究，在哈佛大学读本科时期，他曾打造出早期电子学习网络，后来作为普林斯顿大学的研究生，他又开发了一款名为随机神经模拟强化计算器（SNARC）的网络。后来，明斯基的博士论文主题也是神经网络。神经网络是一些数学结构，由节点或神经元组成，这些节点又通过代表"权重"或"矢量"的数值互相连接。它们能够通过一系列图像和声音等模式的训练，最终识别出相似的模式。

20 世纪 60 年代，出现了很多打造思维机器的方案，而其中的主流方向是约翰·麦卡锡提出的以规则和逻辑为基础的方法。然而就在同一时期，美国各地的另一些研究团体却在试验基于早期神经网络思路的模拟方法。讽刺的是，作为达特茅斯会议的 10 位与会人之一，明斯基却在 1969 年与西蒙·派珀特（Seymour Papert）合作，写了一本分析神经网络的书籍——《感知机》（Perceptrons），这本书被看作导致神经网络研究停滞多年的原因。现在人们普遍认同的是，麻省理工学院的这两位人工智能研究人员严重地推迟了这一新兴研究领域的发展。

事实上，这只不过是 20 世纪 60 年代出现在人工智能团体中一系列激烈智慧冲突中的一例。明斯基和派珀特认为对自己的批评其实并不公平，因为他们书中更多的是对神经网络的公正分析，而不是批判。两年之后，这场争论又增变数——这一领域内的重量级人物罗森布拉特在一场航海意外中不幸身亡，这也导致对神经网络的研究活动陷入了真空期。

早期的人工网络研究包括斯坦福大学的科研工作以及斯坦福研究所中由查理·罗森领导的研究项目。不过斯坦福大学的研究团队将更多的注意力放在了通信上，而罗森则将他的 Shakey 项目转移到主流人工智能框架上。不过人们对神经网络的热情直到 1978 年才因哈佛神经生物学博士生特里·谢伊诺斯基（Terry Sejnowski）的研究而被再度点燃。谢伊诺斯基放弃了自己早期的研究方向物理学，转攻神经科学。在参加了马萨诸塞州伍兹霍尔（Woods Hole）的暑期课程后，他发现自己为大脑的奥秘所着迷。同年，英国心理学博士后杰弗里·辛顿（Geoffrey Hinton）正在加州大学圣迭戈分校学习，师从科学家大卫·鲁姆哈特（David Rumelhart）。鲁姆哈特曾与 UCSD 认知心理学系创始人唐纳德·诺曼（Donald Norman）合作创建并行 - 分布式处理研究组。

辛顿是逻辑学家乔治·布尔（George Boole）的后代，在英国陷入人工智能的冬天时，他选择作为"难民"逃往美国。《莱特希尔报告》（*Lighthill Report*）曾断言，大多数人工智能的研究都远未达到早前承诺的水平，只有计算神经科学是个例外。在莱特希尔参加的 BBC 电视转播辩论中，双方的观点都建立在当时最先进的计算机的性能上。似乎没有任何一方考虑到摩尔定律所提及的计算速度加速的内容。

作为一名研究生，辛顿深切感受到了明斯基和派珀特对神经网络的攻击带来的伤害。当他告诉周围的人自己在英国的研究方向是人工神经网络的时候，人们总会这样回应："难道你不明白么？这些东西没有用。"导师建议他放弃自己的兴趣点，并给了他特里·谢伊诺斯基的论文，这在未来将成为数理逻辑

（symbolic logic）。不过辛顿却想走不同的道路，他逐渐找到了一种新的研究角度，这在后来被他描述为"神经 - 启发"（neuro-inspired）工程。他并没有像生物计算这一全新领域中的某些人那样极端，在他看来，盲目照搬生物学是错误的。几十年后，同样的问题仍然有着很大的争议。2014 年，欧盟决定赞助瑞士研究者亨利·马克拉姆（Henry Markram）超过 10 亿美元，用于以超级计算机模拟人脑以及其中的细节。辛顿认为，这一项目注定会失败。

1982 年，辛顿举办了一场夏季研讨会，主题是联想记忆的并行模型。特里·谢伊诺斯基也申请参加了这次活动，这位年轻的物理学家一直在探索如何使用一些正在开发的新体系来为大脑建模。这是辛顿组织的第一场科学会议，他知道，这些受邀的观众此前早已会面多次，在他眼中，这是一些"40 多岁的老教授"，习惯对同样的话题老生常谈。他起草了一份传单，然后发给了计算机科学和心理学系。他愿意为那些新想法来支付费用。不过辛顿和预想中一样失望，几乎所有答复都是传统的计算机科学或心理学方法。不过有一个提案显得鹤立鸡群，它来自一位年轻的科学家，他声称自己已经找到了"大脑的机器代码"。

大致在相同的时间段，辛顿与麻省理工学院知名视觉研究院大卫·马尔（David Marr）一起参加了另外一场会议。辛顿问马尔，那家伙是不是疯了。马尔回答说，他认识那个人，那是个非常聪明的人，不过马尔并不知道那个人这次是不是有些异想天开。但很明显，谢伊诺斯基正在追寻一种全新的认知方式。

人工智能关键思考

在这次会议上，辛顿第一次见到了谢伊诺斯基。UCSD 的校园中活跃着一些为大脑工作方式建模的新思路。并行分布处理

（PDP）方法是对当时统治人工智能以及认知科学领域的符号处理方法的一次决裂。两人很快意识到，他们一直都在从类似的角度思考同一个问题，两人都看到了建立在传感器网基础上的新方法蕴藏的潜力，网络中的"神经元"通过代表连接强度的数值点阵互相连通。在这个新方向上，如果你希望网络理解一张图片，则需要以加权连接网络的方式来描述这张图像。事实证明，这是一种远比人工智能传统符号模型高效的方式。

1982 年，一切都发生了改变。谢伊诺斯基在普林斯顿大学的物理学导师约翰·霍普菲尔德（John Hopfield）发明了"霍普菲尔德网络"（Hopfield Network）。他的方法不同于第一台感知机的设计师们创造的早期神经网络模型，而是允许每一个神经元独立更新自己的值。这个出现在神经网路领域的新思路激发了辛顿与谢伊诺斯基的灵感，两人开始密切合作。

那时，这两位年轻的科学家都已获得自己的第一个教师职位——辛顿就职于卡内基·梅隆大学，谢伊诺斯基则在约翰·霍普金斯大学教书。两人成了十分亲密的好朋友，周末经常见面，全然不顾两人之间 4 小时的往返车程。他们意识到，自己已经找到了一种将原有神经网络模型改造成一种更强大的学习算法的方式。他们知道人类会通过观察实例、总结泛化来学习，因此模仿这一过程也就成了他们关注的焦点。在创造一种新的多层网络（玻尔兹曼网络）的过程中，他们设计了一种更强大的机器学习方式，并取得了继罗森布拉特设计的单层学习算法之后的第一个重大进展。

谢伊诺斯基错过了关于感知机的整场政治辩论。作为一名物理学研究生，在 20 世纪 60 年代末明斯基和派珀特那些攻击言论出现的时候，他还是人工智能世界的一个门外汉。他读过那本著名的《感知机》，甚至喜欢其中优美的几何学概念，不过他几乎全然忽略了他们的论点，那就是感知机不会被推广到多层系统的世界。现在，他可以证明他们是错误的。

辛顿和谢伊诺斯基开发了另一种模型，但他们需要与当时流行的基于规则的系统进行对比并证明它的强大。整个夏天，在一位研究生的帮助下，谢伊诺斯基决定用语言问题来展示新技术的力量——他训练自己的神经网络朗读英文文本，作为传统中基于规则的系统的替代。那时候，他并没有语言学方面的背景，于是去学校图书馆找到了一本有关发音规则纲要的教科书，这本书记录了正确诵读英语所需的一系列极其复杂的规则和例外情况。

在打造能够正确诵读英文的神经网络的工作刚进行到一半时，辛顿到访巴尔的摩，不过他却持怀疑态度。"这很可能行不通，"他说，"英语是一种令人难以置信的复杂语言，你这个简单的网络无法消化它。"

于是辛顿和谢伊诺斯基决定从这一预言着手。他们又去了一趟图书馆，这一次，两人发现了一本文字量较少的儿童读物。于是，他们启动神经网络来学习这本儿童读物语言。令人惊奇的是，不到一个小时，它就开始工作了。起初，它产生了一些杂乱的声音，就像是小婴儿发出的那样，不过在训练过程中，它的水平不断提高。一开始，它能够正确地说出一两个单词，之后它不断积蓄词汇量，直到能够进行自我完善。这一神经网络能够通过一般规则以及特殊情况来学习。

辛顿和谢伊诺斯基又回到图书馆，找到了另一本语言学著作。这本书的某一页有一个五年级学生讲述的一则学校生活故事，以及去祖母家老宅旅行的一次逸事，而书页的背面是音韵学者转录的每一个单词的实际发音。这对他们的人工神经元来说是一个完美的老师，于是乎，他们把这些信息传给了自己的神经网络。用于训练的语料库并不大，不过这个网络却开始像五年级学生一样说话，这让两位科学家深感震惊，兴趣倍增。

接下来，他们找到了一个记录有两万余个单词的词典，决定看看这样的"教材"会把这个原型神经网络推向怎样的高度。这次，他们让程序在当时算得上功能强大的"Digital Equipment VAX"小型机上跑了整整一个星期。神经网络不断学习、学习、学习，终于，它能朗读出自己从未见过的新词了。它的表现极其令人惊叹。

辛顿和谢伊诺斯基将这个程序命名为"Nettalk"。这一神经网络采用了300个他们称之为"神经元"的模拟电路，这些神经元被安放在三层上——用于捕捉单词的输入层、用于生成语音声音的输出层以及中间连接二者的"隐藏层"。这些神经元通过18 000个"突触"（即赋有数值的连接，这些数值可以用来表示权重）实现了彼此互联。如果这些简单的网络能够学习如何听、看和说，并能模仿人们做的一些事情，那么对人工智能以及智能增强两大领域，这都将是一个强大的新方向。

在Nettalk大获成功后，两人的职业生涯走到了岔路口。谢伊诺斯基搬到加州，加盟索尔克研究所，他在这里的研究主要集中在神经科学的理论问题上。在探索大脑的过程中，他成了多样性（生物学的一个基本原则）力量的信徒——这与现代数字计算发展的过程有着根本的不同。

辛顿则加入了多伦多大学计算机科学院，在之后的20年，他将研发最初的玻尔兹曼机的运行方式。从最初的监督模型中，他发现了加入无监督（自动）学习的方法。互联网成了天赐良机，它的出现带来了庞大多样的数据，包括图片、视频和语音片段，这些信息有些标注了标签，另一些则没有。这一进步后来又支持了谷歌、微软和苹果等公司，带来了一系列引人注目的新工具，这些公司迫切希望部署基于视觉、语音和模式识别的网络服务。

机器学习重燃人工智能研究

感知机迎来了命运的反转，这在一定程度上也得益于一次巧妙的公关活动。谢伊诺斯基和辛顿在圣迭戈第一次相遇前，一个年轻的法国学生扬·乐康（Yann LeCun）偶然读到了西蒙·派珀特对感知机不屑一顾的评论，这引发了他的兴趣。在读完这篇文章后，乐康到图书馆寻找所有有关可学习的机器的书籍。作为一位航天工程师的儿子，乐康从小就喜欢摆弄各种航空器部件，在上大学之前，他一直沉浸在电子世界中。他本计划研究天体物理学，不过却被黑客文化深深地吸引了。乐康曾通读过 50 年代关于感知机的一整篇文章，因此得出结论：20 世纪 80 年代初，不会再有人研究这一主题。那时是专家系统的全盛时期，没有人会理会神经网络。

在欧洲，乐康的研究之路就像是一次孤立无援的远征。本科期间，他的专业是电气工程，而他的导师对他关注的话题几乎一无所知。在研究生课程开始不久后，他发现了辛顿和谢伊诺斯基关于玻尔兹曼机的文章。"我得去和这些家伙谈谈！"他心想，"他们可能是唯一能懂我的人。"

一次偶然的巧合发生了。1985 年冬天，他们在于法国境内的阿尔卑斯山麓举办的物理学神经科学研讨会上碰了面。作为人类记忆的早期模型，霍普菲尔德网络引发了很多学术团队的兴趣。谢伊诺斯基虽然参加了那次会议，却错过了乐康的演讲。那是这位年轻的法国科学家第一次用英语演讲，乐康被吓坏了，因为参会的一位贝尔实验室的物理学家总是傲慢地批评每一个人的演讲。坐在乐康身边的人告诉他，这是贝尔实验室的风格，或是因为想法不够完善，或是因为贝尔实验室的科学家们已经想到了这些。令乐康震惊的是，当自己用不太流畅的英语蹩脚地演讲的时候，那位有些傲慢的科学家居然站起来表示了赞同。一年后，乐康得到了贝尔实验室提供的工作邀请。

人工智能里程碑

会议临近结束时，乐康遇到了谢伊诺斯基。这次会议将一小群研究人员集结在了一起，他们将开始创建新的人工智能模型。乐康完成了自己关于神经网络训练方法"反向传播"（back propagation）的论文。乐康在神经网络中加入了反向传播算法，让这一网络可以自动调节，并更准确地识别模式。

从学校毕业后，乐康在法国四处寻找追求相同人工智能方法的机构。结果，他只找到了科学部一个小小的实验室和一位在相关领域中进行研究的教授，不过乐康还是获得了研发资金和实验室。这位新教授告诉他："我不知道你在做什么，但你看上去是一个很聪明的人，所以我会签这些文件。"

不过乐康并没有在这里停留太久。后来，他先去了辛顿在多伦多大学的神经网络研究团队，之后在收到贝尔实验室的邀请后搬到了新泽西，继续完善自己的"卷积神经网络"（convolutional neural nets）方法。最初，他的研究主要集中在解决自动分拣邮件应用的手写字符识别问题上。贝尔实验室一位出生于法国的加拿大研究员、麻省理工学院的计算机科学家约书亚·本吉奥（Yoshua Bengio）加入了乐康的研究项目，着手开发字符识别软件，后来又研发了新的机器视觉技术。这一技术被 NCR 公司采用，来自动识别并处理全球流通的支票中的一大部分。

尽管取得了成功，但在很多年间，这些神经网络信徒仍然被学术计算机科学的主流忽视，辛顿、乐康和本吉奥组成的"三剑客"希望能够改变这一局面。2004年起，他们开始了一次提高神经网络普及度的新"阴谋行动"（借用乐康的话说），通过推出诸如"深度学习"（Deep Learning）和"深度信念网络"（Deep Belief Nets）这样更为诱人的概念，完成了对神经网络的形象重塑运动。这时，乐康搬到了纽约大学，部分原因是为了与神经网络科学家、视觉问题机器学习算法研究人员建立更紧密的联系。

辛顿则接触了一个名为加拿大高级研究所（Canadian Institute for Advanced Research）的基金会，希望他们能够支持这一领域的研究，并每年举办研讨会。这个被称为"神经计算及自适应感知"（Neural Computation and Adaptive Perception）的项目让辛顿有机会在全球范围内从神经科学到电气工程领域的精英中精选最合适的研究人员。在这一项目的帮助下，这些对神经网络研究志同道合的人们组成了自己的团体。

这一次，他们也得到了一些其他帮助——计算能力的不断进步也让打造大规模神经网络、处理比以往更大的数据集成为可能。这一过程持续了近10年，不过那时，神经网络技术的发展、能量和价值都是毋庸置疑的。除计算机算力外，神经网络研究缺少的另一个关键成分便是用来训练网络的大型数据集。不过随着全球互联网的出现，这一局面很快就得到了改变——新的计算能力集中方式"云计算"逐渐浮出水面，并能够连接数十亿移动传感和计算系统——智能手机。现在，神经网络的训练变得越发简单，在网络上就能轻松获取数百万用于训练的图像和语音样本。

这一技术的成功变得更加显而易见，辛顿也获得了来自多家计算机公司的邀请，这些企业都希望提高面向消费者的人工智能服务的准确性——包括语

音识别、机器视觉、物体识别、人脸检测和翻译会话系统，等等。辛顿早先曾
作为顾问在微软公司介绍深度学习网络方法，2012 年微软研究总监理查德·拉
希德（Richard Rashid）在中国天津的演讲证明了辛顿的正确性。这位微软高
管说完每一句英语后都会稍候片刻，等待软件模拟他的声音，并将他刚刚说过
的话翻译成中文。演讲结束时，片刻的沉默过后，目瞪口呆的观众终于爆发出
了雷鸣般的掌声。

这次演示并不完美，不过通过采用辛顿的深度学习算法，识别错误率下
降了超过三成。2013 年，世界对神经网络的兴趣从涓涓细流发展成了汹涌洪流。
能够轻易获取的互联网数据集和低成本的众包劳动为神经网络研究带来了训练
所需的计算和人力资源。

在这条路上，微软并不孤单。各种新的神经网络和机器学习技术，让硅
谷和世界上其他地方的人们迅速重新点燃了对人工智能的兴趣。**人工智能与互
联网相结合的新方法意味着，现在可以去创建一个基于计算机视觉和语音识别
的新服务，并通过互联网以及数亿智能手机用户迅速普及给全球的受众。**

2010 年，塞巴斯蒂安·特龙已加盟谷歌，并启动了谷歌 X 实验室——这
就像是谷歌对施乐在帕洛阿尔托的研究中心的翻版。这里有着琳琅满目的研究
项目，从特龙的无人驾驶汽车到扩张神经网络，再到模拟"大脑"，这一切唤
起了新一波人工智能浪潮。

Human Brain 项目最初由特龙在斯坦福大学人工智能实验室的同事吴恩达
（Andrew Ng）负责。吴恩达是机器学习领域的专家，对由辛顿和乐康率先推
出的深度学习神经网络技术十分擅长。2011 年，他开始在谷歌打造机器视觉
系统，第二年，随着这一系统不断成熟，谷歌研究人员发表了关于该网络利用

YouTube 视频进行无监督学习实验的论文。这一网络利用在 YouTube 上发现的上千万数字图像进行自我训练，学习结果远超之前的所有努力，在对两万个不同物体的识别任务中，物体识别精准度翻番。

这个神经网络系统甚至自己学会了识别猫，由于 YouTube 上有大量关于猫的影像，这样的结果也并不令人意外。谷歌大脑通过层次化的存储单元，在"浏览"过数百万图片之后成功提炼出了猫的一般特征，并构建了一个带有梦幻色彩的猫咪的数字影像。科学家们将这种机制形容为大脑视觉皮层"控制论的表亲"。谷歌巨大的计算资源让这次实验成为可能，研究人员在实验中采用了 16 000 个处理器组成的集群，当然，比起人类大脑里的数十亿个神经元，这仍然只是九牛一毛。

谷歌是否已经踏上创造真正人工"大脑"的道路？这个问题引发了越来越多的争议。可以肯定的是，深度学习技术帮助人工智能研究在视觉和语音领域取得了长足进步。在硅谷，仍有越来越多的科学家和工程师相信，他们已经更加靠近"强人工智能"的愿景——打造一个能够拥有等同于或超过人类智慧的自我意识的机器。

人工智能再现巨浪

2013 年，人工智能研究者、"技术将带来不朽"这一观点的支持者雷·库兹韦尔在出版有关创建可以工作的人工智能的《人工智能的未来》一书后加盟谷歌，从吴恩达手中接管了 Human Brain 项目。当然，一直以来，库兹韦尔都是"奇点"这一概念背后强有力的支持者。与莫拉维克相似，他也认为计算能力的巨幅提升将带来自主超人机器智慧的出现。在库兹韦尔看来，这一愿景或许在 2023 年左右即可达成。这种想法在硅谷以奇点大学（Singularity

University）和奇点研究所（Singularity Institute）的形式传播，这些团体专注处理计算机处理能力的指数级增长带来的后果。

一个多样化的科学家、工程师团体与库兹韦尔有着相同的看法，他们相信，一旦发现人类神经元背后的机制，剩下的问题只是将其扩展并创建成人工智能。硅谷知名工程师杰夫·霍金斯曾与唐娜·杜宾斯基（Donna Dubinsky）共同创建 Palm Computing，并在 2004 年与人合作出版了《智能时代》一书，该书认为创造人类级别的智慧的方法就蕴藏在对能像大脑皮层一样进行模式识别的电路的模拟和扩张中。2005 年，霍金斯创办 Numenta 公司，这是诸多研究模式识别技术的人工智能公司中的一个。霍金斯的理论与库兹韦尔的《人工智能的未来》中的观点有相似之处。毕业于斯坦福大学的人工智能研究者迪利普·乔治（Dileep George）也有着相仿的看法，他曾在 Numenta 与霍金斯共事，后来离开这家公司，创办了自己的 Vicarious 公司，希望能够开发出"新一代人工智能算法"；与库兹韦尔志趣相投的人还有上文提到的那位瑞士研究者，他打造人脑详细副本的项目成功吸引到了欧盟高达 10 亿欧元的资金支持。

2013 年，各家公司对网罗技术天才的热情达到了惊人的水平。辛顿选择加盟谷歌，是因为相比于这家位于山景城的互联网巨头能够提供的资源，多伦多大学的设备就显得有些少得可怜。现在能够使用的计算机的算力要比当年辛顿和谢伊诺斯基开发首个神经网络"玻尔兹曼机"方法时强上许多，而能够用于训练网络的数据也多了不少。如今的挑战在于，如何去管理一个可能带有超过 10 亿个参数的神经网络。对传统的统计学家来说，这是一场噩梦，不过这也催生了一个庞大的"大数据"产业，它规避监管，收集几乎囊括人类行为、交互和思维的一切信息。

人工智能关键思考

在加盟谷歌后，辛顿很快公布了一个引人注目的突破，在创造更强大、高效的学习网络的同时，这种方法能有效避免参数规模过于庞大的情况出现。他的新模型并没有像之前的研究一样用整个网络来同时处理整个图片，而是选择子集，即部分图像来进行处理，并不断更新连接的权值。之后，另一个子集将被随机选取，让图像再次得到处理。这带来了一种利用随机性来加强每个子集影响的方法。这种方法可能是受到了生物学的启发，不过它并不是盲目的复制。用谢伊诺斯基的话来说，辛顿是一个注重生物学，但不会受其禁锢的人工智能研究员。

2012 年，通过谷歌巨大的计算资源的训练，辛顿的神经网络已能够成功识别单个物体，但仍然无法做到"场景理解"（scene understanding）。举例来说，这一网络无法识别出这个句子："有只猫坐在垫子上，有个人在它的面前晃玩具。"计算机视觉的圣杯需要被人工智能研究人员们称为"语义理解"（semantic understanding）的能力，即通过人类语言来理解场景。20 世纪 70 年代，场景理解的挑战受到的影响主要来自诺姆·乔姆斯基（Noam Chomsky）的理论，他将生成语法作为对象的上下文，以及在场景中理解对象之间关系的结构。然而过了几十年，这项研究却依旧毫无进展。

不过到 2014 年年末的时候，神经网络研究团体在这一领域内取得了变革性的进展。美国各地的研究团体在不断报告通过结合两种不同类型的神经网络取得的进展——一个用来识别人类语言模式，另一个用来识别数字图像。引人注目的是，这些项目能够对图像进行高度抽象并用英文句子进行描述。这一进步能够帮助提升互联网图像搜索水平，并带来能以更复杂的理解水平与人类进行交互的程序。

深度学习网络取得了显著的进步，不过对辛顿来说，漫漫长路才刚刚开始。他最近给出了这样的比喻：在他看来，自己就像一个降落到一片新大陆上的探险家，一切都非常有趣，不过他只向着这片陌生的内陆走了90米，一切看起来仍然很有趣，除了那些文字。然而，这是一片全新的大陆，研究人员仍然不知道究竟什么是可以做到的。

2013年年末，乐康追随辛顿的脚步从学术界走向了产业界。他同意加盟Facebook，并在纽约为这家社交网络巨头创办了人工智能研究实验室，并负责这里的工作。这一举措也突显了企业对人工智能重新燃起的热情。人工智能的冬天只留在了那片最灰暗的回忆中。现在，很显然，人们已经迎来了人工智能的春天。

Facebook决定卷入人工智能淘金潮的决定着实让人意外。这家社交网络巨头与人工智能的缘分始于2013年年末，当时的联合创始人兼CEO马克·扎克伯格（Mark Zuckerberg）曾前往位于塔霍湖（Lake Tahoe）的一家酒店参加神经信息处理系统（NIPS）技术会议。这场本该是纯粹学术盛会的会议，却因为扎克伯格的到来而成了一个风向标。这些研究人员并不习惯在会场里见到全球瞩目的企业大亨，而且伴随扎克伯格而来的是大批身着制服的警卫人员，这也为那次活动带来了一种超现实的分量。

这位明星CEO的到来迅速让他所在的房间被塞得满满当当，其他一些研讨会也因视频资源全部都涌入那个房间而被推迟。"当时，风格迅速地转变了：一个个出色的教授瞬间变成了卑微的研究者，他们都挤进了那个深度学习研讨会，去听那个'重要人物'的演讲。"曾参加那场NIPS大会的机器学习研究员亚历克斯·鲁宾斯坦（Alex Rubinsteyn）在自己的博客中回忆道。

那场活动后，一种惊慌的氛围在人工智能研究团体中回荡，他们担心人工智能的商业化会对学术研究社区的文化造成影响。不过，那时已经来不及回头了。这一领域已经走出了 20 世纪五六十年代有关人工智能可行性以及正确方向在哪里的疑问。如今，包括概率数学在内的技术已经重新改造了这一领域，将它从学术界的私藏转变为一种能够改变当今世界的力量。

人工智能关键思考

这也给设计师们带来了一道越发明确的选择题。现在，他们可以将人类设计在计算机系统之内或排除在外，这些系统会影响人类衣食住行的各个领域，从作物种植、交通运输、产品制造到服务和娱乐。这不再是简简单单的技术选择，而上升到了哲学和伦理的高度。计算能力得到了爆炸式增长，可以随时随地通过无线网络进行访问，这给麦卡锡和恩格尔巴特在计算机时代的黎明期提出的问题增添了一种全然不同的紧迫性。

未来，那些重要的决策将由人类还是深度学习算法作出？如今，计算机世界分化出了两大阵营——那些专注于打造智能机器的人和那些希望用这些机器来扩展人类能力的人。这些对立的立场所产生的不同的未来势必将带来完全不同的世界，这又会不会让人感到意外呢？

MACHINES
OF LOVING GRACE

05
以人为本，重新定义"机器"智能

在交互式计算的前 50 年中，计算机更多的是在增强而非取代人类，人工智能遭遇了"滑铁卢"，很多人背离过往，将自己职业生涯的剩余时间贡献给了"以人为本"的计算，也即智能增强。他们"遗弃"了人工智能圈，将注意力从建造智能机器转到了让人类变得更聪明上。

20世纪50年代，罗伯特·泰勒是一名海军技术员，虽然他本人从来没有获得过飞行执照，但是已经拥有了诸多实际飞行经验。他成了那些"正牌"飞行员最钟爱的副驾驶，因为这些人往往需要大量的飞行驾驶时间以及备考时间。正因如此，他们会把泰勒带上，然后在起飞后把驾驶权转交给他。泰勒能够平稳地驾驶飞机，飞行员们也就可以在机舱里安心学习。泰勒甚至练习了仪表着陆法——只通过无线电通信完成降落，降落期间，飞行员戴着头盔，看不到外部的情况。

到20世纪60年代，泰勒成了NASA一名年轻的项目经理。所以，当受邀去康奈尔大学航空航天实验室参加测试飞行时，泰勒十分自信。刚到目的地，研究人员就让他穿上了抗荷服（G-Suit），毫不犹豫地让他坐在了一架洛克希德（Lockheed）T-33喷气式教练机的前排座椅上，真正的飞行员则坐在泰勒身后。他们随即起飞，飞行爬升到喷气式飞机的极限高度——大约为15 240米，随后驾驶权交给泰勒。飞了一段时间后，飞行员对泰勒说："让我们做一些更有趣的事吧。你为什么不让飞机做做俯冲呢？"于是，泰勒把操纵杆向前推，直到他认为下降的幅度已经足够大，然后开始把操纵杆向回拉。突然间，他吓呆了。当他回拉操纵杆的时候，飞机的俯冲幅度甚至比之前更大了。这感觉就像坐过山车来到轨道顶部。泰勒把操纵杆往回拉得更大，但飞机依然近乎垂直地下降。

最后，泰勒对坐在自己身后的飞行员说："好吧，你都看到了，你最好现在就接手。"飞行员笑了起来，将飞机拉平，然后说："让我们再试一次。"他们又试了一次，当泰勒把操纵杆向前推时，这次飞机又"令人意外"地开始向上飞。当他把操作杆推得更深，飞机上仰得更厉害了。这一次，泰勒彻底慌了，飞机即将失速，飞行员又一次拉平了飞机。

泰勒或许已经猜到了。他之所以会有这么奇怪的飞行经历，是因为他在不知不觉中驾驶了空军研究人员用来测试飞行控制系统的实验机。空军之所以邀请泰勒到康奈尔大学参与实验，是因为他主动为赖特·帕特森空军基地（Wright-Patterson AFB）的一个飞行研究团队批准了10万美元的研究经费。

泰勒起初在 NASA 工作，后来进入 DARPA。正是泰勒，为增强和取代人类的系统铺平了道路。

1961 年，当肯尼迪总统宣布登月计划时，NASA 刚刚成立 3 年。泰勒发现自己进入了一个十分特别的机构，这里定义了人类和机器的交互方式——不仅局限于飞行，更影响到所有基于计算机的系统（从台式机到现在的移动机器人）。

✋ 人工智能里程碑

"Cyborg"（半机械人）是"控制论有机体"（cybernetic organism）的缩写。1960 年，医学研究人员最早提出了这一概念，他们希望对人类进行强化，为空间探索做准备。他们预见了一种半人、半机械的新型生物，它们具备在极端环境下生存的能力。

与此相反，泰勒的组织正在资助电子系统的设计，这些系统可以和人类密切协作，并保留了人与机器之间明显的分界线。

20世纪60年代早期，NASA是一个全新的政府机构，它因"人类在空间飞行中的角色"这一问题产生了严重分歧。在太空中进行全自动化飞行的设想第一次变得具备了可行性。最令人不安的构想还是未来的研究方向——"机器将进行驾驶，而人类会成为乘客"，与之相对的则是苏联已经在进行的载人航天项目。美国的航天项目强调了与苏联项目不同的观点，这一点在许多美国宇航员干预过的事件中得到了体现，同时也证明了NASA所谓的"人在环中"（human-in-the-loop）观点的存在价值，例如，在双子座VI项目中，在火箭发射阶段，沃利·施艾拉（Wally Schirra）根据自己的判断，没有听从外部指令按下"终止"按钮，尽管违反了NASA的规定，他却成了英雄。

整个20世纪五六十年代，有关"人在环中"的争论在NASA内部演变成了一系列激烈的论战。1961年，当泰勒来到NASA时，他接触到的是一种深受诺伯特·维纳的控制论影响的工程文化。这些NASA工程师们同时在为国家设计"无人航天系统"和"宇航员航天系统"两种飞行系统。有些工程师认为这些复杂系统十分抽象，但也有人认为这些系统其实设计得很漂亮。泰勒很早就发现，这些航空设计师们执着于控制学，同时又认为人类操作速度的可靠性不足以驾驭这些系统，因此需要提高系统的自动化程度。

泰勒迷迷糊糊地介入了一场近乎僵局的挑战，并因此划分了NASA的技术文化。NASA因为"人类在空间飞行中扮演的角色"这个争论而被划分为两大阵营。泰勒发现，连NASA的高层也都在讨论这一问题，而且很容易预测每个经理会选择站到哪个阵营。曾经的飞行员们倾向于保留人在系统中的位置，而控制力专家们则希望实现完全自动化。

1961 年，作为一名项目经理，泰勒负责几个研究领域的经费拨款，这些项目中有一个被称为"人工飞行控制系统"（manned flight control systems）的项目，与泰勒同在拨款办公室的另一位同事则负责"自动控制系统"。这两人私下关系很好，但他们却陷入了一场痛苦的"零和博弈"中。尽管泰勒自己负责的是人为控制系统，但他也开始了解同事负责的"自动化控制"中提及的观点。在这场辩论中，泰勒手中最好的牌就是宇航员们与他站到了同一边，而且这些宇航员拥有很大的影响力。他们是 NASA 的骄傲，也是泰勒最宝贵的盟友。从水星计划（Project Mercury）开始，泰勒在花费大量时间与宇航员探讨不同虚拟训练环境的优势和劣势之后，拨款支持了可用于宇航员训练的模拟器技术（例如入港）的设计和应用，他发现，宇航员们很敏锐地意识到这场关于"人类在航天项目中所扮演角色"的争论。关于他们是应该在未来的航天系统中占有一席之地，还是和那些飞行器搭载的用于实验的狗和猴子相差无几，宇航员们下了很高的赌注。

这场有关"人在环中"的政治斗争是在两种截然不同的预测中进行的：一种是英雄宇航员们在月球表面着陆，而另一种则是以数名宇航员殒命而收场的灾难事故——而后者很有可能葬送 NASA 的未来。但是，当阿姆斯特朗在计算机发生故障时自己发出指令，使"阿波罗 11"号飞船安全降落在月球表面，完成人类首次登月壮举时，这一问题至少暂时有了答案。这次登月和其他充满胆魄的类似行为，比如沃利·施艾拉决定不去终止双子座发射一样，都奠定了人机交互的观点，即将人类的决策提升到了易犯错的机器之上。事实上，从一开始，把宇航员视作当代刘易斯和克拉克（Lewis & Clark）[1] 的大男子主义观点就已融入了 NASA 的精神，这与苏联作出的训练女性航天员的决策产生了鲜

---

[1] 1804—1806 年由杰弗逊总统发起的远征的领导者。这次远征首次横跨美国大陆，直抵美国西海岸。——编者注

明的对比。长久以来，美国对人类控制系统的观点，狭隘地被美苏两国实现航空航天时的不同方法所束缚。苏联的"东方"号载人飞船更加自动化，所以苏联宇航员更像是乘客而非飞行员。但是，当航天飞行技术还处于起步阶段的时候，美国同样对由人类控制的空间飞行作出了贡献。在随后的半个世纪中，计算机和自动化系统的可靠性得到了极大的提升。

对泰勒而言，NASA 里的"人在环中"之争成了影响他在 NASA 和 DARPA 判断的重要经历，他在这两处机构设计并资助了计算、机器人和人工智能领域的许多技术突破。在 NASA 供职期间，泰勒受到了利克莱德的影响，后者对心理学和信息技术方面的兴趣启发了泰勒，使泰勒开始期待交互式计算的未来。1960 年，在那篇具有开创性的论文《人机共生》中，利克莱德预见到，计算机化的系统将彻底取代人类。但他同时预言了一个跨度为 15~500 年的过渡阶段，那时，人类和计算机将相互协作。他坚信，那个时期将成为"人类历史上最具智慧，同时也最具创意并最令人兴奋的（时期）"。

1965 年，泰勒来到 ARPA，成为利克莱德的门生，他开始拨款资助 ARPAnet，这是世界上最早的研究导向的计算机网络。1968 年，两人合著了利克莱德"共生论"的姊妹论文——《作为通信设备的计算机》（*The Computer as a Communication Device*）。这篇论文首次描绘了计算机网络即将对社会产生的影响。

人工智能关键思考

如今，即便人类已经对飞机驾驶舱中的人类和机器交互以及人机交互研究了数十年，这一争论仍然没有定论。而且，随着火车和汽车中自动导航技术的崛起，这一争论再次出现。当谷歌领跑无人驾驶汽车领域的研究时，传统的汽车产业已经开始部署智能系统，这些系统可以在条件适宜时提供自动驾驶，比如在走走停停的交通拥堵中；但一旦系统认为路况过于复杂或危险，汽车就会恢复人类驾驶状态。坐在驾驶席上的司机也许正被电子邮件分神，或者情况更糟，司机就需要花上几秒钟时间回到"态势感知"状态，并安全恢复到驾驶状态。事实上，谷歌的研究人员或许已经找出了应对自动驾驶瓶颈的方法。如今，关于"切换"问题，越来越多的研究人员就一个观点达成了一致——自动驾驶汽车在紧急情况下返回人类驾驶模式的问题也许根本无法解决。如果这一观点被证明是正确的，那么，对更安全的未来汽车的研究就应该朝着技术增强而非自动化发展。彻底的自动驾驶或许最终会局限于低速市内驾驶和高速公路驾驶中。

尽管如此，NASA 中的这些争论还是成了自动化机器兴起的预兆。自 20 世纪 60 年代中期开始，在交互式计算的前 50 年中，计算机更多的是在增强而非取代人类。个人计算和互联网等技术成为硅谷的标志，在很大程度上放大了人类智能，尽管不过是"增强"了人类能力，使个体可以完成从前需要几个人协作完成的工作量。现在，与此相反，系统设计师们作出了选择。当包括视觉、语音和推理在内的人工智能技术开始成熟，将人类设计到环里或环外的可行性都得到了提升。

人机共生，AI 与 IA 重塑的新世界

现代计算时代刚开始的时候，约翰·麦卡锡和道格拉斯·恩格尔巴特都在各自的实验室中耕耘，他们的实验室相距不过几公里。最初，利克莱德向他们

提供拨款，1965 年开始，鲍勃·泰勒接手了这一任务。他们也许一直生活在不同的宇宙中，虽然两人都接受了 ARPA 的拨款，但他们之间却鲜有联系。麦卡锡是一位聪明而有些古怪的数学家，恩格尔巴特则是一个来自俄勒冈农场的男孩，一位梦想家。

两人的前沿研究互相竞争，这种竞争带来的结果却出人意料。20 世纪 60 年代中期，当麦卡锡来到斯坦福大学创立人工智能实验室的时候，他的研究处于计算机科学的核心地带——专注一些大的概念，例如人工智能，使用符号逻辑验证软件的正确性。另一边，恩格尔巴特建立了一个"框架"，用于增强人类智能，它最初还只是一个朦胧的概念，被视为远离计算机科学学术主流，但随着交互式计算走到第 30 个年头，恩格尔巴特的理念已经变得更具影响力。10 年间，最早的现代 PC 和随后的信息分享技术（比如互联网）相继出现，这些都可以在恩格尔巴特的研究中寻得踪影。

从那时起，恩格尔巴特的追随者们已经改变了世界，他们在现代生活的方方面面拓展了人类能力。如今，个人计算机被缩减进智能手机，几乎人手一台。智能手机已经被融入由无线互联网编织的、巨大的分布式计算架构中，它们同样依赖人工智慧。如今，很多人不会主动问路，或者不会质疑手机提供的路线，就连去本市某个地点的路都找不到。当恩格尔巴特最初的研究直接导致 PC 和互联网出现时，麦卡锡的实验室则和另外两项技术产生了更紧密的联系——机器人学和人工智能，但迄今为止还没有任何显著的突破。更有甚者，计算（处理和存储两方面的）成本下降，人工智能从第一代研究起使用的以符号逻辑为基础的方法逐渐向第二代更加务实的统计学和机器学习算法转变，还有不断下降的传感器价格，都为工程师和程序员提供了一幅画布，使他们可以在其中创造能看、能说、能听、能走的计算机系统。

平衡局面已经发生改变。可以用于取代甚至超越人类的计算技术正崭露头角。与此同时，在随后的半个世纪中，很少有人试图将 IA 和 AI（恩格尔巴特和麦卡锡的不同研究方向）这两个领域联系起来，甚至随着计算和机器人系统从实验室走出来，走进千家万户的生活，这两个圈子的对立观点也在很大程度上延续了自说自话的局面。

人机交互圈一直在讨论各种比喻说法，从"窗口"和"鼠标"到"自动助手"和"计算机"，再到"人类对话式交互"，但基本还是停留在恩格尔巴特最初规划的理论框架内。与此相反，人工智能圈很大程度上仍然在追求性能和经济目标，在等式和算法中寻求提升，从不关心定义或使用某种方法为人类个体保留一席之地。在某些情况下，影响显而易见，比如制造机器人直接取代人类劳动力的情况。在其他情况下，很难厘清采用新技术对就业产生了哪些直接的影响。丘吉尔说过："我们塑造了建筑，后来，这些建筑又塑造了我们。"如今，我们打造出的系统已经演变成巨型计算"大厦"，这些大厦定义了我们与社会互动的方式——从实际的建筑功能到公司的架构，无论是政府、公司还是教堂，无一例外。

人工智能关键思考

当 AI 和 IA 圈引领的技术继续重塑世界时，未来其他的可能性就淡出了人们的视野：在那个世界中，人类和人类创造的机器共同存在，一起繁荣——机器人照顾老年人，汽车自动行驶，重复劳动和辛苦工作都消失了，新的雅典诞生了，人们研究科学，创作艺术，享受生活。如果信息时代将以这样的形式发展，那将无比美妙，但它又怎能成为一个预言式的结论呢？同样，还有另外一种可能性，那就是比起解放人类，这些强大、高效的技术更有可能促进财富的进一步集中，催生大批新型技术性失业，在全球范围内布下一张无法逃脱的监视网，同时也会带来新一代的自动化超级武器。

AI vs. IA，数十年的科学家大战

埃德·费根鲍姆结束演讲的时候，整个房间安静了下来。没有礼貌性的掌声，也没有嘘声的合奏，只有沉默。随后，与会者们从房间里鱼贯而出，把这位人工智能先驱一个人留在讲台上。

2008年，奥巴马当选美国总统后不久，布什政府时期提出的空间探索计划（关注在月球建立人类基地）很可能被一个更为大胆的计划所取代。新计划可能涉及去小行星执行任务，甚至还可能向火星派遣载人飞船，并登陆火星的卫星火卫一和火卫二。短期目标包括将宇航员发送至距离地球160万公里外的拉格朗日点（Lagrangian point）——地球和太阳的引力在这些点互相抵消，这就为一些诸如新一代哈勃空间望远镜的设备提供了极好的长期"停泊位"。

"人类探索太阳系"是NASA艾姆斯研究中心（位于加州山景城）负责人斯科特·哈伯德（G. Scott Hubbard）最钟爱的项目。这一实验室的有力后盾是一个名为"行星协会"（Planetary Society）的非营利性组织，该组织倡导空间探索和科学研究。结果，NASA专门组织了一场会议来探讨重启"人类探索太阳系"的可能性。包括登月第二人巴兹·奥尔德林在内的4位备受瞩目的宇航员，以及知名天体物理学家奈尔·德葛拉司·泰森（Neil deGrasse Tyson），都在当天的会议上露面。会议关注的焦点之一就是机器人的角色问题，会议的组织者们提出了这一设想，并提到建立可以帮助人类实现长途飞行的智能系统。

费根鲍姆是人工智能领域奠基人之一赫伯特·西蒙的学生，随后，他以斯坦福大学教授的身份领导了最早期的专家系统的开发。作为一位人工智能和机器人的拥护者，费根鲍姆曾因与一位火星地质学家争论而大发脾气，后者坚持认为比起完全由机器人执行任务，把人类送到火星会搜集到更多的科学信息，并且人类可以更快完成任务。费根鲍姆还对设计空间系统十分熟悉。此外，曾经担任美国空军首席科学家的费根鲍姆还是探讨太空"人在环中"争论的元老级人物。

在做演讲时，费根鲍姆肩膀上放着一枚芯片。他从一些简单的话题谈起，描绘了一幅与"人类飞往火星"不同的图景。他极少在自己的幻灯片中使用大写字母，但他这次破例了：

ALMOST EVERYTHING THAT HAS BEEN LEARNED ABOUT THE SOLAR SYSTEM AND SPACE BEYOND HAS BEEN LEARNED BY PEOPLE ON EARTH ASSISTED BY THEIR NHA（NON-HUMAN AGENTS）IN SPACE OR IN ORBIT. [1]

出于成本和伦理风险考虑，当机器人可以做得像人类一样好甚至超过人类的时候，运送人类前往另一个星球的概念在费根鲍姆看来似乎就是一件傻事。**他的观点是，广义上的人工智能和机器人正以很快的速度变得强大，"人在环中"争论之中的人类已经失去了自己的优势和存在价值。在这个等式中，所有非人类的系数已经改变。**他希望说服听众，让他们开始考虑智能助手，从而改变方法，思考用不同的方式探索太阳系。显然，这不是听众们想听到的信息。

---

[1] 英文意思为：地球上的人们所了解的关于太阳系和太空的一切，都是在那些太空中和轨道上的非人类助手（NHA）的帮助下完成的。——译者注

当房间中的听众陆续离开后，一位在 NASA 戈达德太空飞行中心（Goddard Space Flight Center）供职的女科学家来到桌前，悄悄地对费根鲍姆说，她很高兴听到这些研究成果，但因为工作的原因，她不能这样公开表态。

费根鲍姆的遭遇表明，在 AI 和 IA 之间并没有唯一的正确答案。将人类送入太空是某些人的梦想，但对像费根鲍姆这样的人而言，实现这一目标所要用到的资源是一种极大的浪费。智能机器能够完美适应地球外极端不利的环境，而且，在设计这些机器时，我们也可以优化技术，将这些技术用于改善地球。他的观点也说明，不存在任何可以将这两大阵营合二为一的简单的方法。

当人工智能和人机交互两个领域继续各自为政的时候，出现了一些一直生活在这两个世界之间的人，以及一些穿梭于这两个领域内的知名研究人员。微软研究员乔纳森·格鲁丁首先提出，这两个领域受欢迎的程度此起彼伏，很多时候呈现出截然相反的状态。当人工智能领域更加流行的时候，人机交互通常会坐在"后排座位"，反之亦然。

格鲁丁通常自视为一个乐观主义者。他曾经撰文表示，他相信在未来某天这两个领域会出现大融合。然而，这两个领域之间的关系仍然争议不断，以恩格尔巴特为代表的人机交互观点得到了包括格鲁丁及其导师唐纳德·诺曼（Donald Norman）等人的拥护，这一观点成为与人工智能方向技术（同时拥有解放与奴役人类的两种可能性）相左的最有分量的反对意见。

当格鲁丁在其职业生涯内摇摆于 AI 和 IA 世界之间时，特里·威诺格拉德成为 AI 世界里第一个最高调的"逃兵"。在创建了典范式的 AI 软件程序后，他选择离开 AI 世界，将自己职业生涯的剩余时间贡献给了"以人为本"的计算，即 IA。他越界了。

威诺格拉德与计算的邂逅，实际上开始得还要更早一些：当他还是科罗拉多学院的一名数学初级研究员的时候，一位医学教授请求他的学院协助进行放射治疗的计算。医疗中心使用的计算机是一台钢琴大小的控制数据微型计算机 CDC 160A——西摩·克雷（Seymour Cray）早期的设计之一，曾经有人使用它，通过电传式的穿孔纸带输入 Fortran 语言编写的程序。威诺格拉德最初使用这台机器的时候，它在运转时会产生很高的热量，需要在放置机器的桌子后面摆放风扇。不出错的时候，需要将穿孔纸带放入机器；如果出错了，威诺格拉德就会将纸带塞进风扇里。

除了对计算的着迷外，威诺格拉德私下里也被一些有关人工智能的早期论文所吸引。身为一名对语言学抱有兴趣的数学神童，麻省理工学院无疑是做研究的天堂。刚到这里的时候，越南战争激战正酣，威诺格拉德发现，麻省理工学院在马文·明斯基和诺姆·乔姆斯基的研究领域之间存在一条鸿沟，这两位分别是人工智能和语言学研究领域的权威。分歧之深从一件小事中就可见一斑：威诺格拉德在聚会上遇到乔姆斯基的学生时，只要提到自己在人工智能实验室工作，这些学生就会转身离开。威诺格拉德试图通过选修一门乔姆斯基的课来缩小这条鸿沟，但是，他因为在一篇论文中主张人工智能观点，这门课最后的成绩只得了 C。尽管存在争议，这一时期仍是人工智能研究的黄金时期。越南战争"打开"了五角大楼研究经费的金库，ARPA 为主要研究实验室的研究人员们开出的基本都是空白支票。同斯坦福大学一样，在麻省理工学院，学者们也对"真正的"计算机科学应该研究什么有着清晰的认识。道格拉斯·恩格尔巴特会过来参观，播放短片来展示自己的 NLS 系统。麻省理工学院人工智能实验室的研究人员对他的成就嗤之以鼻，毕竟，他们正在打造的系统可能"很快"就会拥有匹敌人类的能力，而且恩格尔巴特只是在"炫耀"一个计算机编辑系统，它能做的似乎只不过比排序购物清单"多那么一点"。

在那时，威诺格拉德正处于计算研究的主流位置，学术权威提出要向人工智能发展，他就紧紧跟上。绝大多数人都相信，用不了多久，机器就将可以看、听、说和移动，并可以像人类一样完成任务。不久后，明斯基鼓动威诺格拉德去参加语言学研究，他想证明自己的学生在"语言"方面可以做的像乔姆斯基的学生一样好，甚至超过他们。这一挑战正是威诺格拉德求之不得的，因为他对使用计算方法研究语言如何运转十分感兴趣。

威诺格拉德在科罗拉多州长大，十几岁的时候，他发现了《疯狂》（Mad）杂志。这本不着边际、故作幼稚的讽刺杂志给了威诺格拉德命名的灵感——SHRDLU，这个程序可以"理解"自然语言，并对他编写的指令作出回应，这些指令是 20 世纪 60 年代末他从麻省理工学院毕业时编写的，SHRDLU 一直是人工智能领域最具影响力的程序之一。

威诺格拉德开始着手构建一个系统，使其能够对自然语言形式命令进行反馈并执行有意义的任务。当时，在建立对话程序方面，研究人员已经进行了许多初步实验。

人工智能里程碑

1964—1965 年，麻省理工学院计算机科学家约瑟夫·魏泽鲍姆编写了一个程序，并借用伊莉莎·杜利特尔（Eliza Doolittle）[①] 的名字为其取名为"伊莉莎"，这一程序以《卖花女》和音乐剧《窈窕淑女》（My Fair Lady）为教材，学习了准确的英语。伊莉莎成为人机交互研究领域的突破性尝试：它是最早为用户提供类似人类间对话的程序之一。为了规避对真实世界知识的需求，伊莉莎模仿了罗杰斯式治疗

---

① 萧伯纳的剧作《卖花女》（Pygmalion）中的女主角。——编者注

学家的说话方式，频繁地将用户的表述重构为问题。对话大部分是单向的，因为伊莉莎只被编写成对特定关键字和词组进行响应的程序，这种方法导致了一些莫名其妙的结论和表述的出现，例如，当用户提到自己的妈妈时，伊莉莎会以"你说你妈妈？"这样的句子来回复。魏泽鲍姆后来提到，他惊讶地发现，伊莉莎的用户对这种形式的对话十分着迷，甚至会透露一些私密的个人信息。这一发现对机器的本质来说或许用处不大，但对人类的本质来说则是了不起的，这证明人类习惯于与自己互动的对象中寻找人性存在的迹象，从没有生命的物体到提供虚拟人工智能的软件程序，无一不是如此。

在未来的网络时代，人与人之间是否会变得日益孤立，但人们仍会继续与某些进行代理的计算机智能进行交流？这预言了怎样的世界呢？或许，会像2013年上映的电影《她》中描绘的那样，害羞的男性将与女性人工智能聊天度日，但如今我们仍不清楚，网络空间的出现对人类来说是否会是一次巨大的进步。1996年，"感恩而死"乐队（Grateful Dead）的词作者约翰·佩里·巴洛（John Perry Barlow）在《连线》（*Wired*）杂志上发表的《网络空间独立宣言》（*A Declaration of the Independence of Cyberspace*）中，以及雪莉·特克尔（Sherry Turkle）在其《群体性孤独》（*Alone Together*）[①]一书中，都提及了这一问题。巴洛认为，网络空间最终将成为没有犯罪，也不会退化为弱肉强食世界的乌托邦。相反，在特克尔描绘的世界中，计算机网络不断增加着人类之间的分歧，让他们变得孤单而孤立。对魏泽鲍姆而言，计算系统存在从根本上抹消人类存在方式的风险。观点与此几乎相同的还有哲学家赫伯特·马尔库塞（Herbert

---

① 为什么我们对科技期待更多，对彼此却不能更亲密？想要知道答案，请阅读第十届文津奖获奖图书《群体性孤独》一书，该书中文简体字版已由湛庐文化策划、浙江人民出版社出版。——编者注

Marcuse），他攻击了先进的工业社会，担心正在到来的信息时代将造就"一维的人类"（One-Dimensional Man）。

伊莉莎问世后，麻省理工学院数位科学家在马萨诸塞州的康科德会面，一起讨论这一现象的社会影响，其中就包括信息论鼻祖克劳德·香农。与伊莉莎交互过程中反映出的问题使魏泽鲍姆产生了担忧，他根据自己小时候在纳粹德国观察到的现象推断出，对技术的过度依赖预示着社会中要出现道德沦丧。1976 年，他在自己的《计算机力量和人类理性：从判断到计算》（Computer Power and Human Reason：From Judgment to Calculation）一书中表达了对计算机技术的人文批判。

人工智能关键思考

《计算机力量和人类理性：从判断到计算》并没有反驳人工智能的可能性，相反，魏泽鲍姆激昂陈词，控诉了代替人类思想、进行自动决策的计算机系统。他还在这本书中提出，计算在社会中充当了一种保守力量，通过限制人际关系的可能性，提高了官僚机构的地位，同时渐渐地将世界重新定义为狭隘的、更加枯燥无味的地方。

魏泽鲍姆的批判在美国并没有引起多大的关注。数年后，他的理念在欧洲得到了广泛的认同，他在这里度过了人生最后的时光。在当时的美国，新技术正在生根发芽，人们对人工智能抱有乐观的态度。

20 世纪 60 年代末，威诺格拉德作为一名毕业生，埋头于温室般的麻省理工学院人工智能实验室中——这里是计算机黑客文化的发源地，既催生了后来的个人计算，也带来了"信息应当免费"的理念，这一理念随后成为 20 世纪

90 年代的开源计算运动的根基。在这个实验室里，大多数人都将自己的职业生涯作为赌注压在了一个信念上——协作式和自动式的智能机器很快将成为现实。伊莉莎以及数年后威诺格拉德的 SHRDLU，都成为之后数十年间出现的、更加复杂的个人助手的直系前辈。在此之前，在麻省理工学院，还有一些建立微观世界或"模块世界"（block world）的研究。这些"世界"都是受限制的模拟环境，人工智能研究人员在这些环境里编写用来对周遭环境进行推理并规划的程序，其中一些环境还使用了真实的机器人手臂和模块。当威诺格拉德开始从事其项目时，另外一名学生已经在建设能够预定航班机票的系统，但这一系统并没有威诺格拉德的系统有趣。相反，威诺格拉德打造的是一个可以探索和合理化的约束世界，并选择以虚拟计算机世界的形式建立自己的系统。

威诺格拉德建立了一个计算机模拟空间，这个空间填充着涂过颜色的模块，每个模块可以通过一个名为"微型规划者"（Micro-Planner）的人工智能编程语言来探索和操纵。整个研究建立在另一位麻省理工学院毕业生卡尔·休伊特（Carl Hewitt）的研究成果的基础之上。考虑到当时计算技术正处于发展初期，很多工作都只能留给想象。这个模块世界里并没有精致的图形动画，用户只是坐在一台 Teletype 终端前，通过键盘输入问题，然后等待计算机回复，所有语句都是自然语言。威诺格拉德之所以选择 SHRDLU 这个名字，是因为他未想到更精彩的。后来他提到，SHRDLU 这串字母或许就藏在自己的潜意识中。"Etaoin shrdlu"这串字母涵盖了英语中使用最频繁的字母，位于莱诺排字机（Linotype）键盘左边，按 1qaz 和 2wsx 的顺序排列。结果，这串字母偶然间出现在《疯狂》杂志中，成了内行人间的一个笑话。莱诺排字机投下一整行以熔融金属为原料的"O"形，没有退格键，因为打下错误的一行要比打下正确的一行快，排字员通常会"跑完"一行容易输入、没有意义的字母，等它完全冷却下来后再移除多余的字母。或者，如果他们忘记了，就只能希望拼写检查员能发现错误。当时，在虚拟世界中打造一个可以"理解"并能够作出响应的自然语言处理系统并不用担心会牵扯到什么道德问题。在SHRDLU中，"理解"这个词意味着这个程序分析了输入问题的结构，然后试图回答这些问题，并对指令作出回应。这是对消除歧义的早期探索，即使在今天，歧义理解仍然是自然语言处理中的一个棘手问题。举个例子，"他把杯子放在桌上，然后它就破了"这个句子中什么东西破了？是杯子还是桌子？如果没有上下文，人和人工智能程序都很难作出判断。

威诺格拉德的系统使用微观世界的一般性知识来对不同问题进行回答和响应。他在自己的论文中对人机对话作出了这样的解释：

人：拿起一块大的红色模块。

计算机：好。

人：抓住金字塔。

计算机：我不理解你指的是哪座金字塔。

人（改主意了）：找到一个比你现在拿的模块更高的模块，把它放进盒子里。

计算机：你提到"它"，我假设你指的是比我现在拿的这个模块要高的模块。

计算机：好！

人：盒子里有什么？

计算机：蓝色金字塔和黑色模块。

人：金字塔装在什么东西里？

计算机：盒子。

人：有多少个模块不在盒子里？

计算机：4个。

人：它们中是不是至少有一个比我让你拿起来的那个窄一些？

计算机：是的。红色的就是。

1970 年，当威诺格拉德完成 SHRDLU 的时候，它成功展现了人工智能的潜能，或许是太成功了，多年之后，人们指责威诺格拉德的程序催生了这样的乐观主义观点——"升级"类似的程序，就能够处理现实世界的复杂问题。例如，20 世纪八九十年代，人工智能研究圈普遍认为，只要积累大量的常识规则，便有可能打造出一个具备幼儿园孩子级别的推理能力的机器。

但是，对人工智能乐观主义者的攻击早在威诺格拉德打造出 SHRDLU 之前就已经开始了。尽管魏泽鲍姆的批判对象是建立智能系统相关的道德问题，更为激烈的争论则围绕这样的系统是否可行而展开。威诺格拉德的论文指导老师西蒙·派珀特已经与休伯特·德雷福斯进行了一场激烈的辩论。在麦卡锡提出人工智能概念 10 年后，德雷福斯撰写了一篇题为《人工智能和炼金术》（*Artificial Intelligence & Alchemy*）的文章讽刺人工智能。这本书由兰德公司于 1965 年出版。多年后，在 2014 年重制版的《机械战警》（*RoboCop*）中，一位虚构的美国议员支持立法禁止机器人警察，这位议员就被故意叫作"休伯特·德雷福斯"。20 世纪 60 年代，在他的课程中，当几位人工智能研究人员因为哲学家研究数个世纪都未能理解人类智能而对这群人嗤之以鼻的时候，德雷福斯与他们起了争执。他不会忘记这种轻视。

在接下来的 40 年中，德雷福斯成了对人工智能最为悲观的批判者，他在对两位斯坦福大学人工智能研究者的批驳中总结了自己的观点："费根鲍姆和费尔德曼声称他们正在取得实质性进展，他们非常谨慎地将成果定义为'朝着最终目标前进'。根据这种定义，第一个爬上树的人或许可以声称自己取得了登月过程中的实质性成果。"三年后，派珀特在《休伯特·德雷福斯的人工智能，谬论的预算》（ *The Artificial Intelligence of Hubert L. Dreyfus, A Budget of Fallacies* ）一文中回以颜色："最让人心烦的不是德雷福斯把形而上学引入了工程学，而是他的论述是不负责任的。他的事实观几乎总是错的：他对编程的观点很糟糕，他因此认为一个初学者可以写出最难的程序；他的逻辑也存在问题，这让他无法想象出算法该如何实现，结果就是，他坚信没有算法能够完成既定目标。"

威诺格拉德最终同派珀特彻底决裂，当然，这也是多年以后的事了。1973 年，他来到斯坦福大学任教授，而他做医生的妻子接受了在旧金山湾区担任住院医生的工作。当时，距离英特尔发布首个商业产品 4004 微型处理芯片仅过去了两年。贸易记者唐·霍夫勒（Don Hoeffler）驻扎在美国硅谷，为自己的时事通讯《微电子新闻》（ *Microelectronics News* ）担任地区速记。威诺格拉德继续用与 SHRDLU 非常相似的方式，在"机器理解自然语言"的问题上研究了数年。最初，他几乎将一半时间都花在施乐 PARC，与另一位同样对自然语言理解感兴趣的人工智能研究者丹尼·博布罗（Danny Bobrow）一起进行研究。1975 年 3 月，施乐在斯坦福大学附近新建了一座漂亮的大厦，因为在那里，这家文档公司很容易接触到最优秀的计算机科学家。

相反，威诺格拉德将时间花在了提升和扩展自己在麻省理工学院的研究上，他的研究几乎在 40 年之后才结出果实，但在 20 世纪 70 年代期间，这似乎是一项不可能完成的挑战，许多人开始怀疑，科学如何能，甚至是否能理解人类处理语言的方式。在花费 5 年时间研究与语言相关的计算后，他发现自己对人工智能能否取得真正进步越来越怀疑。除了鲜有进步，威诺格拉德否定人工智能的部分原因是受到了他结识的一位名叫费尔南多·弗洛雷斯（Fernando Flores）的智利政治难民的影响；另一部分原因来自他参加的加州大学伯克利分校的一个哲学家小组——这个由德雷福斯主导的小组旨在剥去正在兴起的人工智能产业背后的光环。弗洛雷斯是阿连德政府（Allende Government）时期的财政部长，他是一位真正的技术专家。一次空袭中，弗洛雷斯差点没能逃出自己在宫殿中的办公室。来到美国前，他在监狱里度过了 3 年时间，因为美国政府受到了各种政治压力，他最终被释放。斯坦福大学任命弗洛雷斯为计算机科学专业的访问学者，但他离开了帕洛阿尔托，转而去伯克利攻读博士学位，在 4 位反人工智能哲学家——休伯特和斯图尔特·德雷福斯（Stuart Dreyfus）、约翰·塞尔和安·马库森（Ann Markusen）的指导下进行研究。

威诺格拉德认为弗洛雷斯是他见过的最令人印象深刻的知识分子。"我们以一种很偶然的方式开始交谈，他给了我一本关于科学哲学的书，对我说：'你应该读读这本书。'我读了，之后我们开始讨论，再后来，我们决定一起写一篇关于这本书的论文，论文变成了专题论文，最后又变成了一本书。渐渐地，我发现他越来越有趣，也发现我们正在讨论的东西很令人振奋。"威诺格拉德回忆道。与弗洛雷斯的交谈让这位年轻的科学家接触到了自己原本不喜欢的、自己理解中的人工智能思想。弗洛雷斯与魅力超群的沃纳·艾哈德（Werner Erhard）结为了盟友，后者的公司 EST 在 20 世纪 70 年代已经在旧金山湾区拥有了大批拥趸。（在斯坦福大学研究院，恩格尔巴特把自己实验室里的所有员工都送去参加 EST 培训，他自己还加入了这家公司的董事会。）

虽然当时的计算世界还十分微小，麦卡锡和明斯基的人工智能设计方法与恩格尔巴特的智能增强方法在斯坦福大学仍然关系紧张。PARC 正在研究个人计算机，斯坦福大学人工智能实验室正在进行广泛的研究，从机器人手臂到移动机器人再到下象棋的人工智能系统。在最近更名的斯坦福研究所（因为学生的反战抗议，斯坦福研究所更名为斯坦福国际咨询研究所），研究人员正在进行不同项目的研究，从恩格尔巴特的 NLS 系统到 Shakey 机器人，还有早期的语音识别研究以及"智能"武器。威诺格拉德后来造访了伯克利，同那里的哲学家塞尔和德雷福斯以及他们的研究生和费尔南多·弗洛雷斯等人进行了许多非正式的午餐讨论。当休伯特·德雷福斯反对人工智能研究人员提出的早期乐观预测时，是约翰·塞尔增加了赌注，并提出了一个颇具代表性的哲学问题："是否有可能制造出一台智能机器？"

塞尔是一位拥有表演天赋的戏剧性演说家，他从来不是那种避谈争论的人。在开始教授哲学以前，他是一位政治活动家。20世纪50年代，在威斯康星大学，他加入了"反对约瑟夫·麦卡锡"组织，后又在1964年成为第一位加入"言论自由运动"的伯克利终身教授。作为一位年轻的哲学家，塞尔深深着迷于认知科学的跨学科领域，在当时，这一领域的核心假设是，生物思维与有生命的机器中的软件类似。如果这种假设成立，那么理解人类思考过程就可以被简化为梳理出隐藏于组成人类大脑的互相交错的数十亿神经元内的程序。斯隆基金会（Sloan Foundation）将塞尔派到耶鲁大学，讨论人工智能方面的问题。在前往会场的飞机上，他开始读一本由罗杰·尚克和罗伯特·艾贝尔森（Robert Abelson）撰写的人工智能方面的书，这两位作者是20世纪70年代后5年中领跑人工智能研究的耶鲁大学学者。他们在《剧本、计划、目标与理解》（Scripts, Plans, Goals, and Understanding）中断言，人工智能程序能够"理解"由开发者设计的故事。举个例子，开发人员可以给计算机展示一个简单的故事，例如一个男人走进一家餐馆，点了一个汉堡，然后没付钱就跑掉了。相应地，这个程序能够推理出，那个男人还没有吃掉那个汉堡。"这可能不对，"塞尔思考起来，"因为你可以给我一个用中文写的故事，里面有很多汉字的规则，我也不认识任何一个汉字，但我还是能够给出正确答案。"他认为这并不说明那台计算机拥有了理解句子的能力，它只是能够解释一些规则。

在飞往演讲场的航班上，塞尔想出了所谓的"中文屋"（Chinese Room）观点来驳斥"有意识的机器"这一观点。塞尔的批判是，不存在所谓的"盒中脑"（ brains in a box ）。他的观点与德雷福斯最初的批判不同，后者认为，从人工智能软件中获得人类级别的性能是不可能的。

人工智能关键思考

> 塞尔认为，一台计算机器只不过是一个使用了很多语法规则、速度很快的符号转换机。机器缺少生物大脑拥有的东西——解释语义的能力。语义的生物起源，对意义的正式研究，仍然是未解之谜。塞尔的观点激怒了人工智能圈，部分原因是他暗示人工智能研究的观点含蓄地将自己与"思维独立于物理与生物世界外而存在"这一神学观点联系在一起。他认为，心理过程完全是由大脑中的生理过程引发的，它们是在那里实现的；如果你想打造一台可以思考的机器，就必须复制而非模拟这些过程。

当时，塞尔认为，他们或许已经在考虑他的意见了，这次讨论不会超过一个星期，更不要说数十年，但他错了。塞尔最初的文章引发了 30 篇反驳论文，30 年后，这一争论依然没有结束。时至今日，已经有数以百计已发表的论文反对塞尔的观点。而塞尔呢，他仍然在世，忙着维护自己的地位。值得注意的是，关于智能和可以想象的自我意识机的午餐讨论发生在反对里根军事行动的背景下。越南战争已经结束，但美国境内仍然有很多活跃的政治反对意见。哲学家们穿过伯克利的街道聚在一起。来自施乐 PARC 的威诺格拉德和丹尼·博布罗已经成为这些午餐讨论的常客。威诺格拉德发现，他们改变了自己对人工智能哲学基础的偏见。

他最终放弃了对人工智能的"信仰"。

威诺格拉德总结出，人类智能没什么高深莫测的。从理论上讲，如果你

发现了大脑工作的方式，就可以人为建造出一个具备一定功能的智能机器，但你建造不出具备符号逻辑和计算能力的机器。

20世纪七八十年代，第二种方法是当时主流的研究方法。威诺格拉德在人工智能领域的兴趣已经分化为两个方向：人工智能既充当了理解语言和人类大脑的模型，又充当了可以完成有益任务的系统，但在这一点上，他选择了"恩格尔巴特式"的理论。从哲学和政治角度来看，以人类为中心的计算更契合他对世界的理解。威诺格拉德与弗洛雷斯有了更多交流，这最终促成了《理解计算机和认知：设计新基础》（*Understanding Computers and Cognition: A New Foundation for Design*）一书的诞生，这本书对人工智能进行了批判。虽然理解计算机是哲学，但它并不是科学，威诺格拉德仍需搞清楚该如何规划自己的职业生涯。最终，他放弃了建造更智能机器的努力，转而关注"如何使用计算机让人类变得更聪明"这一问题。威诺格拉德跨越了那条鸿沟，从设计意在取代人类的系统，转到研究如何提高人类与计算机互动方式的技术上。

尽管几年后威诺格拉德声称，政治并没有对他告别人工智能界产生直接影响，但当时的政治气候确实导致许多科学家离开了人工智能阵营。1975—1985年这段关键时期里，人工智能研究由美国国防部全盘资助。包括威诺格拉德在内的一部分美国最知名的计算机科学家开始担心，军方对计算技术研发的干预太多。作为看着《奇爱博士》（*Dr. Strangelove*）电影长大的一代，里根政府的星球大战反导项目看起来是危险的边缘政策。这至少成为他道德判断的一部分，很明显，这也是他决定放弃已经耕耘多年的领域时理性考虑的一部分因素。威诺格拉德自称为"60年代的孩子"，在他离开人工智能领域时最关键的几年里，他在组建美国计算机科学家组织的过程中起到了关键作用。这一组织由施乐PARC和斯坦福大学的研究人员主导，当里根政府星球大战项目中的武器开始建造时，组织里科学家都十分惊慌。这些人有一个共同的担忧，即美军指挥部会将美国推向与苏联的核对抗。读研究生时，威诺格拉德已经在反对越南战争的活动中有了积极的表现，他来到波士顿，加入了一个名叫"计算机人要和平"（Computer People for Peace）的组织。1981 年，他再次活跃起来，这一次，他领导反对核战争的计算机科学家们，一起建立了一个全国性的组织。

作为对星球大战武器建造的回应，这群计算机科学家们坚信，他们能够用自己的专长打造出一个更为有效的反核武器组织。他们从"人"（people）变成了"专家"（professionals）。1981 年，他们建立了一个名为"计算机专家要负社会责任"（Computer Professionals for Social Responsibility）的新组织。威诺格拉德主持了第一次会议，会议在斯坦福大学的一个大型教室内举行。参会者回忆道，与其他许多同一时期的反战政治会议不同，这里没有尖锐的批评和辩论，有的只是非同寻常的团结和目标一致。事实证明，威诺格拉德是一位高效的政治活动组织者。

1984 年，在一篇关于"计算机科学家是否应该接受军事资助"问题的论文中，威诺格拉德指出，在过去，他避免过申请军事资助，但他一直没有对其他人提过这件事，这也使他未能把这一行为视作一项需要更广泛参与的责任。当然，他曾经在麻省理工学院那个由军事款项资助的实验室里接受过培训。参与筹建"计算机专家要负社会责任"作为一系列活动的发端，最终导致威诺格拉德"遗弃"人工智能圈，将注意力从建造智能机器，转到了让人类变得更聪明。

"理性主义"与"以人为本"之争

这次行动间接地对世界产生了巨大影响。威诺格拉德在人工智能圈已经拥有了足够的知名度，如果他决定追求一个更加典型的学术生涯，他或许能够用自己的研究成果打造出一个学术帝国。但就个人而言，他对建立一个大的实验室或支持博士后研究都没有兴趣。他只是热衷于与自己的学生进行一对一的互动。

拉里·佩奇就是威诺格拉德的学生之一，一个有着很多论文主题构想的傲慢的年轻学生。

人工智能里程碑

在威诺格拉德的指导下，佩奇确定了思路：下载整个网络，改善信息组织和发现的方式。他通过挖掘人类知识开始了这项工作，而这些人类知识就蕴藏在现有的网络超链接中。

1998 年，威诺格拉德、佩奇、拉杰夫·莫特瓦尼（Rajeev Motwani，数据挖掘专家，谢尔盖·布林的导师）以及谢尔盖·布林四人共同撰写了一篇题为《你能用自己口袋里的网络做些什么？》（*What Can You Do with a Web in Your Pocket?*）的学术期刊文章。他们在这篇论文里描述了谷歌搜索引擎的雏形。

佩奇之前一直在考虑其他更传统的人工智能研究主题，比如无人驾驶汽车。相反，在威诺格拉德的鼓励下，通过利用数以百万计的链接，他发现了一种更加巧妙的、挖掘人类行为和情报的方法。通过使用这些信息，他显著改善了搜索引擎返回结果的质量。这项工作将成为人类史上最有意义的"增强"工具。同年 9 月，佩奇和布林从斯坦福大学毕业，创立了谷歌，创业路上一直怀揣着他们最谦逊的目标——组织全世界的知识，让它变得对大众有益。

直到 20 世纪 90 年代末，威诺格拉德都一直坚信，人工智能和人机交互研究圈分别代表了人类和计算机如何交互的不同理念。他提出，简单的解决方案是承认双方阵营都是正确的，并且当有一些问题明显可以用某一方的方法所解决时，要作出明确规定。但是，这个答案模糊了隐藏在不同方法中一个事实，那就是设计的影响将会在系统本质中淡去。当然，不同理念的拥护者建立了这些系统。威诺格拉德开始相信，计算机系统设计的方式对"我们如何理解人类"和"我们如何为自身利益而设计技术"都产生了影响。

人工智能关键思考

被威诺格拉德描述为"理性主义"的人工智能研究方法，将人类视作机器。人类以类似数字计算机的方式被建模。"理性主义研究方法最关键的假设是，思想的关键部分可以通过一种形式化的符号表示来捕获，"他写道，"具备这种逻辑后，我们可以创造出智能程序，设计出优化人类交互的系统。"

理性人工智能研究方法的对立面，就是威诺格拉德提到的"设计"。

人工智能关键思考

理性人工智能研究方法在人机交互圈更加流行，在这种方法中，开发者并不关注为单一的人类智力建模，相反，他们借助人类和环境的关系，以此作为研究的切入点。"以人为本"的设计避开了形式化规划，采用一种迭代化的方法进行设计，并使用工业设计师和 IDEO 公司创始人戴维·凯利（David Kelley）的语言进行良好的封装："启发式的试验和错误胜过完美无缺的规划。"正如 UCSD 的唐纳德·诺曼和马里兰大学的本·施奈德曼（Ben Shneiderman）等一批心理学家和计算机科学家所倡导的一样，"以人为本"的设计将会取代 20 世纪 80 年代一度流行的理性人工智能模型，成为越来越受欢迎的研究方法。

伴随着 20 世纪 80 年代人工智能的冬天的"滑铁卢"，在 20 世纪 90 年代，人工智能圈同样发生了显著的改变。它很大程度上放弃了最初形式化的、理性的、自上向下的约束——被称为 GOFAI（Good Old-Fashioned Artificial Intelligence，有效的旧式人工智能），转而支持统计式的、"自底向上"，或者叫"建构主义者"的方法，机器人科学家罗德·布鲁克斯就是支持者之一。然而，这两个圈子仍然相距甚远，都被他们互相矛盾的挑战所束缚——取代还是增强人类技能。

与人工智能圈决裂后，威诺格拉德后退一步，重新思考人类与智能工具之间的关系。作出这一举动的过程中，他也重新定义了"机器"智能的概念。使用与人工智能研究人员相同的思考方式，他提出了"人类是否真的是'可以思考的机器'"这一个问题。他认为，这个特别的问题有意无意地让我们卷入了一个预测倾向中，它告诉我们更多的是我们对人类智能概念的认识，而非关于我们试图理解的机器。威诺格拉德开始相信，智能是我们社会本质的产物，我们通过简化和歪曲"机器模拟的人类是什么样的"，使我们的人性光彩变得晦暗不明。

拟人化界面，来自人机交互的冲击

在人工智能研究人员几乎很少与"以人为本"的设计人员交流的同时，这两方阵营的人偶尔也会在技术会议上组织一些对抗性的辩论。20 世纪 90 年代，本·施奈德曼通过所谓的"直接操纵"，成为了"以人为本"设计理念的忠实倡导者。20 世纪 80 年代，随着苹果 Macintosh 和微软 Windows 系统的来临，直接操纵成了计算机用户界面领域最风行的模式。例如，相比直接在键盘上输入命令，用户可以通过使用鼠标拉拽图片边角，直接改变计算机屏幕上显示的图片形状。

施奈德曼站在了他所提倡的理念的前沿。20 世纪 90 年代，他是苹果等公司的常任顾问，提出了许多如何高效地设计计算机界面的建议。施奈德曼自诩为人工智能的对手，认为自己受到媒介环境学开山祖师马歇尔·麦克卢汉的影响。在大学期间，参加完麦克卢汉在纽约第 92 街的课程后，他会底气十足地去探索自己的不同兴趣——通常是跨越了科学和人文学科边界的兴趣。回到家里，他打印出一张名片，上面印着自己的职位头衔"折中主义者"（General Eclectic），并印有"进步不是我们最重要的产品"字样 。

令施奈德曼引以为豪的是，威诺格拉德已经从人工智能阵营来到了人机交互世界。20 世纪 70 年代，读完威诺格拉德撰写的论文后，施奈德曼提出了尖锐的反对意见，并在 1980 年，在其《软件心理学》（*Software Psychology*）一书中，专门撰写了一整章来讨论 SHRDLU。多年以后，当施奈德曼和弗洛雷斯发表《理解计算机和认知：设计新基础》时，他给威诺格拉德打了一通电话，告诉他："你曾是我的敌人，但是我发现你已经变了。"威诺格拉德笑着答道，《软件心理学》是他课上的必读书目。两个人成了好朋友。

在自己的课程和著作中，施奈德曼都没有避讳自己对人工智能世界的攻击。

施奈德曼认为，人工智能技术不仅会失败，而且因为不是被设计用来帮助人类，它们的设计十分糟糕，而且往往触及伦理问题。他抱着极大的热情提出，负责这些系统行为的计算机研究人员并没有解决自动化系统所引发的深远的道德问题。这种热情对施奈德曼来说并不陌生，他曾经参与过一些关于设计动画人物助手的争辩，外界盛传双方都对喊了起来，比如微软 Clippy、Office 助手和 Bob—— 一个微软试图让自己的界面变得更加友好的尝试，但效果糟糕。

人工智能里程碑

20 世纪 90 年代初，拟人化的界面在计算机设计圈刮起了一阵流行之风。受到苹果广为流传的 Knowledge Navigator 视频的启发，计算机界面设计师们开始将有用的、可以聊天的卡通形象加入系统。银行开始试验能够在 ATM 屏幕上与客户互动的卡通形象，汽车制造商们开始设计装配有智能软件的汽车（例如，当车门半开的时候，软件可以警告司机）。但是，当微软 Bob 遭遇尴尬失败后，这些最初的迷恋都戛然而止。尽管斯坦福大学的用户界面专家们参与了 Bob 的设计，但是这个程序还是被很多人当作愚蠢的概念。

微软 Bob 的问题是出在了"社交"界面这个概念本身，还是出在了实现方式上？微软有些傻气的努力根源在于斯坦福大学研究人员克利福德·纳斯（Clifford Nass）和拜伦·里夫斯（Byron Reeves）的研究成果——他们发现，人类对提供模拟人类交互的计算机界面反馈良好。1986 年，这两位研究者同时来到斯坦福大学传播系。里夫斯此前是威斯康星大学的传播学教授，而纳斯曾在普林斯顿大学研究数学，在将兴趣转向社会学之前，曾供职于 IBM 和英特尔。

作为一位社会科学家，纳斯和里夫斯一起完成了许多实验，这些实验最终孕育了他们所谓的传播理论——"传媒方程式"（the Media Equation）。在他们的著作《传媒方程式：人类如何像对待真人、实地一样，对待计算机、电视机和新媒体》（*The Media Equation: How People Treat Computers, Television, and New Media Like Real People and Places*）中，他们探讨了自己观察到的现象：人类希望用他们与其他人类互动的那种"社交"方式，与技术设备（计算机、电视机和其他电子媒体）互动。在撰写完这本书后，里夫斯和纳斯在 1992 年被微软聘用为顾问，参与了很多人们熟知的社交和自然界面的设计。这延伸了隐藏在苹果 Macintosh 图形界面后的思考，像 Windows 一样，Macintosh 也受到了施乐 PARC 最初研究的启迪。两种设计都试图通过图形环境，降低使用计算机的难度，而这些环境都令人回想起真实世界中的办公桌和办公室的环境。但是，微软 Bob 却打算延伸这个桌面的含义，创建一个能让人感受到的家的图形计算机环境。微软采用的这种卡通化的、非智能的方式，遭到了用户压倒性地否决。

数十年后，苹果 Siri 的成功终于为纳斯和里夫斯的早期研究正名，说明了微软 Bob 失败的根源在于微软打造和应用这·系统的方式，而非方法本身。Siri 提高了用户在某些不适宜键盘输入或键盘输入不安全的情景下的操作速度，例如走路或开车时使用智能手机。另一方面，微软 Bob 和 Clippy 却都降低了用户使用程序的速度，对用户来说过于简化、"有些居高临下"："就好像他们想要学习骑自行车，但却先被请去学习三轮车。"微软资深高管坦迪·特罗尔（Tandy Trower）如此提到。

人工智能关键思考

特罗尔指出，微软或许从根本上误解了两位斯坦福大学科学家的研究观点："纳斯和里夫斯的研究说明，因为角色变得更像人，用户对类人行为的期待也随之提高。当你叫它退出的时候，这个角色就会打喷嚏。尽管没有人被这个角色离开时的喷嚏喷一身，这也会被视作社交上的不恰当行为、粗鲁行为。虽然它们只是屏幕上呆呆傻傻的小动画，但大多数人仍然会对这种行为作出消极的反馈。"

软件助手最初兴起于 AI 时代初期，当时，奥利弗·塞尔弗里奇（Oliver Selfridge）和他的学生马文·明斯基（两人都参加了最初的达特茅斯人工智能会议）提出了一种叫作"Pandemonium"（一片混乱）的机器理解方法。这种方法中，协助程序被称作"demons"（恶魔），起到了"智能助手"的作用，它们可以在一个计算机视觉问题中同时工作。20 年间，计算机科学家、科幻作家和电影制片人都美化了这一概念。随着这一理念的不断发展，它成为一个观察互相关联的、计算机世界的强大视角，在这里，软件程序通力协作，一起完成共同的目标。这些程序能够收集信息，完成任务，并且还能以动画助手的形象与用户互动。但是，它有没有浮士德的一面呢？有些人担心，放手让计算机完成人类的任务所带来的问题会比它解决的还要多。这种担忧是施奈德曼攻击人工智能设计者的核心观点。通过将程序从人类的控制中解耦，开发人员提出了一些关于人类和机器关系的尖锐问题。

软件助手，数字化生存之道

在争论开始前，施奈德曼送了最近刚当上妈妈的帕蒂·梅斯（Pattie Maes）一个泰迪熊，试图以此来缓解紧张局势。在 1997 年的两场技术会议上，施奈德曼攻击了帕蒂·梅斯的人工智能和软件助手的观点。梅斯是一位在麻省理工学院媒体实验室（MIT Media Laboratory）工作的计算机科学家，她在实验室创始人尼古拉斯·尼葛洛庞帝（Nicholas Negroponte）的指导下工作，早已经开始开发代表用户完成任务的软件助手。助手的概念只是尼葛洛庞帝实验室追求的诸多未来计算理念中的一个。这一实验室的前身是 ArcMac（Architecture Machine Group，建筑机器组），培养了数代秉持"展示或死"（Demo or die）这一实验室精神的研究人员。他最初的 ArcMac 研究团体和它的后继者麻省理工学院媒体实验室，都对后来产生的很多理念造成了重要影响，比如苹果和微软推出的计算产品。20世纪六七十年代，尼葛洛庞帝曾经接受过建筑师的培训，他在自己的著作《建筑机器和软建筑机器》（*Architecture Machines and Soft Architecture Machines*）中，从人机合作设计的概念，论述到前沿的"没有建筑师的建筑"。

人工智能里程碑

在1995年发表的《数字化生存》（*Being Digital*）一书中，作为明斯基和派珀特的好友，尼葛洛庞帝描绘了自己对人机交互未来的观点："我们今天称之为'基于助手的界面'的东西，通过计算机和人类互相交谈，将会成为占支配地位的方法。"

1995年，梅斯和几位实验室的伙伴一起创立了Agents公司——一家音乐推荐服务公司。最终，这家公司被卖给微软，微软使用了这家公司的隐私技术Firefly，但并没有对它最初的软件助理构想进行商业化。

起初，会议组织者希望施奈德曼和梅斯讨论人工智能的可能性。施奈德曼拒绝了这一提议，主题因此被更改。两位研究者都同意讨论软件助手的优点，一方站在用户的角度，另外一方则支持直接对用户授权的软件技术。

1997年3月，这场有名的辩论在美国亚特兰大州人机交互协会会议中上演。这次活动受到了高度关注，并涵盖了大众媒体所关心的话题。例如，"为什么我们不都去开私人直升机？""是不是看不见的电脑才是唯一的好电脑？"在全球顶尖计算机交互设计师观众的面前，这两位计算机科学家用了一个小时的时间，细数直接增强人类的设计以及独立于人类的设计的利与弊。

"我认为'自主智能代理'会削弱人类的责任感，"施奈德曼说，"我可以给你找到很多文章，它们都认为计算机应该是主动方、责任方。我们需要搞清楚，导致电脑故障的原因究竟是程序员还是操作员。"

梅斯的回答很实际。施奈德曼的研究追随了恩格尔巴特的研究传统，他要打造能够赋予用户强大力量的复杂系统，不过作为结果，这些用户也需要去接受训练。"我相信，可视化以及直接操作确实存在瓶颈，因为我们的计算机环境正在变得越来越复杂，"她回答说，"我们不能只是添加更多的滑块和按钮。此外，没有受到计算机训练的用户们同样也会遇到瓶颈。因此，我相信我们必须在一定程度上将一些特定的任务或一部分任务交给代理，它们可以成为我们的代表，或者至少能向我们提出建议。"

也许梅斯最为有力的反驳在于，认为人类总愿意扮演控制、负责的角色的想法本身就是错误的："我相信，用户有时候也希望变成一个慵懒的电视迷，等待'助手'来给他们推荐一部电影，而不是点无数次翻页，去找到一部他们可能想看的片子。"事实上，双方难分胜负。不过，这场会议的观众乔纳森·格鲁丁看来，梅斯能够在这场人机交互大会上、在施奈德曼的老巢展开这场辩论，已经非常勇敢了。这场辩论比 Siri 早了 15 年，而苹果满怀自信地推出的这款用于人机交互的完全人造的类人元素取得了成功。几年之后，施奈德曼也承认，在某些情况下，使用语音识别可能是适当的。不过，他仍然是软件助手的基本想法的坚决批判者，并指出飞机驾驶舱设计师们用了几十年的时间反复试验，仍然没能实现用语音驾驶飞机。

2010 年，苹果刚刚推出 Siri 的时候，"物联网"正临近炒作周期的顶峰。这一直都是施乐 PARC 实验室在个人电脑之后的下一件大事。

人工智能里程碑

20 世纪 80 年代末，PARC 计算机科学家马克·维瑟（Mark Weiser）曾预计，当微处理器成本、尺寸和功率大幅下降的时候，将计算机智能谨慎地整合入日常物品之中将成为可能。他将此称为"UbiComp"（ubiquitous computing，普适计算）。他认为，计算将可以"藏匿"在实物之中，就好像现在的电动马达、滑轮和皮带一样——成为一种无形的存在。

在维瑟的办公室外的小牌子上写着："UbiComp 与现实向上兼容。"（对"普适"的一个流行定义是——只有它不在时才会被注意。）

结果史蒂夫·乔布斯再一次成功地利用了 PARC 的研究成果。20 世纪 80 年代，他借鉴了 PARC 的桌面计算思路，设计了 Lisa 和后来的 Macintosh 计算机。在十几年后，他再次成了第一个将施乐普适计算的概念传播给广大消费者的人。2001 年 10 月发布的 iPod 音乐播放器，重新带来了普适计算的概念，后来的 iPhone 则是对传统电话的数字化转变。乔布斯也懂得，虽然 Clippy 和 Bob 在桌面电脑上显得格格不入，但在手机上，一个模仿人类的助手却完全说得通。

然而，施奈德曼仍然相信，他轻松地赢得了辩论的胜利，关于软件助手程序的问题已经告一段落了。

MACHINES
OF LOVING GRACE

06

学会协作，人类与机器共存

马文·明斯基、杰夫·霍金斯和雷·库兹韦尔等多位电子工程师都宣称，实现人类级别的智能的方法是发现并整合那些人类大脑中隐藏着的认知的简单算法。这通常能制造出有用、有趣的系统。或许，与机器人交互的那种自由、放松之感，正是因为在连线的另一边并不是一个令人难以捉摸的人类。也许，这根本与人际关系无关，更多的在于是取得控制成为主人，或者，是成为奴隶。

在波士顿一栋翻修过的砖结构建筑里，一个人形的物体转动了一下自己的"脑袋"。这个机器人由塑料、发动机和电线组合而成，顶部装有一个便携式的平板 LCD 屏幕，上面还有卡通形象的眼睛和眉毛。但是，这个与众不同的存在还是从人类那里得到了些许认可与同情。尽管它只是一堆电器盒子、传感器和电线，但人类思维还是在识别人类形式时体现出了不可思议的能力。

人工智能里程碑

巴克斯特（Baxter）是一个用于与人类工人协作的机器人，诞生于 2012 年。它身形笨重，行动也不灵巧。与那些靠轮子或腿四处活动的机器人相比，它只能坐在一个不灵活的固定支架上停在原地。巴克斯特的手是钳子，能够抓起、放下物体。但是，除此以外，它几乎什么都不会。尽管存在种种限制，这款由罗德尼·布鲁克斯遵循人工智能创始思想打造的助手机器人巴克斯特，揭开了机器人的新篇章。安迪·鲁宾坚信，个人计算机正在长出腿脚，开始能够在环境中移动，而巴克斯特就是这一信条最初的例证之一。

麦卡锡和明斯基在 1962 年分道扬镳，麦卡锡所在的斯坦福大学人工智能实验室吸引到了一群黑客，而在美国东部，明斯基仍在负责麻省理工学院最初的人工智能实验室。1969 年，两个实验室通过 ARPnet 实现了电子连接，简化了研究人员分享数据的过程。随着越南战争进入白热化，人工智能和机器人学研究得到了军方的大量资助，但是，斯坦福大学人工智能实验室的精神更贴近旧金山菲尔莫尔大剧院（Fillmore Auditorium），而非波多马克（Potomac）河畔的五角大楼。

在斯坦福大学人工智能实验室的阁楼里，住着汉斯·莫拉维克（当时他还是个看卜去有些古怪的年轻研究生），他的主要研究方向是机器人"斯坦福车"。斯坦福大学人工智能实验室的地下室里有个桑拿浴室，傍晚的时候，心理剧社团会共享实验室的空间。

空闲的计算机终端上，显示着"Take me, I'm yours"（带我走，我是你的）的字样。自动售货机"跃马旅店"（The Prancing Pony，托尔金《魔戒》中的旅人客栈）连接着主机，里面摆放着一些适合挑嘴的黑客们的食物。访客们会先被安排在一个小休息室里，这里装饰着一幅名为"你在这里"（You Are Here）的地图壁画，这是在向列奥·施坦伯格（Leo Steinberg）的《纽约客》封面致敬。这张斯坦福大学人工智能实验室地图是根据实验室和斯坦福大学校园角度绘制的，不过很多人又把自己的视角加入其中，这包括"把访客放在人类大脑的中心"，也包括"把实验室放在中等规模的螺旋星系里一个不明亮恒星的附近"。

对于斯坦福大学研究生罗德尼·布鲁克斯来说，这是一种迷人的欢迎仪式。这位数学天才来自澳大利亚阿德莱德，父母是中产阶级，自幼在一个远离美国黑客文化的地方长大。但是，1969 年，他与世界上其他数百万人一样，观看了库布里克（Kubrick）的《2001：太空漫游》。和杰瑞·卡普兰一样，受到震撼的布鲁克斯并不想成为一名宇航员。相反，他被 HAL——那个偏执的（又或许是多疑的）人工智能吸引。

布鲁克斯对该如何去打造一个属于自己的人工智能感到很困惑。刚到大学时，他第一次拥有了这个机会。每逢周日，他就有机会单独接触学院的主机，一待就是一整天。在那里，他创造了自己的人工智能编程语言，并在主机显示器上设计了一个交互式界面。现在，布鲁克斯继续在进行定理证明，不知不觉走上了传统的麦卡锡式的人工智能研究方向。打造出真正的人工智能，正是他想要的生活。

在观察了美国地图后，布鲁克斯得出这样一个结论——斯坦福是最接近澳大利亚的地方，并很快申请了这所学校。出乎意料的是，他被录取了。1977年秋天他来到这里时，在旧金山湾地区，反战政治和反主流文化的影响已经开始减弱。恩格尔巴特在斯坦福研究所的团队已经被剥离出来，他的 NLS 系统加强技术也将要成立一家分时公司。但是，在半岛中部，个人计算才刚刚开始转变方向和定位。

这是"家酿计算机俱乐部"（Homebrew Computer Club）的全盛时期，它于 1975 年 3 月举行了第一次会议，与施乐 PARC 新大厦在同一周启用。虽然一贯具有包容精神的麦卡锡曾邀请俱乐部来斯坦福实验室面谈，但是他仍然对"个人计算"这一想法表示怀疑。麦卡锡曾率先将主机计算机作为分享资源，在他看来，一台能力不足、大部分时间处于闲置状态的计算机是一种浪费。

事实上，麦卡锡在进行人工智能研究时，想要更有效地利用计算系统，这一愿望催生了他的分时理念。或许，他带着一种苦涩的幽默，在家酿俱乐部的第二封电子通告中写下的短笔记，昭示着"海湾地区家庭终端俱乐部"（Bay Area Home Terminal Club）的建立——授权在数字设备公司的 VAX 微型计算机上提供分享访问。麦卡锡认为，一个月 75 美元，不包含终端硬件和通信连接成本，或许是一个合理的价格。后来，麦卡锡将 PARC 的 Alto/Dynabook 设计原型（所有未来个人计算机的样板）称为"施乐邪教"（Xerox Heresy）。

后来成为主要"异教徒"之一的艾伦·凯，还在斯坦福大学任教的时候，曾经在斯坦福大学人工智能实验室工作过一小段时间。他带着自己的"过渡版"Dynabook 到处闲逛、炫耀：炫耀这个木质外壳的原型机，这比笔记本电脑的出现早了 10 多年。凯很厌恶自己在麦卡锡实验室工作的时光。他对计算的作用有着完全不同的观点，他在斯坦福大学人工智能实验室的聘期一直有种"人在曹营心在汉"的感觉。

当艾伦·凯还在犹他大学在伊凡·苏泽兰（Ivan Sutherland）的指导下攻读硕士学位时，他就已经预言了个人计算的概念。当恩格尔巴特在美国巡回展示NLS 的时候，艾伦·凯去观看了恩格尔巴特的演讲。NLS 预示了现代的台式机"窗口 - 鼠标"环境。

人工智能关键思考

艾伦·凯深受恩格尔巴特和 NLS 的影响，当然还有他们强调的提高团队协作者生产力的想法——协作者可以是科学家、研究人员、工程师，也可以是一名黑客。他让恩格尔巴特的想法更进一步。经过深思熟虑，艾伦·凯开始以互动时代为主题修改自己的著作。他写下的"个人动态媒体"（Personal Dynamic Media）的多种可能性，仍然影响着我们如今使用的便携式计算机和平板电脑的外观和体验。艾伦·凯坚信，个人计算机终究会成为一个崭新的、通用的媒介，就像印刷在 20 世纪六七十年代一样，变得无处不在。

与恩格尔巴特一样，艾伦·凯的思路和麦卡锡在斯坦福大学人工智能实验室的研究者有着很大的不同。两个实验室虽然并非互相对立，但是，在聚焦点上却差异显著。艾伦·凯将人类用户放在了设计的中心位置，他想要开发一些能够扩展人类知识范围的技术。他也确实做到了这一点，只不过，这与恩格尔巴特的网络空间概念有所不同。恩格尔巴特认为，人类和信息之间的关系就好比是开车，计算机用户将可以在"信息高速路"上航行。与此相反，艾伦·凯坚持了麦克卢汉的观点，认为"媒介即讯息"，他预见到，计算将成为一种通用的、包罗万象的媒介，可以容纳语音、音乐、文字、视频和通信。

在斯坦福大学人工智能实验室，这些观点都没有什么吸引力。1965 年，莱斯·欧内斯特（Les Earnest）被 ARPA 官员带到斯坦福大学人工智能实验室，为麦卡锡的团队提供其缺少的管理技术。他曾这样回忆道，许多出自斯坦福研究所和 PARC 的计算技术，同时也在斯坦福大学人工智能实验室被设计出来。唯一的不同就是理念。斯坦福大学人工智能实验室的使命原本是要在 10 年时间内建立一个可以工作的人工智能——或许是一个智力足以匹敌人类，同时在力量、速度和灵巧性方面远超人类的机器人。数代斯坦福大学人工智能实验室研究者都在朝着取代人类而非增强人类的系统这一方向努力。

1977 年秋天，当罗德尼·布鲁克斯来到斯坦福大学的时候，麦卡锡已经比自己定下的 10 年目标多花了 3 年的时间。一年前，汉斯·莫拉维克曾炮轰麦卡锡的理论。莫拉维克坚持，指数增长的计算机算力是人工智能系统开发过程需要考虑的基本成分。作为一个澳大利亚来的局外人，布鲁克斯对斯坦福大学当时的情形有着不同的见解，他后来成了莫拉维克的夜班助理。

两个人都有自己的怪癖。莫拉维克整天泡在斯坦福大学人工智能实验室里，请朋友替他买日用品。布鲁克斯也很快接受了当时的怪异风格，梳着一头

齐肩长发，尝试了黑客的生活方式"一天 28 小时"——工作 20 小时，休息 8
小时。

布鲁克斯博士论文的核心主题是可视化物体的形式推理，这追随了麦卡
锡的观点。但是，除此之外，这个澳大利亚人率先借助单透镜照相机，通过几
何推理抽象出第三维度。与莫拉维克一起度过的长夜，让布鲁克斯心底种下了
不满，并最终与 GOFAI 传统决裂。

受到莫拉维克的影响，布鲁克斯在"斯坦福车"项目上也投入了大量时
间。20 世纪 70 年代中期，这个机器人的图像识别系统需要花费很长时间来处
理周围环境，从而实现"实时"这个目标。这台车行至任何地方，都要至少花
费 15 分钟时间来进行处理，或许是因为主机计算机的负载，有时它需要耗费
4 小时才能计算好自己被分配的新旅程。当处理完一张图片后，它会突然向前
前进很短的一段距离，然后继续扫描。当这台机器人在室外运行的时候，移动
会变得更加艰难。后来的研究证明，移动过程中的阴影对这台机器人的视觉识
别软件产生了干扰。

移动阴影的复杂程度对布鲁克斯来说，是个令人着迷的发现。他知道英
裔美国神经生理学家格雷·沃尔特（W. Grey Walter）做过的早期试验。

人工智能里程碑

沃尔特曾在 1948—1949 年完成了最早的简单电子自动机器
人的设计，希望展示大脑细胞之间的相互连接如何导致了自主行为。
格雷·沃尔特制造了几个机器人"乌龟"，这些乌龟使用光电扫描管
充当"眼睛"，用简单电路来控制马达，还有轮子来进行"逼真"的
移动。

莫拉维克把这些简单机器人当成了自己人工智能发展模型的基础，可布鲁克斯并没有被说服。在 20 世纪 50 年代早期的英国，格雷·沃尔特已经制造出了令人惊奇的智能机器人——从动物学意义上被命名为 Machina，只需要几十元的成本。20 多年过去了，根据布鲁克斯的观察，"一台依赖价值数百万美元设备的机器人，居然并没有更佳的表现"。他注意到，许多美国研发者都在使用莫拉维克的复杂算法，但是他很好奇他们用这些算法做了什么。"究竟是这些内部模型很没用，还是他们只拿到了斯坦福车研发的第一期赞助金？"

1981 年，在拿到博士学位后，布鲁克斯离开了麦卡锡的"逻辑殿堂"，来到麻省理工学院。实际上，在这里，他将要调转望远镜，用另一个角度来看世界。1986 年，布鲁克斯充实了自己的"自底向上"的机器人研究方法。他推理道，如果智能建模的计算设备受到人类设计的计算机的制约，那么，为什么不把智能行为当作简单行为的组合？这些简单行为最终会在机器人计算和其他人工智能运用中绽放异彩。

人工智能关键思考

布鲁克斯认为，如果人工智能研究者想要实现模拟生物智能的目标，他们就应该从制作人工昆虫这种最低层次的设备起步。这种方法与麦卡锡产生了分歧，并推动了新一代的人工智能的发展：布鲁克斯支持设计模拟最简单的生物系统，而不是试图匹敌人类的能力。从这以后，自底向上的观点渐渐开始统治人工智能世界。

在明斯基的《心智社会》(*Society of Mind*) 和最近杰夫·霍金斯、雷·库兹韦尔等电子工程师的研究中都有所体现（**他们都宣称，实现人类级别的智能**

的方法，是发现并整合那些人类大脑中隐藏着认知的简单算法。)

1990 年，布鲁克斯在一篇题为《大象不玩象棋》(*Elephants Don't Play Chess*) 的论文中提出批判：在之前 30 年的时间里，主流符号人工智能已经失败，新的方法十分必要。"Nouvelle AI 依赖由较小行为单位的交互所出现的更多的普遍行为。同启发式一样，无法先验确保它总会奏效。"他这样写道。但是，对简单行为以及它们的交互进行认真的设计，通常能制造出有用、有趣的系统。

布鲁克斯的人工智能思想并不是在一夜之间就流行开来。与他开始设计自己的机器人昆虫大致在同一时间，卡内基·梅隆大学的惠特克开始设想，让安布勒 (Ambler，一个高约 5 米、6 条腿、重达 2 500 千克的机器人) 在火星表面漫步。相比之下，布鲁克斯的根格斯 (Genghis) 机器人同样装配有 6 条腿，不过重量不到 1 千克。根格斯成为新人工智能的典范："快速、廉价、失控。"——这也是 1989 年他与自己的研究生安妮塔·弗林 (Anita M. Flynn) 合著的文章的标题。布鲁克斯和弗林认为，探索空间最实际的方法就是把类似昆虫的廉价机器人成群发送出去，而不是依仗一个设计过度的昂贵系统。

可以预见的是，NASA 最初对这种机器人探索者的想法不屑一顾。当布鲁克斯在喷气推进实验室 (Jet Propulsion Laboratory) 分享自己想法的时候，那些一直在研发昂贵科学工具的工程师们拒绝了这种能力有限、极其廉价的机器人。

布鲁克斯并不为所动。20 世纪 80 年代末 90 年代初，他的想法与支撑互联网的设计理念产生了共鸣。一个自底向上的组件可以自行将自己组装进更强大、更复杂系统的算法俘获了人们的心。

布鲁克斯与两位学生一起创立了一家公司，开始向投资人兜售那个将小机器人送入太空的想法，先是月球，随后是火星。布鲁克斯提出，只需 2 200 万美元，你不仅能将自己的 Logo 印在漫游者身上，还可以在发射过程中的媒体报道中推销自己的公司。电影、卡通、玩具、月亮尘埃中的广告、主题公园，还有远程遥控——这些是你所能想象到的最为奢侈的营销活动中的一部分。布鲁克斯准备在 1990 年进行月球发射，这也将是 1978 年以来的第一次，3 年后又计划向火星发射另一枚火箭。2010 年，布鲁克斯计划将微型机器人发送到火星、海王星以及它的卫星海卫一和一些小行星上。这项计划唯一的欠缺，就是一个可以搭载这些机器人的私人火箭。他与 6 家私人火箭发射公司进行了沟通，当时没有一家实现过成功发射。

布鲁克斯所需要的只是资金。他没有在私人企业中发现任何投资人，所以他的公司找到了另一家空间组织——弹道导弹防御组织（BMDO）。这一组织是曾经的五角大楼机构，承担着建立战略防御计划（也就是那个令人担忧、遭到嘲讽的 "星球大战" 式的导弹防护罩）的任务。但是，这一项目在苏联解体后就宣告终止。曾经有一段时间，BMDO 考虑通过组织自己的月球发射与 NASA 进行竞争。

麻省理工学院三人组制造了一个颇有说服力的月球漫游者原型，将之命名为格伦德尔（Grendel），打算搭上一艘改装后的 "辉煌卵石"（Brilliant Pebble）前往月球。这艘星球大战式的运载火箭的设计初衷是进行空间碰撞，摧毁洲际弹道导弹。

格伦德尔是按照布鲁克斯的 "自底向上" 方法设计出来的，它有过一次成功的实验，但仅此而已。这家五角大楼的导弹部门在与 NASA 的地盘争夺战中败下阵来。美国不希望拥有两个航天机构。颇具讽刺意味的是，几年后，NASA "寄居者"（Sojourner）的开发者从布鲁克斯的构想中借来了很多想法。

虽然布鲁克斯从未将它送入太空，但 10 年之后，布鲁克斯自底向上的方法还是找到了商业契机。布鲁克斯的太空公司的继任者 iRobot 通过在美国市场销售自动吸尘器赢得成功，而它的改装版的军用机器人，则走遍了阿富汗和伊拉克，寻找简易爆炸装置。

最终，布鲁克斯赢得了斗争的胜利，他为自己的机器人构想找到了听众，并为 Nouvelle AI 的构想赢得赞誉。新一代的麻省理工学院研究生们选择追随他而不是明斯基。Nouvelle AI 在美国以外产生了广泛影响，特别是在欧洲，这里的注意力已经从创建人类级别的人工智能，转向了能够呈现出某些突出行为的系统（在这些行为中，许多较简单的能力能够组合成更加强大或智能的能力）。

布鲁克斯的兴趣从自动昆虫转向了与人类的社交互动，并与自己的研究生一起着手设计社交机器人。他与研究生辛西娅·布雷齐尔（Cynthia Breazeal）设计的机器人 Cog 和 Kismet，被用于探索人类 - 机器人交互，以及机器人本身的能力。

2014 年，布雷齐尔宣布计划对自己最初研究的家用机器人进行商业化。她创造了一个大胆的 Siri 风格家庭伴侣，能够固定在厨房柜台上，协助完成很多家务活。

2008 年，布鲁克斯从麻省理工学院人工智能实验室退休，然后低调创立了一家名字高调的公司——Heartland Robotics。这个名字讲述了布鲁克斯正在解决的问题：由于更低的海外工资和生产成本，制造业正在从美国消失。但是，因为能源和运输成本的急速攀升，制造机器人提供了一种平衡美国与低工资国家之间差距的可能途径。多年来，关于布鲁克斯心里所想，一直有一些有趣的谣言。他研究人形机器人已经近 10 年时间，但是在当时，机器人产业甚至没能使玩具人形机器成功商业化，更不要说具备实际应用能力的机器人了。

2012 年，当巴克斯特终于亮相时，Heartland 的名字也改为 Rethink，这台人形机器人得到了不同的评价。并不是所有人都理解或者同意布鲁克斯模拟人类结构的审慎选择。

人工智能里程碑

如今，许多竞争对手出售的机器人手臂并没有试图模仿人类的手臂，而是选择了简洁和功能。但是，布鲁克斯并没有被吓住。他的目的是制造一台能够协助人类而非取代人类的机器人。巴克斯特是众多第一代旨在与有血有肉的人类工人协作的机器人当中的一个。这种关系的技术术语叫作"compliance"（服从）。机器人专家当中有一个广为流传的信念：未来 5 年内，这些机器将会在制造业、分销甚至是零售岗位中得到广泛应用。

巴克斯特被设计成了可以由非技术工人简单编程的机器人。想要教会这台机器人一项新的重复工作，人类只需要指导巴克斯特的手臂完成必要动作，它就会自动记住这些动作。推出这款机器人的时候，Rethink 只是展示了巴克斯特可以缓慢地将物体从传送带上拿起来，随后再放在新的位置。这似乎对工作场所的贡献有限，但是布鲁克斯坚持认为，随着时间的推移，这一系统将会开发出许多能力；而且随着新版本的推出，速度也会得到提升。

据传，Rethink 早期投资者之一可能是亚马逊 CEO 杰夫·贝索斯（Jeff Bezos）。亚马逊在自己的非工会仓库工人中遇到的问题越来越多，这些工人经常抱怨工作条件恶劣、工资低。当亚马逊收购专门制造仓储用机器人的 Kiva 系统时，贝索斯曾表示，打算尽可能地取代自己仓库中的人类劳动力。

在现代物流业中，有两种级别的分装：存储和移动所有货物的装箱，以及从箱子中提取出某个特定的货物。Kiva 系统包含了一个机器人团队，这些机器人旨在节省人类工人穿梭于仓库、取出某一订单中的个别商品并进行出货的时间。当人类在某一个位置工作的时候，Kiva 机器人能够在出货程序要求的正确时间将货物收集好，随后人类取出货物并进行包装。但是，Kiva 明显只是向着"打造完全自动化仓库"这一最终目标前进过程中的过渡产品。如今的自动化系统仍然无法取代人类的双手和眼睛。在一堆可能物件中快速识别物体，并从不同的位置取出这些东西，仍然是人类独有的技能。但是，这种情况能够维持多久呢？不难想象，巴克斯特，或者是来自同类公司 Universal Robots 或 Kuka 的竞争者，和一队移动的 Kiva 机器人在亚马逊的仓库里工作。这样的"无人"仓库显然即将出现，无论是它们是"友好的"巴克斯特，还是基于谷歌新机器人部门正在设计的非人类系统。

2012 年，随着关于技术和岗位的争论再次在美国出现，许多人想要攻击布鲁克斯的巴克斯特和它的人形设计。虽然对自动化的恐惧已经从美国隐退了几十年，但是却因为 Rethink 制造的人形机器人重新回归。许多人认为，Rethink 正在制造的机器人将（实际上，现在已经可以）取代人类劳动力。

人工智能关键思考

布鲁克斯高声呼吁，机器人的终极目标并不是"消灭"岗位。相反，通过降低制造成本，机器人将重塑美国制造业，为创造更多拥有更高技能岗位的新工厂作出贡献，尽管这些工厂的工人数可能会更少。

　　无论布鲁克斯走到哪里，这场关于人类和机器的争论都一直追随着他。2013 年大学学期末的时候，他来到布朗大学，对毕业生的父母们发表演讲。他对巴克斯特的看法很直接，而且他也觉得这对常青藤联盟的听众来说是个不错的话题。当时，他正在打造新一代更智能的工具，他提到，巴克斯特就是未来会出现在工厂里的许多工具中的一个，它被设计成可以被普通工人使用和编程的机器人。

　　但是，一位毕业生的母亲显然毫不买账。她举起手，愤怒地问道："人们的工作岗位怎么办？机器人不会把岗位都抢走吗？"布鲁克斯十分耐心地又解释了一遍自己的观点。这些机器人是要与工人合作，而不是取代他们。在 2006 年，美国将大量资金"送"到了中国，以支付在那里进行的制造工作。他指出，这些钱原本可以为美国工人提供更多的工作岗位。

　　那位女士反驳道："你只是在为美国说话，全世界怎么办？"布鲁克斯举起了双手。他辩驳道，中国需要的机器人甚至比美国还要多。因为他们的人口结构和独生子女政策，在不久的将来，中国将面临制造工人紧缺的困境。让布鲁克斯感触颇深的一点是，他无法说服这群接受过高等教育的中产阶级父母，**巴克斯特将会消灭的是重复工作，而不是高质量的、应该被保留的工作。**他提到当 Rethink 的工程师们走进工厂，询问工人们是否希望自己的孩子拥有类似的工作时，"没有一个人说'愿意'"。

　　在自己的办公室里，布鲁克斯保留了富士康工厂生产线的很多照片——他在为自己希望巴克斯特取代的岗位收集证据。但是，尽管他对自动化和机器人抱有极大的热情，但比起许多硅谷同行们，布鲁克斯还是更现实。在他看来，尽管机器人长出了腿，能在我们的世界里到处转，但它们仍然十分机械化。虽然人类天生就愿意与机器人互动，就好像它们有人类特征，但布鲁克斯坚信，在机器人真正能够与人类匹敌之前，我们仍有很长一段路要走。"如果哪一天，当我的研究生把机器人关掉的一刹那，它会涌上一股悲伤，"他提到，"那就意味着机器人真正成功了。"

他喜欢折腾自己的老朋友、麻省理工学院的同事雷·库兹韦尔。库兹韦尔曾执着地认为当代人类可以通过计算、人工智能和完善的膳食补充获得不朽，并因此遭到批评。现在的他正在打造一台谷歌规模的智能大型机。

"雷，我们都将会死去。"布鲁克斯对库兹韦尔说。布鲁克斯只是希望，巴克斯特的进化版本能够打磨得更加精细，以便自己老的时候能得到它的照顾。

让工具变成玩具

或许，我们正处在经济运行几乎没有人类干预或参与的边缘，这种说法并不新鲜。现在活跃的这些观点，几乎都可以归结于之前的纷争。李·费尔森斯丁（Lee Felsenstein）是政治和技术的最佳组合。他在费城长大，母亲是一位工程师，父亲是一位受聘于机车厂的商业艺术家。从小在一个以科技为中心的家庭里长大，他注定受父母影响很多。

费尔森斯丁的家人都是不信教的犹太人，书和学习是他们童年的重要组成部分。这就意味着，在他的世界里能够发现不少犹太文化的细节。他从小就知道，犹太人的魔像传说最终会影响他的世界，就像自己帮助创立的个人计算世界会影响世界一样。

魔像的出现最早可以追溯到犹太教的初期。在《摩西五经》（*Torah*）里，魔像意味着上帝眼前的一个未完成的人类。后来，它又开始代表由没有生命的物体（通常是尘埃、黏土或泥巴）做成的有生命的人形生物。魔像通过卡巴拉①获得生命，最终会成为完整的、活着的、顺从的、受到神明保佑的生物，但是，它只有一部分是人类。在一些版本的传说里，将一张羊皮纸放在魔像的嘴里，它就获得了生命，这与编程使用纸带输入没什么不同。文献中最早出现的现代机器人是捷克作家卡雷尔·恰佩克（Karel Capek）在1921年创作的歌剧《罗素姆万能机器人》里的角色。所以，魔像比这个机器人早出现好几千年。

1956年出版的《自动化，是敌是友？》（*Automation, Friend or Foe?*）的作者麦克米伦（R. H. MacMillan）好奇地说："在这个古老的寓言里，是否有对今天人类的警告呢？"他在书中预告了职场计算机化可能带来的危险。

"没有限制的'按钮战争'的危险显而易见，但是，我也相信，随着自动化设备越来越多地出现在文明国家的工业生活中，这将会以同样深远的方式影响他们的经济生活。"费尔森斯丁对魔像寓言的解释或许比大多数人都要乐观。因为受到犹太民间传说和诺伯特·维纳的预言的影响，他受到启发，想要勾勒自己理解中的机器人。在他的想象里，**当机器人变得足够复杂的时候，它们既不是人类的仆人，也不是人类的主人，而是人类的伙伴**。这是一个与恩格尔巴特的增强理念十分吻合的技术世界观。

当费尔森斯丁来到伯克利大学的时候，差不多距离恩格尔巴特在那里作为研究生学习有10年时间。费尔森斯丁在"言论自由运动"最激烈的时候成为了一名学生。

1973年，在越南战争给人们留下创伤的背景下，费尔森斯丁召集了一小

---

① 传说几千年前，当人类开始追问存在的意义时，那些知道答案且知道生命的意义和人类在宇宙中角色的人，被称为"卡巴拉学者"。——编者注

队激进分子，打算创造一个能够将大型计算机算力提供给社会的计算工具。他们在旧金山发现了一个仓库，在恩格尔巴特斯坦福研究所实验室遗弃的一台 SDS 940 主机的基础上，组装了一个智能计算系统。为了"将算力提供给人们"，他们在伯克利大学和旧金山的公共区域设立了免费终端，支持匿名访问。

因为受到社会主义观的影响，这组人避开了个人计算的想法。"计算应该是一个社会性的共享体验。"Community Memory 组织这样宣布道。这一理念有些超前。

在 AOL 和 Well 成立前 12 年，在拨号 BBS 流行前 7 年，Community Memory 的创新者们建造并运行了 BBS、社交媒体以及利用其他人的遗弃品建立的电子社区。这一项目的第一个版本，只维持到 1975 年就宣告关闭。费尔森斯丁没有像他的激进朋友们或约翰·麦卡锡一样对"反 PC"有偏见。因此，他毫无阻碍地成为了个人计算的先驱之一。费尔森斯丁不仅是家酿计算机俱乐部的创始成员之一，他还设计了 Sol-20——1976 年发布的早期爱好者计算机。到了 1981 年，他又发布了 Osborne 1——第一台大批量生产的便携式计算机。

事实上，费尔森斯丁在"计算对社会的影响"上，拥有开阔的视野。在他的家里，诺伯特·维纳的《人有人的用处》在书架上占据了很重要的位置。他的父亲认为自己不只是一个政治激进分子，更是一个现代主义者。费尔森斯丁后来写道，自己的父亲杰克"是一个现代主义者，他相信人与机器和谐共处会成为人类社会的模型"。在和孩子们做游戏的时候，父亲经常会模仿蒸汽机车，就像其他家庭的爸爸会模仿动物一样。

20 世纪 50 年代后期 60 年代早期，在费尔森斯丁离开家乡去上大学之前，对技术影响的讨论是他们家庭内部一个常见的话题。他的家人会讨论自动化的影响，带着极大的担忧探讨技术性失业的可能性。费尔森斯丁甚至找到并拜读了维纳的《神与魔像》（这本书出版当年，维纳在访问斯德哥尔摩时意外身亡），这本书囊括了维纳的多数预言，既有悲观的，也有积极的，都是关于机器和自动化对人类和社会的影响。对费尔森斯丁而言，维纳就是他的英雄。

尽管对机器人和计算产生了兴趣，但费尔森斯丁从未迷恋过以规则为基础的 AI。如果了解一下恩格尔巴特的 IA 理念，他思考计算的方式也许会发生改变。20 世纪 70 年代中期，恩格尔巴特的理念在硅谷的计算机爱好者中广为流传。

费尔森斯丁以及许多像他一样的人，都梦想着自己可以打造出属于自己的计算机。1977 年，个人计算机时代的第二年，在聊天中，他听到好友、同是计算机爱好者的史蒂夫·东皮耶（Steve Dompier）描述自己想要拥有一台怎样的计算机。东皮耶提到，未来的用户界面应该设计得像一个飞行模拟器。计算机用户将会"飞过"计算机文件结构，就像 3D 计算机程序模拟"飞跃"虚拟地形的方式。

人工智能关键思考

费尔森斯丁的观点很快追上了东皮耶的脚步。他发展了"基于游戏"的互动理念。最终，他将这个理念延伸到设计用户界面和机器人学。费尔森斯丁认为，传统机器人学将会产生取代人类的机器，但是"魔像学"（Golemics，诺伯特·维纳最早使用这一概念）将会成为人类与机器的正确关系。

维纳曾经使用"魔像"来描绘前技术世界。在这个"魔像方法"中，费尔森斯丁为制造自动化机器提出了一个设计理念，即通过机器与人类之间紧密的反馈闭环，人类用户将会被整合进系统中。在费尔森斯丁的设计里，人类将保留操纵系统的较高技能。这一方法与传统计算机学所倡导的"人类的技能将被封装在机器人中，从而导致人类变得被动"这一观点，存在根本的区别。

对费尔森斯丁而言，汽车可以被当作一个理想的魔像设备。汽车可以自动管理自己的很多功能——比如，自动变速器、刹车、自动巡航控制以及车道保持，但是终究还是受到人类的控制。按照 NASA 的说法，人类仍然在自然界的大循环中。

1979 年，在由一名前数学教师发起和策划的西海岸计算机展览会上，费尔森斯丁第一次公开表达了自己的观点。20 世纪 70 年代中期，计算机业余爱好者运动已经在这场年度计算机活动上找到了自己的归宿。

人工智能关键思考

当费尔森斯丁阐述自己观点的时候，虽然 20 世纪 60 年代已经结束，但他仍然十分"乌托邦"："考虑到魔像观点的应用，我们可以向前看，我相信，相比从人类那里取代那些有益的、值得嘉奖的工作，机器更有可能模糊工作和游戏之间的区别。"然而，在 70 年代末，他撰写论文的时候指出，或许魔像既能够演变成协作者，也能演变成科学怪人般的怪物。

尽管在将个人计算从"业余爱好者"的层次提升到产业层次的过程中起到了巨大作用，费尔森斯丁仍然被人们遗忘了，直到最近，这一情况才有所改观。

20 世纪 90 年代，费尔森斯丁在 Interval 研发公司担任设计工程师，随后又在帕洛阿尔托的加州大道附近创立了一家小型咨询公司，位置与今天谷歌机器人部门所在的街道相距不远。费尔森斯丁坚持自己的政治理念，并从事很多工程项目的研究，其中既有助听器，也有通灵学研究工具。

2014 年，当重返聚光灯下时，费尔森斯丁成了叶夫根尼·莫罗佐夫（Evgeny Morozov）的"靶子"。莫罗佐夫，这位来自白俄罗斯的聪明的知识分子专门对互联网名人作学术拆解，曝光了"com"时代的弱点。在《纽约客》的一篇文章中，莫罗佐夫瞄准了在包容性强的"创客运动"（Maker Movement）中发现的问题，追溯了费尔森斯丁"家酿俱乐部"的根源以及费尔森斯丁在 1995 年口述的乌托邦式的理念。

🖐 人工智能里程碑

在这次采访中，费尔森斯丁描述了自己的父亲如何给自己介绍伊凡·伊里奇（Ivan Illich）的《欢宴工具》（*Tools for Conviviality*）。伊凡·伊里奇是一位激进的前牧师，在 20 世纪六七十年代的反文化运动中，他是一位颇有影响力的政治左派分子。费尔森斯丁被伊里奇对技术的不教条的态度吸引。书中，伊里奇对比了"友好的"、"以人为本的"技术和"工业"技术。伊里奇的创作大多发生在微处理器对计算机去中心化之前，他还将计算机视作建立、维护中心化的、官僚式的控制工具。他已经预见了广播如何被引入美国中部，并迅速成为一种自顶而下的增强人类而非压迫人类的技术。费尔森斯丁相信，这对计算而言也有可能是正确的。

莫罗佐夫想要通过探究怀有费尔森斯丁精神的"创客运动"，继而证明费尔森斯丁"只通过工具就可以改变社会"的想法太过天真。莫罗佐夫写道："社会总在不断变化。设计者无法预测政治、社会、经济系统将会怎样，进而去钝化、增强或是改变正由他们所设计的那些工具的力量。"他提出，政治的答复应该是将这场黑客运动转变为传统的政治运动，继而追求透明和民主。

这是一次令人印象深刻的呐喊，但是，莫罗佐夫提出的解决方案就像"自己搭起稻草人，又自己拆掉来寻求掌声"的行为一样天真和无用。他关注史蒂夫·乔布斯的才能，但又称自己不在乎乔布斯在 20 世纪 70 年代中期帮助开创的个人计算技术是不是开源的。他对乔布斯将计算机视作一个强有力的增强工具这一理念大加赞赏。乔布斯曾说计算机就像"脑海里的自行车"。

但是，莫罗佐夫完全忽略了乔布斯这位企业家和沃兹尼亚克这位设计师、黑客之间的互相依赖关系。或许二者缺一也能行得通，只不过那样一来苹果就不会像今天这么成功。不过，莫罗佐夫注意到伊里奇只对简单的、非技术用户能够使用的技术感兴趣，也因此找到了取胜的论点。

友好的技术（这是伊里奇为那些处于个体控制下的工具起的名字）的力量在今天仍然是十分重要的设计观点，甚至显得更加重要。何出此言？证据显然就是费尔森斯丁和伊里奇之间的互动。1986 年，这位激进学者造访了伯克利大学。在会面中，伊里奇嘲笑费尔森斯丁试图用通信计算机取代直接通信。

　　"你为什么想伴随着'嗒嗒'声与塞尔聊天？为什么不直接和塞尔面对面地聊天呢？"伊里奇问道。

　　费尔森斯丁回答道："如果我不知道想要聊天的对象是塞尔，又该怎么办呢？"

　　伊里奇停下来，思考了一下，然后说："我明白你的意思了。"

　　费尔森斯丁又回应道："所以你看，或许自行车社会也是需要计算机的。"

费尔森斯丁说服了伊里奇，即使不是面对面，他们的通信也能创造社区。

考虑到机器人领域的快速发展，费尔森斯丁和伊里奇对设计与控制的见解在今天显得更加重要。在费尔森斯丁的想象中，苦差事将成为机器的专属，而工作将被转变为游戏。正如他在自己提出的汤姆·斯威夫特终端（Tom Swift Terminal，一个爱好者系统，预示了第一代 PC 的出现）中所描述的："如果要工作变成游戏，那么工具必须变成玩具。"

是伙伴不是敌人

微软公司的园区不规则地分布着环环相扣的人行道、建筑物、运动场、食堂和有冷杉点缀的停车场。这儿看起来与硅谷的 GooglePlex 园区有些不同，没有色彩鲜艳的自行车。但相同点是年轻的技术工人可以轻松地进入社区大学，甚至高中生也可以在园区里漫步。

当你靠近 99 楼（微软研究实验室的所在地）大厅的电梯时，电梯大门会感应到你的存在，然后自动开启。这有些像《星际迷航》里的场景，柯克船长也从来没有按过一个按钮。这台智能电梯是微软高级研究员、雷蒙德研究中心主管埃里克·霍维茨的杰作。在众多使用统计技术改善人工智能应用性能的第一代计算机科学家中，霍维茨算得上是知名度较高的人工智能研究人员。

霍维茨和许多人一样，也是因为对理解人类思维如何工作产生了浓厚兴趣，开始了自己的学习。20 世纪 80 年代，他从斯坦福大学获得医学学位，马上又开始了神经生物学的硕士研究。

一天夜里，他独自一人待在实验室，把探针插入老鼠大脑中的一个神经元中。霍维茨兴奋不已。屋子里很黑，有一台示波器和一个音频扬声器。当听到神经元发出的声音时，他对自己说："我终于进来了，我进到了一个脊椎动物的思想里。"与此同时，他也意识到，自己并不明白这次冲击在这个小动物的思维过程中到底意味着什么。霍维茨看了一眼自己的实验台，注意到一台最近拿来的苹果 IIe 型计算机的盖布滑落到了一边。他的心一沉，意识到自己正在运用一种完全错误的方法。他正在做的事情无异于随机将一只探针塞进计算机里，试图理解计算机软件。

霍维茨离开了医学领域，转而开始研究认知心理学和计算机科学。他选择了卡内基·梅隆大学的认知科学家、人工智能先驱赫伯特·西蒙作为自己的远程导师，也开始接触加州大学洛杉矶分校计算机科学教授朱迪亚·珀尔（Judea Pearl）。

人工智能里程碑

珀尔开创了人工智能研究的新方法，这种方法与早期的逻辑和基于规则的方法具有明显区别，专注于建立嵌套式的概率网络来识别模式。从概念上来讲，这与 20 世纪 60 年代遭到明斯基和珀尔特批评的神经网络的思路相距不远。

因此，20 世纪 80 年代，霍维茨在斯坦福大学远离了计算机科学研究的主流。许多主流人工智能研究者认为，他对概率论的兴趣是过时的，回到了过去的"控制论"方法。

1993 年，霍维茨来到微软研究院，他的任务是打造一个团队，研发可以改善公司商业产品的人工智能技术。微软的 Office 助手（即"Clippy"）1997年问世，主要是为了帮助用户掌握不易使用的软件，它在很大程度上就是霍维茨团队在微软研究院的研究成果。

不幸的是，Clippy 成了人机交互设计领域的一个笑话。微软为 Office 2010 制作的惊悚片式的推广视频里以 Clippy 的墓碑（死于 2004 年，享年 7 岁）作为亮点，遭到了广泛批评。

Clippy 的失败为世人提供了了解微软公司内部政治的独特窗口。霍维茨的研究小组在智能助手领域处于前沿位置，但是微软研究院（当然包括霍维茨的研究小组）在当时，几乎与微软的产品研发部门完全脱节。2005 年，在微软终止 Office 助手技术后，微软 Office 工程原负责人史蒂芬·辛诺夫斯基（Steven Sinofsky）这样描述了程序开发时对助手技术的态度："在产品里实际使用的功能名从来不是我们命名的功能名。Office 助手在开发时被我们命名为TFC，其中'C'代表小丑。至于 TF 代表什么，你可以大胆想象猜猜看。"显然，微软的软件工程师们从一开始就对这个智能助手没有任何尊重。因为霍维茨和他的团队无法确保产品研发团队充分参与 Clippy 的开发，Clippy 最终流落街头。

霍维茨研发团队在 1998 年的论文中所描述的最初的、更通用的智能办公助手的概念，与微软后来商业化的产品完全不同。最终发布的那版助手忽略了软件智能，也就是原本可以阻止助手不断地在屏幕上弹出友情提示的机制。没完没了的提示导致用户分心，并且，这一功能不可逆转地（也许过早地）被微软的客户拒绝了。但是，公司没有公开解释为什么原本可以让 Clippy 正常工作的功能被忽略了。一名研究生曾经在霍维茨的一次公开演讲后咨询了这个问题，霍维茨的回答是，这些功能让 Office 97 变得过于臃肿，导致整个软件太过巨大。（在互联网提供功能升级以前，将某些东西删掉是唯一实际的选择。）

这是大公司的文化，但是，霍维茨仍然坚持了下去。如今，一个殷勤的私人助手（居住在计算机显示器里）欢迎着来到他位于四楼角落的玻璃隔间的游客们。显示器停放在他办公室外的一辆小车上，显示的内容是某个看起来像超级麦克斯[①]的卡通面孔。现在，霍维茨的计算机化迎客方式，会通知访客们他在哪里、设置预约，或提示他什么时候在办公室。它几乎记录了霍维茨工作生活的方方面面，包括他当下的位置、一天中某一时刻他会多忙。

霍维茨一直在关注能够增强人类的系统。他的研究员们设计了可以监控医生和病患对话的应用，通过提供必要的支持以消除潜在的致命误解，此运用也适用于监控其他重要的对话。

在另一个运用中，霍维茨的研究团队检查了一场空难前的一段对话，希望确定飞行员和飞行管制塔台之间出现了什么问题。这是由飞行员和飞行管制塔台之间的通信错误导致的空难悲剧——1977年特内里费（Tenerife）机场空难。当时，两架747客机在没有地面雷达的情况下穿过浓雾，其中正在滑行的飞机撞上了另一架即将起飞的飞机，事故共造成583人遇难。对话记录显示，有两个人试图在同一时间说话，结果导致了一部分对话难以理解。

霍维茨实验室的目标就是研究避免此类悲剧的方法。

人工智能关键思考

> 霍维茨相信，当开发人员将机器学习和决策能力整合进人工智能系统中的时候，这些系统将能够推理出人类的对话，并判断哪些问题应该留给人类，哪些问题应该让机器来解决。

无处不在的廉价计算和互联网已经让这些系统显示结果、获取注意变

---

① 超级麦克斯（Max Headroom）：英国电视剧里的明星，讲述了一个口吃的人工智能机器人，整合了一位濒死记者爱迪生·卡特的记忆。

得更加容易，如今市面上已经出现了几种这一类型的增强产品。例如，早在 2005 年，两位象棋爱好者使用一个下棋程序赢了一位象棋大师，以及其他下棋程序。

霍维茨仍在研究如何通过人类智能让机器学习和计算机决策结合起来，以此深化人机交互。举例来说，他的研究人员与引导全民科学的工具 Galaxy Zoo 的设计者们密切合作，利用人类网络冲浪者的力量对银河系图片进行分类。

众筹劳动力正在科学研究中变成十分重要的资源：专业科学家可以指导业余爱好者，而业余爱好者要做的，只是玩一些利用人类认知的精密游戏，来帮助科学家解决像绘制蛋白质结构一样棘手的问题。

在很多情况下，人类专家团队已经超过了某些最强大的超级计算机的能力。在评估完人类和机器的组合后，通过给每一个组分配一个特定的研究任务，科学家能够创造一支强大的混合科研团队。

计算机拥有惊人的图像识别能力，它们可以创建数百个视觉表格，分析目前望远镜能够观测到的所有星系。这种做法并不昂贵，但也没能产生最好的结果。在这个程序的新版本 Galaxy Zoo 2 中，拥有机器学习模型的计算机能够解释星系图片，以便为人类分类员提供准确的样本，使之可以比之前更容易地为星系进行登记。

在另一个改进中，这个系统增加了识别不同参与者的特定技能的功能，并能够恰当地予以平衡。Galaxy Zoo 2 能够自动对遇到的问题进行分类，并且知道哪些人可以更有效地解决这个问题。

在 2013 年的一场 TED 演讲中，霍维茨向观众展示了一名微软实习生第一次遇到迎宾机器人时的反应。霍维茨展示了一小段视频，里面记录了从系统的视角来看这次互动的过程，尤其是记录了这名女性实习生的脸部。这位年轻的女性靠近系统，系统告诉她，霍维茨正在办公室里与某人交谈，并且提出可以为她安排会面时间，她犹豫了一下，拒绝了计算机的提议。

"哇，这太惊人了。"这位年轻的女性低声说。然后，为了结束这次对话，她急匆匆地说了一句："很高兴认识你！"霍维茨总结道，这是一个好的迹象。他认为，这种类型的互动展现了人类和机器人成为伙伴的世界。

虚拟机器人，更自由、更放松的人机交互

对话系统正在逐渐进入我们的日常交互。不可避免的是，这种伙伴关系并不总会发展成我们所期待的状态。

2013 年秋天，电影《她》（*Her*）轰动一时，讲述了由杰昆·菲尼克斯（Joaquin Phoenix）扮演的男主人公，与斯嘉丽·约翰逊配音的虚拟助手相爱的故事。《她》是一部科幻电影，故事发生在南加州未来的某个时间，一位孤独的男性与操作系统坠入爱河。许多观看了这部电影的人似乎都完全能够接受这种结局。截至 2013 年，全球已经有数百人拥有了多年使用苹果 Siri 的经验，这越来越让人感觉到"虚拟助手"正从新奇走向主流。

电影《她》也讲述了一些"奇点"的概念，即机器智能在某个点上会加速，最终超越人类智能成为独立的存在，并将人类抛在身后。《她》以及同年夏天上映的另外一部痴迷于奇点的科学电影《超验骇客》（*Transcendence*），它们的有趣之处在于——它们描绘人机关系的方式。

在《超验骇客》一片中，人机交互从愉快变成了黑暗，最终，一台超级

智能机器摧毁了人类文明。在电影《她》中，颇具讽刺意味的是，因为计算机智能发展过于迅速，人类和他的操作系统之间的关系发生瓦解。由于不愿意接受 1 000 种同时进行的关系，计算机超越了人性，并最终选择离开。

这或许是科幻，但在现实世界里，丽莎·卡珀（Liesl Capper）熟知这个领域已经近 10 年时间。澳大利亚聊天机器人公司 My Cybertwin 的 CEO 卡珀正在带着日益增加的恐惧，浏览她创建的一个名叫"我的完美女友"（My Perfect Girlfriend）的服务日志。"我的完美女友"就像是一个失控的实验。当卡珀读到网站脚本时，她发现，自己实际上已经成了一家数字妓院的经营者。

当然，聊天机器人技术可以追溯到魏泽鲍姆用伊莉莎程序进行的早期实验。快速发展的计算技术提出了人与机器之间关系的问题。在《群体性孤独》一书中，麻省理工学院社会科学家雪莉·特克尔表达了对技术的不满，称增加人机交互的代价就是牺牲人与人之间的联系。"我坚信，社交技术总会令人失望，因为它承诺了自己无法传递的东西，"特克尔写道，"它承诺了友情，但只传递了性能。难道我们真的想要待在这个交朋友的圈子里，维系那些永远不会是朋友的人吗？"

社会科学家早就将这种现象描述为社会错觉——"伪关系"（pseudo-gemeinschaft），这不仅只限于人机交互。举个例子，一位银行顾客或许会评估自己与一位银行柜员的关系，即使这种关系仅存在于一次商业交易的背景下，并且它或许只是礼貌性的、相识不深的交往。特克尔感到，她在麻省理工学院研究实验室里看到的人类和机器人的关系并不是真实的。这些被设计出来用来表达复杂情感的机器，只是要引发或阐释某些特定的人类情绪反应。

后来，卡珀又开始研究用户与她的完美女友聊天机器人的互动中，那些情绪交流的种类（如果不完全是性方面的）。作为一位从小生活在津巴布韦的女商人，她已经获得心理学学位，并创立了特许经营早期儿童培养中心。卡珀为应对互联网泡沫的破灭，搬到了澳大利亚。在澳大利亚，她开始尝试搜索引擎服务，并开发了能够自定义搜索结果的 Mooter。

但是，在谷歌称霸全球的背景下，Mooter 举步维艰。尽管公司后来在澳大利亚上市，卡珀还是在 2005 年的时候，与自己的业务伙伴约翰·扎克斯（John Zakos）一起离开了公司（约翰是一位聪明的澳大利亚人工智能研究者，青年时代就萌生了打造聊天机器人的想法）。他们在一起将 My Cybertwin 打造成一家出售"FAQ 机器人"技术的公司，服务对象是银行、保险公司等企业。网站用户可以就他们关于产品和服务的常见问题（FAQ）获得相关答复。这对企业而言是一种一举多得的方法，使他们在向客户提供个性化信息的同时，通过取消客户呼叫中心和电话成本，节省了大量资金。

但在当时，这一技术仍然不够成熟。尽管公司最初获得了一些成功，My Cybertwin 还是有了竞争者，所以卡珀又开始寻求扩展新市场的方法。他们试图将 My Cybertwin 转变成一个能够生成软件"化身"的程序，这个化身能够通过互联网与其他人互动，它的主人甚至可以是离线的。这一强大的科幻构想最终只产生了一定的积极结果。

卡珀的态度一直模棱两可，没有承认虚拟助手是否会取代人类的岗位。在采访中，她会提到虚拟助手不会直接取代工人，强调 My Cybertwin 为许多公司提供的都是重复劳动。她认为，自己这样做是解放了人类，让他们去做更加复杂的、也更令人满意的工作。

与此同时，扎克斯出席了很多会议，提出当公司运行 A-B 测时，比较 My

Cybertwin 对文本问题的响应与呼叫中心人类客服对文本问题的响应后，My Cybertwin 在客户满意度一项中超过了人类。而且他们吹嘘道，当他们在澳大利亚国民银行（National Australia Bank）的网站上部署了一套商业系统后，这家澳大利亚最大的银行超过 90% 的网站访客认为，自己正在与人类互动，而不是在与软件程序打交道。

为了增强说服力，银行网站上的对话程序或许需要回答 15 万个不同问题——这对目前的计算和存储系统而言轻而易举。尽管他们不想面对人类岗位被取代的问题，卡珀和扎克斯的工作似乎也变得越来越戏剧化。

第二次世界大战后，美国白领力量的发展大多要归功于通信网络的快速传播：电话销售、电话运营商，以及技术和销售支持岗位，都涉及通过基础设施连接客户和员工。计算机化转变了这些职业：呼叫中心搬到了海外，第一代自动交换机取代了大量人类接线员。从斯坦福研究所剥离出的 Nuance 等一些软件公司提供了非特定的语音识别服务，开始从根本上转变呼叫中心和航空预定系统。尽管顾客排斥"语音邮件地狱"（voicemail hell），像 My Cybertwin 和 Nuance 这样的系统技术，不久之后仍将试水通过电话与客户互动。

My Cybertwin 的对话技术或许不够完善，无法完全通过图灵测试，但是，它却领先了当时互联网上大多数可用的聊天程序一步。卡珀深信，我们不久将居住在这样一个世界里：虚拟机器人将成为人类的日常陪伴。她没有遇到任何困扰魏泽鲍姆和特克等研究人员的哲学问题。在将人类和 My Cybertwin 之间的关系抽象为主仆关系的时候，她也没有遇到任何问题。2007 年，卡珀开始对项目"我的完美女友"和"我的完美男友"进行实验。不出所料，女友网站上的流量一直比男友网站上的多，所以她将这项服务的一部分设定为付费项目。

果然，4%访问过该网站的人（大概以男性居多）都乐意付费获得特权，创造一种网络关系。这些人被告知，在连接的另一端没有人类，他们只是在和一个模拟人类的算法互动。但他们仍然愿意为这项服务付费，尽管当时并不缺少提供真人色情聊天的网站。

也许这就是解释。在个人计算机时代早期，一家名为 Infocom 的文字冒险游戏开发商有着这样一句营销口号："最好的图形就在你的头脑中。"

人工智能关键思考

也许，与机器人交互的那种自由、放松之感，正是因为在连线的另一边并不是一个令人难以捉摸的人类。也许，这根本与人际关系无关，更多的在于是取得控制成为主人还是成为奴隶。

无论支撑这些交互的心理因素究竟是什么，总之它已经让卡珀有些错愕。卡珀所看到的人类的心理维度，远比之前预料的要多得多。所以，虽然在偶然间发现了这一新兴业务，但她却打起了退堂鼓，并在 2014 年关闭了"我的完美女友"。她认为，肯定存在一种更好的商业形式。事实证明，卡珀的这种商业第六感来得正是时候。苹果向 Siri 张开怀抱，就此改变了虚拟助理市场。**在计算机的世界里，理解对话系统不再是什么古怪的创新，而是一种逐渐成为主流的交互方式。**

在"我的完美女友"之前，卡珀就已经意识到，如果她的公司是成功的，那么就必须扩张到美国。于是她筹足资金，将公司从 My Cybertwin 更名为 Cognea，并在硅谷、纽约设立工区。2014 年春天，卡珀将这家公司卖给了 IBM。当时的蓝巨人仍然沿袭着 1997 年战胜国际象棋大师加里·卡斯帕罗夫（Garry Kasparov）的路线，而这一次他们又找到了一个可以与之媲美的宣传噱头——他们的机器人参加了电视智力竞赛节目《危险边缘》的录制，并挑战两位人类冠军。

2011 年，IBM 的 Watson 系统战胜了布拉德·拉特（Brad Rutter）和肯·詹宁斯（Ken Jennings）。在很多人看来，这场胜利，是人工智能技术超越人类能力的佐证。然而，事实可能需要再咀嚼和推敲。虽然人类参赛者偶尔能够预计时间，并抢在 Watson 之前按下按钮。但是在实际比赛过程中，Watson 却有着压倒性的机械优势，这其实与人工智能并没有太大的联系。当 Watson 的数据让它确信自己找到了正确答案的时候，它总能准确无误地按下按钮，它有着极高的准确度，速度要比其他两位对手快上许多，这让这台机器有了绝对的胜算。

使 Watson 所取得的优势地位显得有些讽刺的是，IBM 一直习惯将自己描述为智能增强型公司，而不是试图取代人类的企业。回想 20 世纪 50 年代，IBM 选择中止在 AI 领域的第一次正式研究，是因为这家公司不愿意对外宣传它的计算机产品将会取代人类工人。在 Watson 大获成功后，IBM 将这一成果描述为增强人类员工能力方面的进展，并指出公司计划将 Watson 技术整合到医疗健康领域，扮演医生、护士背后的智囊团角色。

然而，仅仅作为医疗顾问的 Watson 很难快速发展，因此 IBM 拓宽了这一系统的目标。如今，Watson 团队所开发的应用程序在未来将不可避免地取代人类的工人。Watson 的设计初衷是一个"问答"系统，同样是向着人工智能的基本目标迈进。在 Cognea 的帮助下，Watson 获得了对话能力。那么 Watson 将如何为人所用？摆在 IBM 和它的工程师面前的选择题很清晰：Watson 能够作为医生、律师、工程师等职业的助手，也可以取而代之。在人工智能领域刚刚露出曙光的时候，IBM 曾经选择放弃这一市场。那么，未来 IBM 又将何去何从？

《危险边缘》节目的人类冠军肯·詹宁斯在墙上写下了这样一段话："就像20 世纪工厂里的工作岗位因为生产线组装机器人的出现而逐渐消失一样，布拉德和我成了第一批被新一代'思考'机器所取代的知识型产业工人。'猜谜节目的参赛者'可能是由 Watson 取代的第一份工作，但是我敢打赌，这绝不会是最后一个。"

MACHINES
OF LOVING GRACE

07
救援机器人，从模拟智慧到智能增强

霍姆斯泰德－迈阿密举行的机器人大赛让一件事情变得清晰起来，那就是，有两个不同的方向能够定义即将到来的人类与机器人的世界：一个迈向人机共生的世界，而另一个则在向着机器取代人类的方向发展。正如诺伯特·维纳在计算机和机器人的启蒙时期所意识到的一样，其中一种未来对于人类来说可能将是凄凉黯淡的，而走出这条死路的方法是将人类放置在设计环节的中心，重新塑造个人计算，把它作为增强人类智慧的终极工具。

20 13 年秋一个周末的下午，机器人实验室一片幽灵般的寂静。设计工作室里堆满了金属加工和工业机械设备，很容易被误认成新英格兰某个小小的加工车间。工作室内一个狭小的房间前站着一位蓄着胡子的男人——他叫马克·莱伯特（Marc Raibert），是全球顶尖的步行机器人设计师。

这个房间被工作人员亲昵地称作"肉柜"（meat locker），里面杂乱地堆放着各式各样的设备。但在远离门口的一端，7 个人形机器人就像肉匠铺里的肉一样，被钩子挂在天花板上。

这些机械人没有头，而且一动不动，浑身上下散发着怪异的气息。它们身上没有皮肤，只有钢、钛、铝合金拼装出的人形框架。胸膛的位置投射出令人毛骨悚然的蓝色 LED 光，而这也泄露了一个秘密——这里嵌有用来检测、控制的计算机。暂时被拆掉的"头颅"里，装着另外一台计算机，它的任务是监测传感器控制以及数据采集。所有零件拼接在一起后，每台机器人的站立高度可达 1.8 米，重量近 150 千克。在现实世界里，它们活动起来虽没有视频中那样轻盈自如，但它们的确已经成为了一种让人无法否认的存在。

一周之后，DARPA 宣布签约波士顿动力（Boston Dynamics），这家由莱伯特在20多年前组建的公司负责"阿特拉斯"（Atlas）的研发工作。这种人形机器人将成为新DARPA挑战赛的平台设备。DARPA挑战赛意在打造出在危险环境中仍可运行的新一代移动机器人。当年年末，谷歌将宣布收购波士顿动力，不过在这之前，这家机器人公司就已经因为五角大楼提供可行走、可奔跑的机器人而名声大噪。

虽然波士顿动力从美国军方获得大量科研资金，但莱伯特本人却并不认为自己所做的研究与武器有关联。职业生涯的绝大多数时间，莱伯特的注意力一直集中在解决人工智能、机器人世界里一个最棘手的难题：**打造能够像动物一样在非结构化环境中轻松移动的机器**。人工智能专家们用了几十年的时间来模拟人类智慧，莱伯特却成了复制人类运动敏捷性的大师。他一直认为，创造能够灵巧活动的机器人要比其他许多人工智能挑战更为困难。"想要模仿一只在树枝上跳来跳去的松鼠，或是模拟鸟儿的起飞、降落，"在莱伯特看来，"这丝毫也不比模拟智慧轻松。"

那些被波士顿动力命名为"小狗"（LittleDog）、"大狗"（BigDog）、"猎豹"（Cheetah）的机器人，曾经在网络上引发了人们对这种"终结者"一般

扫码获取"湛庐阅读APP"，搜索"人工智能简史"，即可观看这些机器人的震撼视频。

的机械的热情讨论。2003年，这家公司收到了DARPA的第一份合同，负责研发仿生四足机器人。5年之后，在YouTube的一段视频中，"大狗"已经能够在崎岖不平的地形上行走、在冰面上滑行，甚至能够"扛"住人们的"袭击"，不因失去平衡而摔倒。它的发动机传出阵阵女妖般的哀号，这样的场景，让人感受到了在树林中被一个机器怪物追逐的恐怖。超过1 600万人观看了这段视频，震撼发自肺腑。对很多人来说，"大狗"就是科幻小说、好莱坞电影中那

些邪恶机器人的人间代表。

不过在现实生活中总喜欢穿着牛仔裤、夏威夷衬衫的莱伯特，却并不忌讳这种邪恶博士的形象，相反，甚至有些享受其中。通常情况下，他在会尽量回避与媒体的直接接触，只通过持续更新的极具冲击力的"杀手视频"与外界沟通。莱伯特会时不时去查看看客们的评论，不过在他看来很多人都只是看热闹，忽略了更宏大的图景：这些移动机器人即将成为日常生活中人与世界交互的方式。

人工智能关键思考

莱伯特在公开表态中只是简单地指出，他认为那些批评没有看到关键点。"显而易见，人们觉得它令人毛骨悚然，"在接受一家英国科技杂志采访时，莱伯特表示，"YouTube 上'大狗视频'收到的一万多条评论中，有 1/3 来自那些深感恐惧的人们，他们觉得这些机器人在追赶自己。不过对我们影响最强烈的还是一种自豪感，我们已经几乎能够模仿人类、动物的动作，并制作出如此逼真的东西。"在他看来，另外一类评论来自那些故作震惊，但同时享受着类似阅读科幻小说般快意的人们。

相比前辈"无人驾驶汽车挑战大赛"，DARPA 机器人挑战赛（DRC）更清晰地表达了人与机器人之间的一种可能关系。它预示着一个新的世界，在这里，机器人能够与人类合作、共舞、变成人类的奴隶，或是完全取代人类。在最初的 DARPA 机器人挑战赛中，机器人的行动几乎完全依靠人类操控——操作员需要根据有线网络连接传回的传感器数据发布指令。波士顿动力在机器人中嵌入了行走、手臂动作等基础电机控制功能，并向参赛队开放。不过，16

支参赛队伍需要独立编码，开发执行特定任务所需的高级功能。那年秋天，波士顿动力将这批机器人交付给 DARPA 机器人挑战赛。不过年末在佛罗里达进行的预赛中，这些机器人显得缓慢又笨拙，令人感到尴尬。

挂在"肉柜"里的那些等待分发给参赛队的机器人，看起来仿佛随时会像人类一样敏捷。这让人不禁联想起 2004 年电影《机械公敌》（I, Robot）中的场景：影片中由演员威尔·史密斯扮演的警探举着手枪穿过了一个巨型仓库，那里摆放着成千上万等待部署的人形机器人。在一个特写镜头中，机器人的眼睛盯着这位移动的警员，伺机行动。

从机械兽到机械展馆

几十年前，还在麻省理工学院念本科的莱伯特就已开始钻研神经生理学。一天，他跟着教授来到人工智能实验室。当走进房间，看到研究人员桌子上一个拆散的机器手臂时，莱伯特被这一瞬间的画面深深地迷住了。从那时起，他立志成为一名机器人专家。几年之后，作为一名冉冉升起的机器人研究领域的新星，莱伯特得到了在帕萨迪纳 NASA 喷气推进实验室（JPL）的一份工作。刚到那儿时，他感觉自己就像一个身处异乡的陌生人。在 NASA，相比宇航员，机器人以及它们的"饲养员"是实打实的二等公民。这位刚刚毕业的麻省理工学院的博士被 JPL 聘来担任初级工程师，参与一个枯燥乏味的项目。

后来，莱伯特在伊凡·苏泽兰（Ivan Sutherland）手下工作。1977 年，苏泽兰已成为计算领域的传奇。1962 年，他在麻省理工的博士论文项目"画板"（Sketchpad）帮助图形、交互式计算向前大步迈进；1968 年，又与鲍勃·斯普劳尔（Bob Sproull）合作，开发了全球首部虚拟现实头戴式显示器。1974 年，苏泽兰前往加州理工学院，成为这所大学计算机科学系的创始院长。在加州理工学院的日子里，莱伯特与物理学家卡弗·米德（Carver Mead）、电气工程师琳·康维（Lynn Conway）合作，创造了可装配数十万逻辑元件、存储器的集成电路新模型——20 世纪 80 年代的这项突破为现代半导体行业埋下了伏笔。

其实，早在 50 年代的时候，还是高中生的苏泽兰就已经和哥哥伯特一起走入了机器人世界。两个男孩有幸师从计算先驱埃德蒙·伯克利（Edmund C. Berkeley）。1949 年，伯克利撰写了《会思考的巨型头脑》（*Giant Brains, or Machines That Think*）一书。1950 年，他又设计了 "Simon" 这款由继电器构成的设备，它也被人们视为全球第一台个人电脑。兄弟两人对 Simon 进行了修改，让它能够进行除法运算。在伯克利的指导下，苏泽兰兄弟着手研发出一个能够破解迷宫的机器 "老鼠"。伊凡在高中科学项目中制作了一个能够存储 128 个 2-bit 数的磁鼓存储器，这也为他赢得了卡内基理工学院的奖学金。

进入大学后，苏泽兰兄弟继续 "机械兽" 的研究。两人研发了一款由干电池和晶体管组成的机器，后来又推出了多个迭代版本。这款设备名为 "野兽"（Beastie），命名沿用了伯克利机械松鼠 "斯奎"（Squee）的模式。两人花了无数的时间，想方设法让 "野兽" 玩捉迷藏。

几十年之后，苏泽兰前往加州理工学院担任计算机科学院院长，对计算机图形学深感兴趣的他似乎已经将自己对机器人设计的兴趣抛在脑后。当莱伯特听到苏泽兰的演讲时，他为这位教授对将来的设想深深地着迷。走出礼堂的时候，莱伯特感觉自己的热情完全被点燃了。他决定打破保护着这位院长的层层官僚等级之墙，与苏泽兰建立联系。莱伯特先是给苏泽兰发送了几封礼貌的电子邮件，同时也给苏泽兰的秘书留了消息。

最初的希望终究还是化为泡影，全部努力没有换回一丝回音，这让莱伯特有些恼火。他制订了一个新计划。接下来两周半的时间里，他每天下午两点会准时给苏泽兰的办公室打一通电话，而秘书每天都会接起并记录信息。终于有一天，声音粗哑的苏泽兰给莱伯特回了电话："你究竟想干什么？！"莱伯特解释了自己迫切想要与他合作的想法，并希望提议几个可行的项目。终于，两人在 1977 年会面。莱伯特准备了 3 个想法，在听完一个关于"单腿行走（更确切地说是'蹦跳'）的机器人"的创想后，苏泽兰断然决定："就做这个！"

苏泽兰成了莱伯特生命中第一个神通广大的贵人，他带着莱伯特造访DARPA（在利克莱德之后，苏泽兰在这里工作了两年）、美国国家科学基金会。两人获得了 25 万美元的研究经费，并展开了项目研究。在加州理工学院，两人一起研发早期行走机器人。数年之后，在苏泽兰的建议下，两人"投奔"到卡内基·梅隆大学，并在这里继续着对行走机器人的研究。

最终，莱伯特打造出了一个令人难忘的"机械展馆"，这里满是能够跳、行走、飞旋甚至翻筋斗的机器人。两人在卡内基·梅隆大学的办公室紧挨在一起，1983 年 1 月，又合作为《科学美国人》（*Scientific American*）撰写了一篇关于行走机器人的文章。1981 年，莱伯特在卡内基·梅隆大学创建了 Leg 实验室，后来他转投麻省理工学院，1986—1992 年一直担任这所大学的教员。之后，他选择离职，并创建了波士顿动力公司。麻省理工学院另一位年轻的教授吉尔·普拉特（Gill Pratt）则继续在 Leg 实验室工作，设计行走机械，研究能够让机器安全地与人类协作的技术。

仿生机器人，进入极端环境作业

莱伯特率先打造了行走机器人，而他在卡内基·梅隆大学的同事莱德·惠特克则几乎一手创造了能够在物理世界中自由移动的"场地机器人"（field robotics）。DARPA 自动驾驶汽车挑战赛实际上缘起于惠特克一个堂吉诃德式的计划，他希望造出能够穿越整个美国的机器人。新一代的行走救援机器人实际上是建立在他在 35 年前创造的第一批救援机器人的基础之上。

惠特克的职业生涯因 1978 年 3 月 28 日那场三里岛核电厂灾难而迅速起飞。那时的他刚刚获得博士学位。在那场重大事故中，三里岛核电站两个核反应堆之一有部分熔毁。这次失控，让世界见证了核行业面对反应堆放射性材料失控，是多么地措手不及。5 年之后，惠特克和他的学生制造的机器人进入了受反应堆破坏最严重的区域，并参与清理工作。

两家巨型建筑公司耗资 10 亿美元，仍然未能进入损毁反应堆地库进行检查、清理工作，这时候，惠特克的机会来了。1984 年 4 月，他将卡内基·梅隆大学团队历时 6 个月打造的 Rover 机器人送去了三里岛。Rover 装有 6 个轮子，配有灯光以及一个与控制器相连的摄像头。依照安排，Rover 进入地下室，走过污水、泥浆、杂物，成功采集到了核灾难现场的第一张图像。后来这一机器人经过团队调适，又执行了检查以及采样工作。

Rover 的成功也让惠特克形成了解决问题雷厉风行的风格。在受官僚制度延误多年之后，他的公司 Redzone Robotics 向乌克兰派遣了一个机器人，帮助清理 1986 年发生事故的切尔诺贝利核电站。20 世纪 90 年代初，惠特克又为 NASA 研发火星机器人。火星机器人庞大、笨重，不太可能成为首要任务。不过，惠特克很快又找到了一个能够在地球上实施，并且规模同样庞大的项目。当时，早期的无人驾驶汽车研究已经开始显露头角。因此，卡内基·梅隆大学的研究人员决定，可以开始让这些车辆在匹兹堡的街道里试行。

那么穿越整个美国如何？惠特克觉得这就是自己心中的梦想。这个被他称为"大穿越"（the Grand Traverse）的任务，将证明机器人已经准备好在现实世界中执行任务，而不是躲藏在实验室之中度日。"给我两年的时间，六七名研究生，我会实现它。"1991年，在接受《纽约时报》采访时，他曾立下如此豪言。15年之后，DARPA的托尼·特瑟也轻信了这一想法，并展开了首个自动驾驶汽车挑战赛。

20世纪90年代初，在忍受了几十年的失望之后，机器人专家们终于在打造实用机器人方面取得了飞速的进步。另一方面，三里岛的技术故障又为机器人产业蒙上了阴影。1980年6月发行的《Omni》杂志中，马文·明斯基撰写长篇宣言，号召发展远程呈现技术。明斯基以此严厉斥责机器人世界的缺陷：

> 三里岛真的需要远程呈现。我对整个核工业应对突发事件的无能感到震惊。我们都看到了现有技术对处理损毁，以及修复反应器工作，是多么地捉襟见肘。技术人员们仍然等待着对损坏的核电站进行彻底检查——短短几分钟的时间，他们吸收的辐射就已经达到了一年的剂量。修复成本以及能源损失将达到10亿美元；而远程呈现，则可能会将这笔费用缩减到几百万美元。

> 如今最大的问题在于，核电站的设计并未将远程呈现纳入考虑。为什么呢？因为这项技术仍然太过原始。除此之外，这些核电站甚至没有预留安装未来先进远程呈现设备的空间。这就是恶性循环！

无线网络连接的缺失是摆在那个时代远程控制机器人项目发展道路上一块巨大的绊脚石。不过，明斯基也注意到了机器人界的失败——专家没能打造出拥有人类基本能力，能够抓握、操作的机器。当时核设施运营商所使用的机械手完全入不了他的"法眼"，在他看来，这些玩意儿"比小钳子好不了多少"。明斯基还指出，这些产品完全比不上人手。"如果人们能开发更多工程技术，模拟手掌、手指的生理结构，设法将这些机械手制作得更像人类的手，那么，我们就能够让核反应堆这样危险的设施变得安全许多。"

这一批评还算不上严厉。然而 30 年后的 2010 年，当这篇文章重新被《IEEE Spectrum》转载的时候，机器人领域其实仍然没能取得显著进展，明斯基提到的那种机械手依旧没能成为现实。2013 年，明斯基又再次哀叹道，即使是 2011 年福岛核电站崩溃的时候，世界上仍然没有一个机器人能够在紧急情况中，轻松地打开一扇门。另一点也很明确，明斯基对机器人研究界的选择感到不满——大多数专家已选定罗德尼·布鲁克斯绘制的愿景，决定通过接合简单的组件来完成复杂行为。

明斯基的观点有不少的支持者，其中就包括在马克·莱伯特之后接管麻省理工学院 Leg 实验室的吉尔·普拉特。普拉特从麻省理工学院离职后，曾在马萨诸塞州欧林学院（Olin College）担任教授，之后升任院长。2010 年，他出任 DARPA 项目经理，并分管两个主要项目。其中之一是 ARM 计划（自主机器人操作计划）这一项目中就包括明斯基朝思暮想的机械手。ARM 机器手的目标，是在各式各样的任务中展现类似人类的功能：捡拾物体、掌握并控制专为人类设计的工具、操作手电筒，等等。ARM 的另一部分任务是尝试将人类大脑与机械四肢相连，这一研究将造福受伤的士兵和截肢、截瘫、四肢瘫痪的残疾人，给他们带来重获新生的机会。与 ARM 并行开展的另一个项目名为 Synapse，主要目标是开发仿生计算机，将机械的认知更好地翻译成机械动作。

普拉特是 DARPA 新生力量的代表，这些科学家在奥巴马政府宣布由瑞吉娜·杜坎（Regina Dugan）接替托尼·特瑟担任 DARPA 负责人后加入了这一机构。特瑟任期中，DARPA 与原本长期紧密合作的学术界逐渐疏远，转而将大量资金投放给机密军事承包商。杜坎、普拉特在加盟后，迅速决定修复该机构与大学校园的关系。

加入 DARPA 之前，普拉特的研究方向是制造能够在实验室外的世界中畅游的机器人。他们当时面临的一大挑战是让机器人将力量控制得相对温和，以此更好地适应真实世界。他发现，想做到这一点，最好的方法是模仿人类肌肉与关节之间的生物筋脉的功能，在机器人各个组件以及驱动齿轮之间加入弹性材料。这些弹性肌腱材料可以拉伸，而通过测量伸展程度，就可以得到施加在这些材料上的力的大小。在那之前，机器人手臂腿脚的组件彼此直接连接，这意味着它们对力量和精准度的控制太过僵硬死板。在探索人类所居住的这个无法预知的真实而脆弱的世界的过程中，原始机器人存在着潜在的安全隐患。

人工智能关键思考

普拉特尚未考虑人类与机器人的协同工作。他感兴趣的是如何让老人安全地移动。在通常情况下，年长体弱的人往往需要助行器、轮椅等工具的帮助。在探究人类使用工具的过程时，他意识到，弹性在人类接触坚硬障碍物的时候提供了保护。在普拉特看来，未来更有弹性的机器人能够更安全地在人类身旁工作，不必担心有人会因为它们而受伤。

那段时间，普拉特正在 Cog 的基础上进行研究。Cog 是 20 世纪 90 年代由罗德尼·布鲁克斯的机器人实验室设计的早期人形机器人。

当时一位名叫马特·威廉姆森（Matt Williamson）的研究生负责测试机器人手臂，结果代码错误导致手臂失控，机器人反复拍击实验道具。一旁的布鲁克斯看不下去，冲到机器人和测试台间，"顺利"成为史上第一个被机器人打屁股的人类。好在当时机器人的动作相对温和，那位研究生也非常走运，因为布鲁克斯虽然挨了顿打，但还算是"幸免于难"。

无论在仿生学还是人机协作领域，普拉特的研究都是一大进步。布鲁克斯在研究中所采用的"弹性驱动"（elastic actuation），也是确保人类安全地与机器人协作的核心方法。

在加入 DARPA 后，普拉特迅速意识到，尽管已经进行了几十年的研究，但大多数机器人仍然被禁锢在实验室之中，这不仅是为了对人类的安全负责，同时也是为了在受控环境中保护机器人软件。在他加盟 DARPA 一年之后，2011 年 3 月 12 日，日本海啸冲击了福岛第一核电站。尽管工人们已经尽量在有限时间内对紧急情况予以控制，但随之而来的高辐射泄漏还是迫使他们在反应堆安全关闭之前撤离了。

由于美国政府要求提供人道主义援助，DARPA 也自然而然地参与了这场核危机之中。（"9·11"事件后，该机构曾派机器人前往遭受袭击的世贸中心搜寻幸存者。）DARPA 的官员们开始协调福岛事件的应对工作，并联系了美国多家曾为三里岛、切尔诺贝利核电站提供过援助的公司。美国向日本派遣了一小批机器人队伍，希望进入核电站完成维修工作。可惜，当核电站人员接受机器人使用培训的时候，避免最严重破坏的最佳时机已悄然逝去。这一点尤其令人感到沮丧，因为普拉特明白，如果能够迅速部署机器人，那一定会带来不小的转机，并能有效控制破坏程度。"最终，机器人所能带来的最大帮助是对已发生的大面积损毁进行调查，并获取辐射数据。能够减轻灾害等级、进行早期干预的黄金时期早已逝去。"普拉特写道。

这次惨痛的失利也催生了机器人挑战赛。2012 年 4 月，DARPA 公布了这项全新的比赛，规模与当年特瑟的自动驾驶汽车挑战赛相当。普拉特希望以此激励机器人研究团体创新，促进能够在极端环境中工作的自主机器人的发展。参赛队伍将制作机器人并为之编码，完成核电站紧急事件中可能出现的八大任务。然而，大多数参赛队并不会从零开始打造一台全新的机器人：普拉特与波士顿动力签约，由该公司提供作为大赛平台设备的"阿特拉斯"人形机器人，以此快速启动竞赛。

安迪·鲁宾，移动机器人时代的预言家

黑暗之中，人们有可能会捕捉到一个正盯着灰暗夜色的眼睛发出的蓝色辉光。这道光亮来自一部视网膜扫描仪，对于它来说，眼睛就好比另一种数字指纹。这种昂贵的电子哨兵尚未普及，不过它们已经出现在一些需要超高安全保卫级别的区域。在它们的凝视之下走过，就好像是在眼睛一眨不眨的"电控地狱犬"前通行。

视网膜扫描仪并不是这里唯一一个信息安全"装饰物"，这座房子本身就是一座充满了机器人的魔幻花园。门厅中，一只机械手臂正握紧木槌敲击大锣，提醒着新的来访者的到来。到处都是轮式、飞行、爬行、行走机器人的身影。对一个访客来说，这座房子就好像是电影《银翼杀手》的场景，影片中侦探瑞克·戴克（Rick Deckard）来到基因黑客塞巴斯蒂安的家中，发现自己正身处一个离奇合成生物的"聚集地"。

房子的主人是现实版塞巴斯蒂安——安迪·鲁宾。曾任苹果工程师的他在2007年加入谷歌，并迅速推进该公司的智能手机业务。当时，似乎全世界都认为谷歌是一家势不可挡的科技巨头，它已经迅速发展为全球顶尖的计算技术公司。然而在谷歌内部，创始人却仍然看重公司在网络搜索领域的优势，担心自己的垄断地位可能会因用户从桌面向掌上移动计算机转移而受到威胁。2007年11月，谷歌发布安卓操作系统，这比苹果iPhone的iOS系统诞生晚了10个月的时间。

桌面计算时代开始逐步让位给一种更为贴心的机器，而这些设备的诞生

也让世界很快进入了后 PC 时代。谷歌创始人担心，如果在新兴的手机世界中，微软仍然能够复制在桌面上创造的传奇，那么谷歌很可能会被赶超，从而失去在搜索领域的垄断地位。那时，苹果的 iPhone 还未成规模，人们无法预知微软桌面电脑的统治地位将会迅速遭遇重创。

为了抢占先机，谷歌收购了安迪·鲁宾的小型初创公司，希望通过开发自己的移动软件操作系统来与微软抗衡。在接下来的 5 年时间里，鲁宾享受着令人难以置信的成功，他的产品不仅超越了微软，同样也击败了苹果、黑莓、Palm。鲁宾的策略是创建一个开源的操作系统，并将它免费供给其他公司，这些"客户"很多都曾向微软支付过高昂的 Windows 许可费用。微软发现，自己对这个主打"免费"牌的对手的挑战，几乎毫无还手之力。2013 年，在市场占有率方面，谷歌的软件主导了手机世界。

职业生涯早期，鲁宾曾在苹果担任制造工程师，在那之前，他曾在欧洲的蔡司公司负责机器人的研发。在苹果工作了几年后，他带领一批精英程序员、工程师另起炉灶，打造了早期掌上电脑 General Magic。General Magic 聚合了个人信息、计算、电话等功能，不过遗憾的是，这款产品却沦为新移动计算领域一个广为人知的失败案例。

1999 年，鲁宾与两名曾在苹果共事的工程师好友，在帕洛阿尔托创办了智能手机制造商 Danger。这个名字反映出鲁宾早期对机器人的迷恋。在 20 世纪 60 年代的科幻电视连续剧《迷失太空》(Lost in Space)中，一个小男孩的机器人监护人每次在麻烦一触即发之际，都会大喊："危险，威尔·鲁宾逊！"

2002 年，Danger 公司创造了一款名为 Sidekick 的新款智能手机。它的诞生很快引来这一市场的疯狂朝拜，后来很多设备上都能看到它的影子——滑出式键盘、可下载的软件、电子邮件及个人信息"云端"备份等。虽然那时候，大多数商务人士仍然是黑莓手机的死忠用户，Sidekick 却能在年轻、时尚的人群中流行，这些人中不少都曾是 Palm Pilot 的用户。

鲁宾是一个独特的"兄弟连"（Band of Brothers）中的一员，这群人在 20 世纪 80 年代的时候都曾在苹果共事，那时的他们是一批年轻的计算机工程师，来到硅谷，成为史蒂夫·乔布斯的门徒。受到乔布斯个人魅力的吸引，并被他用优良设计和计算技术改变世界的那种执着所感染，"兄弟连"成员开始了自己对技术的独立追求。这支苹果走出的"兄弟连"映射出乔布斯的苹果电脑项目对一代硅谷人的巨大影响，这群人中很多人成为知己好友。硅谷这群最优秀、最聪明的人坚信自己要将下一件"大事"带给数百万人。

不过，鲁宾对机器人的痴迷非比寻常，甚至这种狂热在他那群同样痴迷技术的工程师朋友中也显得十分惹眼。在谷歌负责手机业务时，鲁宾花 8 万美元购买了一个机器人手臂，把它带到办公室，下决心对它进行编码，让它为自己冲泡一杯特浓咖啡。不过这个项目拖延了一年多的时间，因为过程中有一个步骤需要的力量要比这只手臂能够施加的还要大。

鲁宾早早就购买了"android.com"这个域名，好朋友甚至还会用"the android"来称呼他。在他位于帕洛阿尔托附近的小山上的家中，有关机器人时代正在来临的证据几乎无处不在。鲁宾再一次抢先预见到一些新东西，而硅谷大多数人都还没有意识到这一点。很快，鲁宾就会得到机会，把即将到来的移动机器人时代带上更广阔的舞台。

谷歌的机器人帝国计划

2013 年春天，谷歌 CEO 拉里·佩奇接到一条诡异的消息。当时，正坐在谷歌山景城总部办公室的他收到警告，提醒他外星攻击即将开始。刚刚读完这段文字，两个彪形大汉就冲入了他的办公室，并要求他立即随他们前往位于伍德赛德的秘密据点——那里算得上是精英社区，很多硅谷技术高管、风险投资家都在此居住。

这场劫持实际上是佩奇40岁生日派对的余兴节目，由他的妻子、斯坦福大学生物信息博士露西·索斯沃斯（Lucy Southworth）一手策划。150多个身穿外星主题服饰的宾客已提前到来，谷歌联合创始人谢尔盖·布林甚至还穿上了一条连衣裙。在这座豪宅的地下室里，一只机械手臂一次次从地上捡起小盒子，然后欢快地把这些纪念品抛向围观的人群。

这个机器人有一只日本产的工业机械手臂，并配有由空气压缩机驱动的吸盘"手"。在捡起地上的礼物时，它能"观望"派对人群。这款机器人眼睛部分的传感器，与微软初版Xbox捕捉玩家手势时所用的相同。

这个会扔礼物的机器人，是Industrial Perception设计的原型机。这家创业小团队的办公地点就在谷歌帕洛阿尔托园区高速公路另一侧的一个车库里。在佩奇的生日派对前，这个机器人已经因为在YouTube上出现的一段滑稽的抛箱子视频，在互联网上引发过短暂轰动。它的设计初衷是创造一种新的智能工业劳动力，有朝一日，它可能会接替装卸货物、包装货品等任务，也可能会出现在组装线上，或是在杂货店里整理货架。

用先进设备装备机器人，让它们能够理解自己看到的一切，这只是挑战的一部分。虽然识别六面盒子并非是不可逾越的难题，不过直到最近，人工智能研究人员才真正解决这一问题。在杂货店的货架上，识别所需的物品是一个更复杂的挑战。即使到了2013年，这依然超出了全球最顶级的机器人专家的能力范围。不过，在佩奇的派队上，这个机器人在寻找装着纪念T恤的派对箱子时，似乎并没有遇到什么明显的障碍。不过略显讽刺是，由于机器人还无法处理松软的衣衫，工作人员已经把这些箱子提前包装好。

Industrial Perception 的抛礼物机械臂并不是出现在这次聚会上的唯一的智能机器，舞池里一个远程控制的"火星车"正在随着音乐摇曳摆动。这时，伍德赛德才刚刚进入午夜，不过在新罕布什尔州控制这个机器人赛格威（Segway）的发明者迪安·卡门（Dean Kamen）那边，却已是凌晨 3 点。

这个机器人代号为"Beam"，是 Suitable Technologies 公司的产品，这家小创业公司距离 Industrial Perception 只有几个街区的距离。

刚刚提到的两家公司都是从斯科特·哈桑（Scott Hassan）出资赞助的机器人实验室柳树车库（Willow Garage）中走出来的团队。哈森本人是佩奇的好友，两人曾是斯坦福大学研究生院的同学。在谷歌搜索引擎还只是斯坦福的一个研究项目时，哈森就是初始团队的程序员。他创办柳树车库的目的是为了打造可用作研究平台的人形机器人。那时这家公司开发的机器人操作系统以及人形远程控制机器人 PR-2，已经在一些大学中使用。

那天晚上，AI 和 IA 技术一起出现在佩奇的派对上——其中一个机器人试图代替人类，而另一个则想要增强人类。事实上，那年晚些时候，谷歌就为鲁宾新的机器人帝国计划收购了 Industrial Perception 公司。

哈桑的柳树车库再次抛出了"工作已经到了尽头"的话题。哈桑和佩奇是否会再次成为新一代技术的建筑师，让技术取代白领员工和蓝领工人，给现在的经济带来深重的影响呢？作为对人类一对一的替代品，Industrial Perception 的箱子处理机器人能够从卡车上装卸货物。这是机器人领域的重要进步，这些努力已经让科技迈进了人类非熟练劳动力最后的几个堡垒。仓库人员、码头劳力、分类工人，他们做着粗重的工作，却拿着极低的薪水。如果让人类工人大约每 6 秒移动一个重量在 22.5 千克以上的大箱子，他们会感到劳累，往往还会伤到后背，甚至终身落下残疾。

Industrial Perception 的工程师们决心赢得仓库和物流行业的订单，不过在此之前，他们需要证明这些机器人能够每 4 秒就能正确移动一只箱子。在被谷歌收购之前，他们就已经非常接近这一目标。然而，从美国工人的角度来看，呈现在眼前的则是一幅完全不同的画面。事实上，联邦快递、UPS、沃尔玛、美国邮政已经雇用了美国很多的非熟练劳动力，这一方面的成本已经不再是他们担心的主要问题，因此，这些公司并不急于用更低成本的机器来取代工人。事实证明，很多工人其实已经被机器取代了。这些公司面临的是老龄化问题，以及劳动力短缺的现实。至少，在非常有限的一些情况下，这些机器人可能来得正是时候。一个有待解决的更深层次的问题仍然是：**我们的社会是否会努力帮助人类劳动者跨过新的自动化鸿沟？**

2013 年年底，DARPA 机器人挑战赛开始前一个月，迈阿密北部一家家具店后一个不起眼的仓库中，一群年轻的日本工程师已经开始为比赛热身。他们的导师是知名机器人专家稻叶雅幸（Masayuki Inaba），而稻叶雅幸则是日本机器人泰斗井上博允（Hirochika Inoue）的高徒。1965 年，还是研究生的井上博允就已经开始了在机器人领域的工作。那时，他的研究生导师建议他设计一个能够转动曲柄的机械手。

在日本，机器人引起的文化共鸣要比美国来得更乐观也更积极。长期以来，美国人对机器人的态度一直处于一种纠结状态，从英雄般的"钢铁之躯"（Man of Steel），到令人绝望的邪恶终结者（Terminator）机器人。（当然，在加州人两次选择扮演终结者的好莱坞演员担任州长之后，人们可能很好奇，美国人对终结者究竟有着怎样的感情。）不过，日本的情况则大不一样。20 世纪五六十年代出现的卡通机器人铁臂阿童木的形象，让日本人普遍对机器人有了更为积极的看法。从某种程度上来说，这样的态度也不无道理：日本是一个老龄化社会，日本人认为，他们需要自动机器来照顾老人。

这支名为 Schaft^① 的日本参赛队出自 2013 年年初，井上博士在东京大学组建的实验室 JSK，他们的目标是进入 DARPA 机器人挑战赛。受到第二次世界大战结束后反军国主义的影响，东京大学曾禁止实验室参加由美国军方赞助的任何活动。鲁宾通过马克·莱伯特找到了这群研究人员。

谷歌收购 Schaft 的消息一经传出，立即在日本引起关注。很多日本人对本国机器人技术的领先感到自豪。日本人不仅擅长制造步行机器人，多年以来，他们已经将很多功能复杂的机器人制成商品，机器人甚至作为消费产品出现在市场上。1999 年，索尼推出机器人宠物狗 Aibo，在 2005 年之前还陆续发布了几个迭代版本。在 Aibo 之后，索尼又开发了一个 60 厘米高的机器人 Qrio，不过这款产品从未进行过商业销售。在日本人看来，谷歌这次是突然大摇大摆地闯进来，公然对着日本几十年研究积累下的大蛋糕大快朵颐。

然而，事实并非如此。虽然日本在第一代机器人手臂上占据主导地位，但其他国家也已经迅速赶上。以软件为中心的新一代机器人开发工作，以及相关的人工智能研究也一直在美国境内进行。硅谷和波士顿 128 号公路在 2012 年、2013 年，再次成为机器人创业活动的温室。

在同意加入鲁宾不断扩张的机器人帝国后，Schaft 队员的内心却深感矛盾。他们猜测，加入谷歌大军意味着他们将被迫放弃在五角大楼竞赛中一决高下的

---

① 队名出自 20 世纪 90 年代电子工业摇滚音乐流派。——译者注

梦想。"当然不会！"鲁宾告诉他们，"你们会留在这场竞赛中。"

DARPA 参赛合同上的墨迹还没干透，这群日本工程师就已经全身心投入比赛之中。他们立即着手建造 3 个原型机，并模拟了 8 大比赛任务——崎岖地形、需要开启的门、需要关闭的阀门、需要攀爬的梯子，等等，这样他们就可以测试自己的机器人了。当年 6 月，当 DARPA 官员们检查各组进展情况时，Schaft 团队的充分准备让吉尔·普拉特目瞪口呆——那时候，其他几支参赛队甚至还没有开始。

9 月，Schaft 团队派出两名队员前往亚特兰大，参加 DARPA 举行的评估会议及 2013 年人形机器人技术大会，并带来视频介绍工作进展。虽然两个人几乎不会说英语，但这段视频却让人大吃一惊。画面显示，这些年轻的日本工程师已经解决了几乎所有的编程问题，而与此同时，竞争对手甚至还在学习如何给机器人编程。两名工程师走下讲台的时候，其他在座的参赛队脸上挂着抹不去的震惊表情。两个多月后，日本参赛队几乎食宿都搬到了这座迈阿密仓库中，他们重新用胶合板制作了一个用于测试的场地。尽管那时已是 12 月，但是闷热的迈阿密天气以及蚊虫一直困扰着这群研究员。负责保证团队安全的当地安保队员甚至因为蚊虫叮咬而发生了严重过敏反应，最后不得不入院治疗。

Schaft 在这个海绵状建筑内的一张长桌上建立了控制站。操控这些机器人非常简单——通过索尼 Playstation PS3 控制器就可以向它们发布指令，这就好像是在玩视频游戏。机器人研究员们借用了任天堂游戏中的声音片段，然后又补充了自己录制的特殊的音频反馈。队员们把每一个任务过了一遍又一遍，直到机器人能够完美应对整个场地。

霍姆斯泰德 - 迈阿密赛道（Homestead-Miami Speedway）对轰鸣咆哮的

机器从来不会感到陌生。每当这里举办纳斯卡车赛（NASCAR）的时候，看台上总会坐满美国南部的小伙子。不过，2013 年 12 月的 DARPA 机器人挑战赛则散发出一种全然不同的味道。莱伯特将此称为"机器人的伍德斯托克音乐节"（Woodstock for robots）。他出现在这里，一是因为波士顿动力在大赛中要扮演支持角色——给这些阿特拉斯人形机器人提供护理，同时他们也要向在场观众展示政府赞助的能四腿跑步、能行走的机器人。这些设备每隔一段时间就会沿着赛场快走或是飞奔，引来在场数千观众一阵阵唏嘘惊叹。在为期两天的机器人竞赛中，DARPA 还与几十个参展商合作举办了机器人博览会，同样吸引了不少人的观众，以及大量的媒体人员。

在 DARPA 机器人挑战赛开始几周之前，谷歌向外界公布了由鲁宾负责的全新的机器人部门。谷歌强调，机器人正在给社会各个方面带来越来越大的影响。当月月初，《60 分钟》（60 Minutes）曾播出一段关于亚马逊 CEO 杰夫·贝索斯和亚马逊的视频，在其中一个场景里，贝索斯带查理·罗斯（Charlie Rose）进入实验室，并展示了一架用来在 30 分钟内自动运送亚马逊商品的八爪无人机。

这则报道引发了另一场关于机器人在社会中日益重要的地位的大讨论。在美国，商业货物的仓储、配送已经发展成一个庞大的产业，亚马逊也迅速占据主导地位。谷歌有意在货物配送领域与亚马逊一决高下，这意味着要在自动化仓库过程中加压，并把配送点设置在更靠近消费者的地方。如果在一个大城市中，仓库距离消费者只有几个街区，那么，用无人机来完成"最后一千米"的运输又何尝不可？这想法就好像是科幻小说中的场景走入了现实，在场的罗斯目瞪口呆，甚至未能提出有价值的问题。

谷歌也宣布了自己的无人机递送项目。不过，就在亚马逊那场《60 分钟》

大秀过后几天,《纽约时报》报道了谷歌的机器人野心,这一下子让贝索斯在电视节目中勾勒出的愿景变得黯然失色。2013 年春天,鲁宾辞去了谷歌安卓手机部门负责人的头衔。一时间,关于他在权力斗争中失败而致失宠的报道甚嚣尘上,不过事实却正好相反。谷歌 CEO 拉里·佩奇给鲁宾开了厚厚的一沓企业支票,让他开始自己的疯狂"血拼"。

鲁宾斥资数亿美元网罗到了全球最优秀的机器人天才,并购买了世界上最优秀的机器人技术。除 Schaft 团队之外,谷歌还收购了 Industrial Perception、Meka Robotics 以及 Redwood Robotics——这是旧金山一家由罗德尼·布鲁克斯明星学生负责的人形机器人和机器人手臂开发团队,还收购了 Bot & Dolly,一家机器人摄像系统开发公司,它们的技术曾被用来打造电影《地心引力》(Gravity)中的特效。而波士顿动力,无疑是这场抢购风潮之中一个大大的感叹号。

谷歌欲收购一家与军方关系紧密的研发公司的决定,引起了一轮炒作。很多人认为,谷歌购买军用机器人公司后,很有可能顺势成为一个武器制造商。不过这与事实相去甚远。在与收购的公司的技术人员进行讨论的时候,鲁宾勾勒出了一种愿景:他希望机器人能够安全地,像 UPS 快递、联邦快递送货工人那样完成递送任务。如果贝索斯可以从天空中递送货品,那么当谷歌的快递车停在你家门前,一个机器人站在门口的时候,你会不会感到奇怪?鲁宾很早就与富士康的 CEO 郭台铭建立了密切关系。假若未来,谷歌向郭台铭的工厂提供机器人以取代富士康百万工人大军中的一部分,这似乎也并非绝无可能。

巅峰之战:DARPA 机器人挑战赛

谷歌宣布机器人研究计划的时机掌握得相当完美。2013 年 12 月的 DARPA

机器人挑战赛只是 2015 年 6 月终极大赛的预演。DARPA 将首届机器人挑战赛大致分为两组——自己提供机器人的队伍以及采用由波士顿动力制造的 DARPA 阿特拉斯机器人的团队。这场初步预演俨然成为谷歌新机器人的推广平台。鲁宾和几名随从人员乘坐谷歌 G5 喷气机飞抵位于迈阿密北部的机场，然后搭上了两辆从联合运营公司租用的空调巴士。

这次由 8 大独立任务组成的挑战赛历时两天。采用阿特拉斯机器人的队伍在大赛开始前能够用于编程、实验的时间相对较短，而由此产生的影响在结果中也可见得。与波士顿动力在现场展示的灵活的四腿机器人相比，参赛机器人的动作显得格外缓慢、步履艰难。而另一个细节也再次揭露了这一领域进展的缓慢——这些机器人与场地上方都有绳索相连，以此在保护它们免受摔伤的同时，避免妨碍到它们的动作。

如果这还不算什么，那么还有另一个证据。在驾驶任务中，DARPA 给了参赛队短暂的休息时间：大赛允许各支队伍在机器人开车穿越障碍训练场之前，由工作人员把它们放置在车中，并把"手脚"与方向盘、刹车连接。即使是包括 Schaft 在内的几支表现最好的队伍，在开车过程中也采用了走走停停的笨方法，每向前行进一段距离，就需要停下来重新校准。这样缓慢的步伐，让人不禁联想起了几十年前斯坦福研究所的 Shakey 机器人。

此外，参赛队伍的机器人也都无法自动运转。机器人在迈阿密的比赛场地内执行任务，工作人员则躲在车库中，根据控制台工作站光纤网络回传的视频和传感器数据对机器人进行操控。为了给参赛队伍制造麻烦，模拟现实世界危机四伏的真实感，DARPA 每隔一段时间就会"出手"干扰数据连接。这些小动作让最好的那几个机器人也显得十分笨拙。现场记者在记录这一场景时，用了"看着草在生长""看着油漆变干"等嘲讽性的描述。

👋 人工智能里程碑

　　DARPA 的救援机器人挑战赛达到了自己的目的，那就是揭露当今机器人系统的局限性。真正的自主机器人还没有变为现实。即使是在赛场上驰骋的波士顿动力机器人，实际上也是由人类控制的。不过同样清晰的是，这些机器人很快就会进入大众生活。正如 2004—2007 年的自动驾驶汽车挑战赛显著推动了自动驾驶汽车领域的发展一样，救援机器人挑战赛会将我们进一步推向吉尔·普拉特打造在危险环境中工作的机器人的梦想，带到安迪·鲁宾脑海中谷歌快递机器人的愿景。

　　霍姆斯泰德 - 迈阿密举行的这场大赛也让另一件事情变得清晰起来，那就是，有两个不同的方向能够定义即将到来的人类与机器人的世界：一个迈向利克莱德所拥护的人机共生的世界，而另一个则在向着机器将取代人类的方向发展。正如诺伯特·维纳在计算机和机器人的启蒙时期所意识到的一样，其中一种未来对于人类来说可能是凄凉黯淡的，而走出这条死路的方法是追随特里·威诺格拉德的脚步，将人类放置在设计环节的中心。

扫码获取"湛庐阅读 APP"，搜索"人工智能简史"，即可观看 2015 年 DARPA 机器人挑战赛。

　　霍姆斯泰德 - 迈阿密赛道渐渐蒙上了夜色，奔驰在赛道上的机器人就好像幽灵一般。它发出轻轻的咆哮声，机械腿前后摆动，身子一侧的木箱不时撞在身上，敲打出断断续续的节奏。操作人员不紧不慢地跟着这个机器人，他头戴无线电耳机，身背装满通信装备的背包，手里拿着超大号电子游戏风格的手柄，控制着这头野兽的速度和方向。机器人跑过参赛队的车库，在这里，忙碌了一天的工程师和软件黑客们正在打点行囊，收拾自己的机器人。

这场机器人挑战赛让人不禁回想起《星球大战4：新希望》中酒吧里的场景。波士顿动力设计的大多数机器人都是模拟人类的形状。这并不是一个无心的决定：相比其他物种，两足的"生物"能够更好地适应人造环境。比赛中还有一些更为怪异的设计，比如卡内基·梅隆大学的"变形金刚"，它很容易让人联想到日本科幻电影中的机器人。赛场还出现了几个蜘蛛形状的行走机器人。最引人注意的是"女武神瓦尔基里"（Valkyrie），这个由NASA设计制造的机器人看起来就好像是《星球大战》中的帝国冲锋队队员。遗憾的是，瓦尔基里是比赛中表现最差的三个机器人之一——它甚至没能完成任何一项任务。由于美国联邦政府决定削减用于开发的经费，NASA工程师很少有时间来完善"她"的机械装置。

在这次为期两天的活动中，Schaft的机器人成了绝对的耀眼明星。这支由十几名日本工程师组成的参赛队是唯一一支成功完成了所有任务的队伍，他们也轻松赢下了第一届机器人挑战赛。的确，Schaft机器人只犯了一个错误：它试图通过一个被风吹合的门。然而，大风一次次吹动这扇门，让通过这扇门超出了这个日本机器人的控制范围，也来不及伸出第二个手臂来应对弹簧门的关闭机制。

在竞赛进行的同时，鲁宾正忙着把那些日本机器人专家的家当搬到日本东京一座摩天大楼近3000平米的办公室中。为了避免这些设计师打扰到大楼的其他住户——尤其是律师，谷歌干脆在那栋大楼中买下了整整两层，并决定将其中一层用作缓冲区来隔离声音。

为了点燃机器人挑战赛的现场气氛，波士顿动力和几支参赛队提供了用来展示阿特拉斯能力的视频。视频花样百出，这些机器人能够行走、保持平衡，或是以非常有趣的方式扭转。在一段关于阿特拉斯前身的视频中，这款机器人能够爬楼梯、穿越设有障碍的场地。在穿越过程中，它需要张开双腿迈过一个大的缝隙，同时用手臂靠着墙壁来寻求平衡。它能够以人类的速度移动，同时也兼具了人类的灵巧。这段视频的录制过程是经过精心策划的，机器人也是通过远程人为遥控的——它的动作并不是自动的。不过视频传达的事实也很明确——其实机器人的硬件已经能够在现实世界灵活移动，需要等待的只是软件和传感器技术能够更上一层楼。

虽然公众对这段视频的反应不一，不过 Schaft 团队却很喜欢。在获得胜利后，他们欣喜地看到波士顿动力的机器人居然快步朝他们的车库跑来。它停下来，然后蹲在地上，关机。队员们拥到了机器人旁边，打开了它后背上绑着的那个箱子。箱子里放着一瓶香槟，这是波士顿动力的工程师给他们送来的贺礼。这两支机器人专家团队很快就将一起为谷歌进行移动机器人的研发。

谷歌曾考虑做一些更引人注目的宣传。在计划波士顿动力赛场展示的同时，鲁宾手下另一家人工智能公司的管理人员想到了一个公关噱头，并打算把它添加在机器人挑战赛下午波士顿动力的展示环节。在为期两天的比赛中，最大的亮点并不是观看那些试图完成一系列任务的机器人。真正能够取悦观众的，还是在赛道上飞奔的 LS3 和 Wildcat 机器人。LS3 是一款无头、形似公牛的机器，在奔跑过程中不断咆哮。每过一段时间，波士顿动力的员工就会将它推歪，使它失去平衡。不过 LS3 总能够灵活地移向一侧，迅速恢复，就仿佛什么都没有发生过似的。谷歌本想在赛场上展示一些更令人难以忘怀的场景。如果让一只机器狗来追逐一辆机器人车将会怎么样？这绝对是杰作。不过，DARPA 很快便无情地否定了这个想法。因为这会让活动看起来就像是谷歌的推广活动，而且看客们的体验可能也不会太好。毕竟，如果今天的机器人会互相追逐，那人们不禁发问，它们以后可能会去追逐什么？

Schaft 的队员们打开香槟，一饮而尽。对于这群年轻的日本工程师来说，这注定是一个令人兴奋的难眠之夜。夜色降临，Schaft 取得胜利的意义对于那晚聚集在仓库前的 30 多个机器人专家来说都很清晰。鲁宾的新团队有着共同的目标。未来，机器将会经常在人们中间穿梭，也会不可避免地承担起人类的一些苦差事。设计能够胜任从煮咖啡到装卸货物的机器人，完全在这些工程师的能力范围之内。

人工智能关键思考

谷歌的机器人专家乐观地认为，从长期来看，机器迟早有一天能够代替人类。现在看来，拥有足够的计算能力以及编程智慧，这些工程师或许会模拟人的素质和能力——无论是视觉、语言、感知、处理还是自我意识。可以肯定的是，对于这些设计师来说，很重要的一点是，他们是在为了社会的最佳利益而工作。他们认为，虽然短期来看，用机器人取代人类可能会激发冲突，但从长远来看，自动化将从整体上提升人类的福祉。

这是鲁宾已经开始着手实现的事情。那天晚上，他在庆祝的人群中穿梭，与几位工程师轻声聊天。这些人即将踏上新的征程，将机器人带向世界。虽然鲁宾的梦想才刚刚开始，不过他已经赢得了一场赌局（这也显示了鲁宾对这支团队的信心）。赛前，他曾以一年工资为赌注与谷歌 CEO 拉里·佩奇打赌，Schaft 团队会赢得 DARPA 选拔赛。对佩奇来说，很幸运的一点是，鲁宾的年薪只有 1 美元。与谷歌许多高管一样，他的总薪酬要比这象征意义的薪水高许多。在为谷歌建立起机器人部门一年之后，鲁宾离开了这家搜索巨头。鲁宾是硅谷公认的最优秀的技术专家之一。不过，他也曾坦言，自己更感兴趣的是创建新的项目，而不是运营它们。即使是在 2014 年底突然辞职后，鲁宾构建的机器人王国也仍然有着相当多的进展。

机器人大赛结束几周后，安迪·鲁宾明确表示，他的终极目标是打造出一个只需按下按钮，就能够胜任挑战赛中全部任务的机器人。这一梦想几乎难以达成。在比赛过后的几个月，谷歌就决定让 Schaft 退出总决赛，转而研发供其他参赛队使用的第二代阿特拉斯机器人。

机械手，触摸的科学

如今，硅谷核心区的南加州大道（South California Ave）将传统的学生社区 College Terrace 一分为二——这里曾经满是平房，不过现在已变得高档时髦。斯坦福工业园（Stanford Industrial Park）就在这附近，它更恰当的名号可能应该是"硅谷发源地"。工业园是斯坦福校长弗雷德里克·特曼（Frederick Terman）心血的结晶。20 世纪上半叶，他从小利兰·斯坦福（Leland Stanford Junior）家庭农场借用了 4 000 多亩的土地，并劝说学生威廉·休利特（William Hewlett）和戴维·帕卡德（David Packard）留在西海岸自主创业，而不是按照传统的职业路线，一路向东，投入电子巨头的怀抱。

斯坦福工业园早已从一个制造中心发展成庞大的企业园区：总部、研发中心、律师事务所、财务公司，都聚集在斯坦福大学的投影之下。1970 年，施乐公司曾暂时将帕洛阿尔托研发中心建在南加州大道和汉诺威街。不久之后，就在这里，一小群研究员设计了第一台个人电脑奥托计算机。

奥托的软件"Smarttalk"则出自 PARC 另一组由于计算机科学家艾伦·凯带领的团队——他在犹他州的时候曾是伊凡·苏泽兰的学生。为了在新兴的办公计算市场上与 IBM 竞争，施乐决定在这片工业园区中从一张白纸开始打造一个世界一流的计算机科学实验室。

奥托的出现要比 PC 时代还早了十多年。这款电脑配有基于窗口的图形界面——包括字体、图片，能够让最终打印出的文档与屏幕上出现的页面看起来一模一样（即所见即所得）。这台计算机由一个装有 3 个按钮、形状怪异的滚轴设备控制，这在未来会被人们亲切地称为鼠标。对于那些在奥托还仍是研究机密时就曾见到过它的人来说，这更像是对恩格尔巴特增强现实思想的回归。

奥托研究团队中，有一个名叫斯图尔特·布兰德的反传统天才，他同时也是一名摄影师、作家、编辑，还曾策划了《全球概览》杂志。在为《滚石》杂志撰写的一篇文章中，布兰德将 PARC 描述为了一所"害羞的研究中心"，并提出了"个人计算"这个术语。现在，40 多年的时间过去了，曾经的 PARC 台式电脑已经发展成了手提设备，销往全球。

如今，谷歌的机器人实验室距离曾经施乐的计算机先驱们设想个人电脑的那个建筑，只有几百米的距离。这样的地理坐标也迎合了安迪·鲁宾的见解："计算机开始生出腿脚，在环境中走动。"从硅谷黎明时期威廉·肖克利打造"自动可训练机器人"（Automatic Trainable Robot）的初步计划，到施乐 PARC 以及 PC 的崛起，再到谷歌移动计划逐渐丰满，这一过程记录了这一地区在扩展还是替代人类的选择中的不断来回，从 AI 到 IA 间的反反复复。

这里并没有任何有关谷歌机器人实验室的明显标志，不过入口通道内摆放着一个 3 米高的钢铁雕像。这究竟是什么？它看起来并不完全像是一个机器

人，也许它代表的是某种外来生物，也许这是一个复制人？鲁宾的项目代号为
"Replicant"，当然，这是从电影《银翼杀手》中得到的灵感。鲁宾的目标是打
造出能够随意移动的人形机器人，并把它打造成商品：一个可以投递包裹、在
工厂上班、护理老人、与人协作，可能取代人类工人的机器人。鲁宾正在着手
完成的事情，实际上是在将近50年以前在附近的斯坦福大学人工智能实验室
开始的工作。

斯坦福大学人工智能实验室催生的早期研究造就了一代像肯·萨利斯伯里
（Ken Salisbury）一样的学生。作为一名年轻的工程师，萨利斯伯里眼中的自
己更像是一个"负责控制的人"而不是"搞人工智能的家伙"。他接受了诺伯特·维
纳传统之下的教育，因此并不相信智能机器需要自主运行。在从事自动化工作
期间，他已经看到了人与机器之间的平衡的改变，不过他更愿意让人类保持在
这个循环之中。他想打造的是那种能和你握手，却不会把你的手捏碎的机器人。
对萨利斯伯里来说，幸运的是，自动化成为现实的脚步十分缓慢。像人类一样
进行自主操控的挑战（比如"拿起那块红抹布"）至今仍然是一个难题。因为，
首先你需要知道什么是"红色"、什么是"抹布"。

萨利斯伯里就生存在汉斯·莫拉维克描述的那个悖论的核心——对于人类
来说最困难的事情，对机器来说却是小菜一碟，反之亦然。20世纪80年代的
人工智能研究员们最早提出了这一观点。

人工智能关键思考

莫拉维克在《心智孩童》一书中写道："让计算机在跳棋这
样的智力活动中达到成人级别并非难事，但是想在感知、移动性
等方面达到1岁孩童的级别，对它们来说却是难上加难，近乎
于不可能。"

约翰·麦卡锡也提出了类似的理论，他要求学生把手伸到口袋里抚摸里面的硬币，识别出哪个是五分镍币。然后，做一个能够完成这一任务的机器人！几十年后，罗德尼·布鲁克斯在演讲中仍然还会以同样的情景开头，而这是人完全不需要思考就能完成的事情。虽然如今的机器能够下国际象棋、玩《危险边缘》猜谜、驾驶汽车，但在触摸和感知领域，人们取得的进展却仍然微乎其微。

人工智能里程碑

> 萨利斯伯里是 20 世纪 70 年代斯坦福大学人工智能实验室鼎盛时期那批学生的代表。还在斯坦福大学读研的时候，他设计了 Stanford/JPL 手，这是机械手臂第一次进化的案例，这些设备终于看起来不再像是小钳子，而多了些模仿人类手掌的多"关节"设备。

他的论文内容是关于机器人手的几何设计的。然而，萨利斯伯里却希望能够做一些真正有用的工作。项目开始前的一天，他彻夜未眠，努力让最后一个机械手指也能移动。

1982 年，萨利斯伯里获得博士学位，这与布鲁克斯毕业的时间只相差一年。两人后来都加入了麻省理工学院，成为年轻的教授。在这里，萨利斯伯里探索"触摸"的科学。他认为，这是机器人领域一系列问题尚未能得到解决的关键原因。在麻省理工学院期间，他与马文·明斯基成了好友，两人经常会花上好几个小时的时间进行与机械手有关的讨论或是辩论。明斯基希望打造布满传感器的手，而萨利斯伯里却觉得耐用性要比感知能力更重要，因此许多设计不得不在这两种特质之间进行权衡。

在麻省理工学院人工智能实验室担任教授的时候，萨利斯伯里曾与一个名叫托马斯·马西（Thomas Massie）的学生合作研发一种新型手持控制器，将它作为交互接口，让计算机中的三维图像变成人们能够触摸、感觉的东西。这项技术有效地模糊了虚拟计算机世界和现实世界之间的界线。后来，马西成了肯塔基州茶党（Tea Party）的议员代表，他与同为机械工程师的妻子把这一想法变成了一家名为 Sensable Devices 的公司，创造低价的触觉（或触摸）控制设备。萨利斯伯里休假一年，帮助创建了 Sensable Devices 以及 Intuitive Surgical 公司（硅谷的一家机器人手术创业公司）。1999 年，他选择回归斯坦福大学，并创立了一个机器人实验室。

2007 年，萨利斯伯里与他的学生埃里克·伯杰（Eric Berger）、基南·瓦罗拜克（Keenan Wyrobek）创造了机器人 PR1（Personal Robot One）。这台机器是一个被人们忽视了的精心之作。它能够离开自己所在的建筑，出门为萨利斯伯里买咖啡，然后再返回到他的办公室。PR1 会向萨利斯伯里要一点零钱，然后走向咖啡店。这一路上，它需要打开三扇重型门。它会拉动门把手将门打开一半，然后侧过身去，从门的开口处通过。然后它会找到电梯，把它"叫"上来，检查里面有没有人，进入电梯，按下三楼的按钮，然后通过视觉线索确保电梯已经到了正确的层数。之后，PR1 从电梯中出来，走到咖啡店购买咖啡，然后在咖啡凉掉之前赶回实验室，并且尽量不把咖啡洒出。

PR1 看起来活脱脱就是一个巨大的长了胳膊的咖啡罐，它有用于行动的电动轮子，还有用于视觉感知的立体摄像机。它的建造成本高达 30 万美元，整个制作期达 18 个月之久。除了一些已经提前编程好的任务（比如去取咖啡或是啤酒），它的行动一般依靠远程遥控。PR1 的每只手臂能够承受约 5 千克的重量，它会做各种家务活。YouTube 上一段 PR1 的视频给人留下了深刻印象——当时的它正在打扫起居室。虽然与波士顿动力的阿特拉斯一样都是遥控机器人，不过 PR1 的"脚"却是轮子。这段视频的播放速度是正常速度的 8 倍，这才让它看起来就像是正常人类一样在移动。

加里·布拉德斯基，将机器视觉技术融入机械手臂之中

PR1 项目在萨利斯伯里的实验室中孕育的同时，年轻的斯坦福大学教授、机器视觉和统计方法学专家吴恩达正在研发一个类似却更侧重软件的项目——斯坦福人工智能机器人（STAIR）。在吴恩达向斯坦福工业联合（SIA）项目介绍 STAIR 时，斯科特·哈桑就在现场——这位前斯坦福大学研究生是对谷歌意义重大的程序员，他所负责的 PageRank 算法是谷歌的核心搜索引擎的根基。

吴恩达对在场的听众说，现在是时候该去打造一个人工智能机器人了。他说，他的梦想是每一个家中都能有一个机器人。这一想法与哈桑不谋而合。哈桑曾在纽约州立大学布法罗分校就读，后来又选择了华盛顿大学圣路易斯分校和斯坦福大学的研究生项目，不过在获得学位之前，他从这两所学校退学了。刚到美国西海岸，他就加入了布鲁斯特·卡利（Brewster Kahle）的"互联网档案项目"（Internet Archive Project），这一项目希望能够为互联网上出现的每一个网页保存副本。

因为哈桑为 PageRank 所做的贡献，拉里·佩奇和谢尔盖·布林给了他谷歌的一部分股权。后来，哈桑又把自己的另一个信息检索项目 E-Groups 以近 5 亿美元的价格卖给了雅虎。那时，他已经成为了硅谷一位非常富有的技术专家，有资本去到处寻找有趣的项目。

2006 年，哈桑决定资助吴恩达和萨利斯伯里的机器人项目，并邀请萨利斯伯里的学生加入柳树车库。他创办柳树车库的目的是为了便于下一代机器人技术的发展，比如设计无人驾驶汽车。**哈桑认为，创造家庭机器人是一个更容**

易商品化、也更容易实现的目标。因此，他的柳树车库开始了 PR2 机器人的设计，并着手开发那些最终能够用于更多商业项目的技术。

几年之前，自塞巴斯蒂安·特龙利用卡内基·梅隆大学休假期造访硅谷开始，哈桑就在这里建立起了一张联系网。在这张大网中，有一个叫加里·布拉德斯基（Gary Bradski）的家伙，他是英特尔加州圣塔克拉拉实验室的机器视觉专家。英特尔早已是全球最大的芯片制造商，并发展出了一种"精确复制"制造策略——这是一种用于制造更小芯片的新一代制造技术。英特尔可以通过原型装置开发新技术，然后再将这个过程导出，并投放到计划量产更密集芯片的地方。这是一个需要纪律的系统，可相比英特尔刻板的半导体制造文化中其他典型的工程师，布拉德斯基却有点像只"野鸭子"（Wild Duck）——这词出自 IBM，用来描述那些拒绝按照编队飞行的员工。

这位从美国东海岸的金融世界中逃出的"难民"，刚飞到英特尔就被迫加入了枯燥而繁重的工作，比方说，为工厂自动化应用编写图像处理软件库。一年之后，布拉德斯基被调动到英特尔的研究实验室，终于开始接触一些有趣的研究项目。他知道自己可以从英特尔申请休假，不过这并不是他的计划。布拉德斯基在帕洛阿尔托长大，后来他又去加州大学伯克利分校和波士顿大学学习物理及人工智能。后来，他选择回归，因为他的身体中早已留下了硅谷创业的烙印。

有那么一段时间，布拉德斯基写了几篇关于机器视觉的学术研究论文，不过他很快了解到，这样并不会带来直接回报。虽然这些论文能够在像伯克利大学、斯坦福大学和麻省理工学院这样的地方赢得尊重，但却很难在硅谷的其他地方引起共鸣。除此之外，他也意识到，英特尔的特别之处在于财大气粗。因此，他决定利用这一优势。"我应该去做些更有影响力的事情。"布拉德斯基心想。

在英特尔的第一年，布拉德斯基遇到了几位俄罗斯的软件设计大师。他意识到，他们可能是自己的重要资源。那时候，开源软件运动大受热捧。由于自己的背景是计算机视觉，布拉德斯基决定将两者结合，创建一个新项目——开源的机器视觉软件工具库。他将 Linux 操作系统作为参考，并意识到如果全球的程序员都能利用这些工具，那么每个人的研究过程都能轻松不少。"我应该把这些工具提供给机器视觉研究领域的每一个人。"他决定。

在上司去休假的那段时间，布拉德斯基推出了 OpenCV——这是一个能够让研究人员更容易地去使用英特尔硬件开发视觉应用的软件库。布拉德斯基是反传统的家伙，这可能是从美国海军准将葛丽丝·霍普（Grace Hopper）身上学到处世哲学，很多想在大型组织中做好事情的人都有着类似的想法。"与其做事之前请求许可，不如做完之后再请求谅解。"这是他的座右铭。最终，包含 2 500 余条算法的 OpenCV 代码库诞生，其中包含计算机视觉以及机器学习软件。OpenCV 还能够支持识别人脸、物体、对人的运动进行分类的程序。他的团队从最初只有几个英特尔的研究人员，发展至今已经拥有了一个超过 4.7 万人的用户群体，以及超过 700 万个可供下载的工具及副本。

在意识到自己早晚有一天会离开英特尔，并且需要一个强大的工具集来支持自己的下一个项目后，布拉德斯基开始了自己的第二个计划。在与这家芯片制造商告别之后，OpenCV 成为布拉德斯基的名片。开源软件在英特尔内部很受追捧，因为他们希望平衡自己与微软之间的困难关系。这两家公司携手主宰了个人电脑行业，不过也时常会因为控制、战略方向、营收等问题产生冲突。一段时间里，布拉德斯基在实验室获得了鼎力支持：那时候，他的 OpenCV 项目名下有 15 位研究员。这也算得上是他在英特尔的职业生涯中最辉煌的一段时间。

后来，英特尔给布拉德斯基颁发了一个部门奖，然后告诉他："好吧，现

在你必须继续前进了。""这是什么意思？"布拉德斯基对上司们的话有些不解，
"这是一个需要十几年的长期项目。"无奈之下，他又接了一些其他任务，不过
暗地里他仍然在继续着 OpenCV 项目。在这个半导体巨人内部，想要守护一个
秘密并不那么容易。他的一位俄罗斯程序员在绩效考核时被扣分——管理层指
出这名员工的表现"有待改善"，实际上这是因为他与这个项目有关联。

　　英特尔看不到这一项目的价值，这让布拉德斯基心生不满。2001 年，英
特尔放弃相机部门，这更是把他推到了忍耐的极限。"这是一群攻于算计的人
目光短浅的决定，"他认为，"这在现在看起来没什么留念，不过赔本赚吆喝，
但最终你会因为它而整体获利！"那时的布拉德斯基并不知道，移动计算、智
能手机的浪潮还有 5 年就即将来临，不过在当时的情况下，他是对的。现在回
想起来，英特尔似乎有一种奇怪的传统，他们总是喜欢尝试一些新想法，不过，
又会在看到收效之前把它扼杀。这种无力感让布拉德斯基成了塞巴斯蒂安·特
龙一个容易拿下的"猎物"，当时特龙正在斯坦福组织自己的团队，为 2005 年
DARPA 自动驾驶汽车挑战赛准备自动驾驶汽车斯坦利。

　　2001 年，特龙整个休假期都在斯坦福大学，两人也建立了合作。那时，
对英特尔深感不满的布拉德斯基正打算休假去瑞士洛桑联邦理工学院。特龙却
劝他说："你为什么不直接来斯坦福大学呢？"摆在布拉德斯基面前的是一个
艰难的抉择，因为瑞士方面将为他提供一个绝妙的学术盛宴，一次研究神经网
络、进化学习算法的机会。不过在那天即将结束的时候，布拉德斯基意识到，
去洛桑联邦理工学院度过自己的假期，对于一个有着创业理想的人来说是在走
弯路，而且瑞士的官僚作风也成了萦绕在他心头的梦魇：他应该提早一年就进
行准备，把自己的孩子送到私立大学，而且在洛桑租到心仪的房子也是不小的
挑战——他咨询过的一位房东甚至告诉他，每天晚上 10 点以后不许洗澡，而
且房子里不能有吵吵闹闹的小孩子！

因此，布拉德斯基决定改变计划，选择在相对悠闲的斯坦福大学来度过自己的假期。在这里，他教授了一些课程，并且形成了几个新的创业思路。他的第一个项目是打造先进的安全摄像头。不过，由于遇到的合作者和项目完全不符，这不幸成了一个悲剧的结合。布拉德斯基有些退缩了。那时，随着休假期结束，他又重新回到英特尔，负责管理一个更大的研究团队。他很快就意识到，管理工作中有太多让人头痛的琐碎细节，于是他决定精简队伍，只留下核心成员。

在那之前，布拉德斯基几乎对其他研究人员遇到的挫折浑然不觉，不过随后他意识到，公司里几乎所有的工程师都有着相似的挫败感。出于这种不满，布拉德斯基加入了一个秘密的实验室。后来再次造访斯坦福大学的时候，特龙对他说："回到停车场吧。"特龙向布拉德斯基展示了斯坦利，这是他们为第二届 DARPA 挑战赛准备的秘密项目。这显然是这一领域最酷的项目，布拉德斯基几乎立刻就爱上了这个想法。回到英特尔之后，他迅速组织起一个秘密科研团队，帮助提升这辆车的计算机视觉系统。他懒得去征求上司的同意。一个周二，他在午餐时间主持了设计会议，并与斯坦福的团队见面。

然而，这一过程存在两个问题。虽然英特尔表示并不会直接参与 DARPA 挑战赛，但公司却已赞助了由惠特克带领的卡内基·梅隆大学团队。布拉德斯基的老板也开始抱怨，认为他分散了其他员工的注意力。"再这样下去，你可能会被开除，"上司告诉他，"我们没有赞助斯坦福大学的团队，也不想涉足机器人领域。"作为让步，布拉德斯基的上司告诉他，他可以继续以个人的名义参加那个项目，但是不可以再"拐带"上英特尔实验室的其他研究人员。然而，那时候的布拉德斯基心里已经不在乎是否会被解雇。这样的心态让一切都轻松了许多，警笛拉响后，午餐时段的会议反而越来越勤了。

英特尔内部的紧张局面在比赛开始前两天激化到了顶点。参赛队和车辆抵达位于内华达州和加州边界的普里姆（Primm）。布拉德斯基联系英特尔营销部门，表示自己需要他们立即决定是否打算赞助斯坦福的参赛车。在通常情况下，参赛车车贴的价位在 10 万美元左右，但特龙表示，由于布拉德斯基的团队提供了很多志愿援助，英特尔只需支付两万美元就可以成为赞助伙伴。英特尔营销部门的人很喜欢这个主意：赞助两辆参赛车，意味着选对赌注的概率瞬间增长了一倍，不过他拒绝立即给出准信。"钱，没有问题，只是我不能单方面就把它给你。"这位高管告诉他。

"听着，这些车马上就要被隔离了，我们只有半个小时的时间。"布拉德斯基回应道。

这句话奏效了。"好吧，我们入伙。"高管终于松了口。

当时的决定已经很晚了，斯坦福车的车身上已经被贴得满满当当，只剩下乘客边的一扇车窗——这是一个很容易上镜的好位置。最终斯坦利赢得了比赛，英特尔支持了一个胜者，这是一个双赢的结局。布拉德斯基也终于将自己从失业的边缘拉了回来。视觉系统对斯坦利的成功作出了重要贡献。斯坦利配有能够感知汽车周围动态点群的激光元件，并添加了机器视觉算法的数码相机。这些摄像头能够"看"到前面足够远的路况，因此斯坦利在行驶过程中能够保持速度，不必减速。毫无疑问，在汽车比赛中取得胜利的关键就是能快速前进。

然而，胜利的喜悦并没能持续多久。那时，布拉德斯基获得了 DARPA 的合同，由他、特龙以及斯坦福大学另一位机器学习专家达芙妮·科勒（Daphne Koller）一起，合作研究"认知结构"。然而，事过不久，DARPA 的这位项目经理突然宣布离职，这意味着当时的授权很可能不再有效，布拉德斯基需要另寻赞助。果然，项目的第二阶段因为"野心过大"而被取消。

布拉德斯基对机器人的着迷丝毫未减，他用部分得到的补助购买了一个机械手臂。这次花费两万美元的采购在英特尔的法律部门内部掀起了一场小范围的骚动。他们坚持认为，这笔资金只能用于聘请实习生，并不可以购买硬件，布拉德斯基出于无奈，只能想办法把这只手臂的所有权转到英特尔之外。他最终决定把它交给由吴恩达负责的斯坦福 STAIR 项目。这时的吴恩达已经开始用机器学习的思想来探索机器人世界。他们能否设计出一个能够把餐具装进洗碗机的机器人？PR1 项目就在萨利斯伯里实验室和吴恩达的努力下浮出水面。

与此同时，布拉德斯基发现英特尔内部的官僚主义越来越让他难以忍受。他知道，是时候告别老东家的时候了，于是迅速与一家以色列机器视觉公司达成协议，并加入了这家总部位于圣马特奥的创业公司。与他一起离开的，还有OpenCV 项目。然而，他很快发现，这家机器视觉初创公司也不是一个完美的落脚点，布拉德斯基经常会和曾在以色列军队服役的首席技术官（CTO）发生冲突。虽然这些争论多以布拉德斯基的胜利告终，但也让他付出了代价。在新公司落脚才一年的时间，他又不得不开始到处寻找合适的工作机会。

在众目睽睽之下，还要秘密地找工作着实不易。布拉德斯基曾想过加盟Facebook，可是这家社交网络巨头并没有任何与机器视觉相关的项目。"来吧，"他们这样告诉他，"我们总会找到些东西给你做。"在布拉德斯基看来，这次招聘显得杂乱无章。他如约去参加面试，可工作人员却说他迟到了。他给他们展示了自己的电子邮件，并告诉他实际上自己是准时到场的。"好吧，"他们说，"一个小时之前，你就应该在路上了。"

可是到楼下的时候，他发现大楼上锁了，一片漆黑。布拉德斯基在想，也许这是某种奇怪的职业测试吧，也许这时暗中正有一架摄像机秘密监视着他的一举一动。他踢了一脚大门，终于里边走出了一个男人。那人没说什么，不过很显然布拉德斯基刚刚打搅了他的美梦。这家伙打开门，让布拉德斯基走进去，然后就悄无声息地走开了。布拉德斯基在这个漆黑的建筑中坐了下来。过了很久，一位管理员才走了过来，并为自己的迟到道歉。由于记录中并没有安排面试，他只能给负责招聘的人打电话。道歉、搪塞过后，Facebook 的 CTO 终于对布拉德斯基进行了面试。

几天之后，一个级别更高的高管对他进行了第二场面试。虽然 Facebook 的工作邀请中包含大量的股票期权，但对布拉德斯基来说，到这里工作仍然显得没有什么意义。与那家以色列公司打交道的悲惨遭遇让他意识到，他在 Facebook 很有可能也是同样的境地，被迫参与到很多毫无乐趣的项目之中。布拉德斯基徘徊不定，不过，这种犹豫不决也让 Facebook 有些按捺不住，他拖得时间越长，他们出的股票也就越多。那时，这份工作可能已价值数百万美元了，不过布拉德斯基却觉得在这个像高压锅一样的环境中，他可能会非常不快乐。

一天，吴恩达给布拉德斯基打电话，请他和柳树车库一个新的机器人专家团队见面。这是由哈桑创办的实验室，不过更像是一个创业公司。哈桑计划聘请七八十名机器人专家，让他们尽情发挥创意，然后再看看哪些思路更有希望。这是一种硅谷传统，像施乐 PARC、柳树车库这样的实验室并不打算直接制造产品。他们更愿意进行技术试验，而这往往会指向一些意想不到的新方向。1970 年，施乐创建了 PARC。1992 年，大卫·里德（David Liddle）在创建 Interval Research 的时候，保罗·艾伦（Paul Allen）出资赞助，请他做 "PARC 该做的事情"。在两个例子中，他们都是为了 "未来生活" 在创造技术，那些技术虽然在当时可能还显得有些青涩，但是很快就会走向成熟。现在看起来，机器人技术已经成熟到能够进行商业化了。

最初，布拉德斯基还在犹豫，是否有必要去参加一次简单的午餐时段碰头会。因为这需要他快去快回，否则以色列人就会注意到他不在公司。不过，吴恩达很坚持。布拉德斯基意识到，在这种事情上吴恩达通常是对的，于是他决定参加。大家一拍即合。那天下午，布拉德斯基还留在那里，这时的他已经不再去考虑他所在的那家创业公司了。这就是他该在的地方。一天行将结束的时候，他还坐在柳树车库的停车场里，并给 Facebook 打电话说自己不感兴趣。不久之后，他辞去了以色列公司的工作。

2007 年 12 月，布拉德斯基加盟吴恩达和萨利斯伯里将 PR1 带向 PR2 的新一代实验队伍，并负责机器视觉团队。他们制造了一个机器人，并用它进行了一系列测试。他们希望这款机器人能做的不仅仅是从冰箱拿一罐啤酒这样简单的动作。谷歌联合创始人谢尔盖·布林前来拜访的时候，他们在 40 多公里外的办公室远程操作机器人。后来，他们对这款机器人进行升级，让它能够在一小时之内自己找到插座并充电。"现在，它们可以逃脱我们的控制，自生自灭了。"布拉德斯基在给朋友的一封邮件中写道。

人工智能里程碑

　　PR2 并不是世界上首个能够给自己充电的机器人，这一殊荣应该授予一款名为"野兽"（The Beast）的移动机器。这款设备诞生于 1960 年，由约翰·霍普金斯大学应用物理实验室设计，不过它能做到的也仅此而已。PR2 是 Shakey 在近半个世纪之后的重生。只不过这一次，这款机器人变得更为灵巧。8 台 PR2 被分发到大学校园，加州大学伯克利分校的机器人专家彼得·阿贝尔（Pieter Abbeel）就获得了一台。他和学生"教"这台机器折叠衣服，尽管速度很慢。

虽然团队取得了很大的进展，不过研究过程也让他们意识到，距离制作出能够在普通家庭中自动运行的复杂机器的目标，还有着漫漫长路。布拉德斯基邀请斯坦福研究所资深机器人专家库尔特·科诺利奇（Kurt Konolige）加盟柳树车库。科诺利奇对布拉德斯基说，这是一个需要十多年之久的技术开发项目。在机器能够正常运转前，每一步都需要几十次的校准。

最后，就像决定停止 Interval 研发公司的保罗·艾伦一样，在布拉德斯基的项目原本 10 年的生命周期刚刚走过 5 年的时候，斯科特·哈桑的耐心就已经消磨殆尽。布拉德斯基和科诺利奇沮丧不已，他们的柳树车库团队已经进行了无数场头脑风暴，希望能够找到一些能够快速让家庭机器人走向商业化的方法。他们两人心里都清楚，实验室要被关闭了。布拉德斯基深信自己已经找到了人们真正想要放在家里的东西是什么——一个法国女佣，然而在短期之内，这很难实现。在与哈桑的几次会面中，布拉德斯基恳求让团队继续把重点放在机器人制造上，可每次都遭到拒绝。哈桑对家用机器人已经抱着完全放弃的态度。最后，科诺利奇甚至懒得在会议中露面，自顾自地去玩皮划艇了。

很长一段时间，布拉德斯基都在努力成为一个团队型成员，但他意识到，自己很可能要重新陷入当年在英特尔时所陷入的那种妥协的泥潭之中。"搞什么鬼，这到底是怎么回事，"他想，"这不是我。我要做我想要做的事情。"

于是，布拉德斯基开始考虑与工业机器人整合的潜在应用，从移动箱子到拿起货品。在与业界中的人们进行反复讨论之后，他得出结论：这些公司非常需要机器人。于是他告诉柳树车库的 CEO，他们想到了家庭机器人失败后的 B 计划。哈桑终于勉强同意布拉德斯基组建一支小团队，研究机器人的工业应用。

将机械手臂与新的机器视觉技术结合之后，布拉德斯基的团队取得了飞速进展，不过他极力控制着自己，没有对哈桑描述得太乐观。布拉德斯基知道，一旦流露出类似的消息，这一项目很快就会被商业化，他可不希望在准备好推出新公司之前，就被从柳树车库这个安稳的"鸟巢"中踢出来。然而，在 2012 年年初，布拉德斯基团队的一位程序员还是对哈桑泄露了项目的成功，并透露了工业行业对商业化应用的兴趣。哈桑给这支团队发了一封邮件："明天开始我会资助这一项目，周五早晨见。"

就这样，布拉德斯基带着科诺利奇和其他几个人，用哈桑提供的启动资金创建了 Industrial Perception 公司。这家创业公司的目标很明确，那就是制作能够从卡车上装卸箱子的机器人手臂，并把它们卖给类似包裹递送的公司。在布拉德斯基离开去合作创建 Industrial Perception 后，柳树车库逐渐瓦解。实验室项目最后分化成了 5 家公司，其中几家从事机器人研究，还有一家变成了咨询公司。一切都很成功，只不过家庭机器人仍然是一个遥不可及的目标。

布拉德斯基的创业公司开始运转。新公司安置在了南帕洛阿尔托工业区附近的一个大型车库中，里面有一个用作办公隔间的房间，还有很大一片没装修过的空场，他们在这里放了一大堆的箱子，让机器人马不停蹄地练习装卸。那时候，Industrial Perception 已经吸引了包括宝洁在内的多家大型企业的兴趣，这些公司迫切希望能够把自动化技术整合到他们的生产和分销环节中。更为重要的是，Industrial Perception 找到了第一位潜在客户——快递业龙头 UPS。他们已经勾勒出了具体的应用场景，希望这些机器能够替代人类搬运工。

2012 年 1 月，Industrial Perception 出现在了芝加哥 Automatica 贸易展的舞台上。他们发现，公司甚至并不需要什么宣传。一年之后，正在周游美国、不断收购机器人公司的安迪·鲁宾参观了他们的办公室。鲁宾曾对自己拜访过的公司说，再过 10~15 年的时间，谷歌将在全球提供信息和实体货品的寄送服务。他需要机器视觉和导航技术方面的人才，而 Industrial Perception 正是将这些技术无缝整合到了自己的产品中，他们的机械手臂才能够移动箱子。除了波士顿动力和其他 6 家企业外，鲁宾又秘密收购了 Industrial Perception。谷歌将这些收购列为"非物质"交易，因此在达成半年之后才会公开。甚至当公众已经发现了谷歌新的野心时，这家公司仍然对自己的计划小心翼翼。和自动驾驶汽车类似，谷歌更希望把最广阔的愿景保留在自己的视线内，直到他们有把握的时候再公之于众。

不过，对于鲁宾来说，这些愿景太过短暂。他曾尝试说服谷歌允许他单独带领新的创业公司，而不是纠结在他眼中的这种幽闭的企业文化之中。可惜他在这场斗争中失利，并决定在 2014 年年底离开公司，创建一家消费电子创业创意孵化器。

智能增强，以人类为中心重塑计算

虽然 Industrial Perception 团队的大多成员加入了谷歌新的机器人部门，但布拉德斯基觉得对于谷歌这样的公司，自己仍然是一只不愿意服从编队的"野鸭子"。机缘巧合，这时哈桑又给他准备了新的计划。哈桑向布拉德斯基推荐了一位出色的年轻机器人专家罗尼·阿布维奇（Rony Abovitz）。那时阿布维奇刚刚出售了自己的机器人手术公司 Mako Surgical—— 一家为缺乏经验的外科医生提供支持的机器人公司。阿布维奇在机器人领域有了一个更宏大的想法，而他需要一位机器视觉专家。

阿布维奇相信，他能够重新塑造个人计算，把它作为增强人类智慧的终极工具。如果他是正确的，那么这将提供一条将 AI 和 IA 两个世界拉近到一起的道路。在 Mako 时，阿布维奇曾用数字方式捕捉全球最好的外科医生的手法，然后把这些技术整合到机器人助手上。那些不太熟练的外科医生可以将这些机器人当作模版，在运用复杂技术手段时达到良好效果。

另一家专注于手术的机器人公司名为 Intuitive Surgical，是从斯坦福研究所拆分出的一家创业团队，他们主要销售远程控制的自动仪器，让外科医生能够在远程进行精准操作。阿布维奇的公司则更侧重于触觉——使操作机器人的人员有触摸感，构建出一个机器人和人力的综合体、一个比单独人类医生更熟练的设备。Mako 更多专注于与骨骼相关的手术而不是软组织手术（后者正是 Intuitive Surgical 的研究重点）。相比软组织，骨骼更为坚硬，也更易通过触觉反馈"感觉到"。在这一系统中，机器人和人分别做着自己擅长的事情，并形成一种强大的共生关系。

人工智能关键思考

值得注意的一点是，这种医生并不是半机械、半人类的"机器侠"。人类医生与机器人之间的界线仍然十分明确。在这种情况下，人类医生的工作只是得到了机器化的手术工具的帮助，而半机械人则是一种人类和机器人的区别逐渐模糊的产物。在阿布维奇看来，实现彻底的人工智能（机器人达到与人类相当的智力水平）是一个非常困难的问题，即使有可能实现，也需要至少几十年的时间。根据在 Mako 制造辅助外科医生的机器人的经验，他认为，最有效的系统设计方式是使用人工智能技术来提高人的力量。

2013 年年末，在以 16.5 亿美元的价格出售 Mako Surgical 之后，阿布维奇开始追求一个视野更广阔、能力更强大的增强现实的想法。他打造了创业公司 Magic Leap，希望通过"增强现实"（augmented reality）技术来取代电视机和个人电脑。2013 年，Magic Leap 系统只制作出一个外形笨重的头盔。不过，这家公司的目标是把系统嵌入比谷歌眼镜更强大，但又不会那样突兀的小型设备中。布拉德斯基最终决定放弃谷歌，转而选择阿布维奇的 Magic Leap。

2014 年，有初步证据显示，阿布维奇的团队已经在结合 AI 和 IA 方面取得了长足进展。在迈阿密郊区一个不知名的办公楼上，浮现着一个将近 15 厘米高的动画"生物"——杰拉德（Gerald）。它悬浮在空中，四肢轻轻挥动，在人们面前转圈。杰拉德并不是真实存在的，它只是一个类似于三维全息图的动画投影。用户能够通过透明的镜片看到它，这些镜片能将计算机科学家和光学工程师所说的那种"数字光场"投射到观察者的眼中。

虽然杰拉德并不存在于现实世界中，但阿布维奇希望能够打造一副不那么起眼的计算机增强眼镜，让用户通过它看到类似杰拉德的动画影像。当然，他的目标并不仅仅是创造这种想象中的生物。从原则上来说，通过与人眼视敏度相当的技术，我们就有可能投射任何视觉对象。例如，正如阿布维奇所描述的 Magic Leap 系统，未来佩戴这种眼镜的人可以简单地通过手势创造出一个像平板电视一样高分辨率的屏幕。如果这一技术能够继续完善，那么这些眼镜不但能够取代电视、电脑，甚至还会代替我们身边的很多消费电子产品。

这种眼镜的镜片中安装着能够向视网膜投射光场（以及图片）的透明微型电子发射器阵列。也就是说，计算机投射光场来模拟人们眼睛看到的物理世界。这是计算机生成的一种模拟光场，包含着能够在人类眼中组成视觉场景的所有光线。数字光场模拟了物理世界中光的表现方式。当光子从物体上反弹开的时候，它们就像是一条光的河流。

人类的神经视觉系统早已进化，因此，我们眼中的晶状体能够自我调整，从而匹配自然光场的波长，并聚焦在物体上。透过 Magic Leap 的眼镜看杰拉德在空中徜徉，似乎给了一个暗示，那就是未来计算机生成的物体或许能够融合在现实世界之中。阿布维奇认为，数字光场技术已经打破了困扰立体显示技术几十年的限制。不过目前，这些显示画面仍然会造成用户眩晕，而且无法提供"真实"的景深的感知。

2015 年 1 月，增强现实已经不再是一个边缘想法。基于 Magic Leap 的一种竞争技术，微软声势浩大地展示了一个名为 HoloLens 的类似系统。或许人们可以去想象一个世界，在那里，当今世界中无处不在的液晶显示器——电视、电脑显示器和手机屏幕都会消失吗？在佛罗里达的好莱坞，Magic Leap 的展示表明，可行的增强现实要比我们想象的近得多。如果它们是正确的，那么这样的进步也势必将改变我们对增强和自动化的印象和体验。2014 年 10 月，Magic Leap 迎来了一次重大发展机遇：谷歌给它投资了 5.24 亿美元！

Magic Leap 的眼镜原型看起来和普通眼镜差别不大，除了用户身后的一条细线，以及它所连接的那台智能手机大小的计算机。这些眼镜不仅仅是与现有显示技术的决裂，它们的背后还采用了大量人工智能及机器视觉技术来重塑显示。这些眼镜引人注目的原因有两个。首先，它们的分辨率已经接近人眼的分辨能力，而电脑显示屏才刚刚达到这一水平。因此，这些动画和图像超过了市面上最好的视频游戏系统。同时，这些眼镜也标志着计算机生成图像能够无缝融合进我们所生活的物理世界。到目前为止，消费者计算领域仍然局限在"WIMP"图形界面中——也就是现在 Macintosh 和 Windows 所采用的窗口（window）、图标（icon）、菜单（menu）和指针（pointer）界面中。不过，Magic Leap 的增强现实技术将给个人计算领域带来新的活力，推而广之，这也将带来增强人类头脑的新方法。

在增强现实世界中，"网络"就是你所处的空间。嵌入在眼镜之中的相机能够识别人们所处的环境，这也让给真实世界添加注释，甚至产生变幻成为了可能。举例来说，读一本书可能变为一种三维的体验，图片可能会浮现在文字上，而超链接也可能带有动画效果，读者能够通过眼部的运动翻动书页，而且，没有必要再去限制页面的尺寸。

增强现实是一种以人为中心的计算，这与施乐 PARC 实验室计算机科学家马克·维瑟"普适计算"的愿景一致。在这个世界中，计算机将会"消失"，而日常生活中的物体则会获得"魔法般"的量。这为我们提供了一种全新而有趣的人与机器人的互动方式。iPod、iPhone 是这种转变中的第一批案例，它们重新定义了留声机和电话。增强现实将让远程呈现的思想变得更为引人注目，两个相聚千里之外的人也能有一种身处同一空间的错觉。这无疑将使如今的视频会议系统，以及如斯科特·哈桑的 Beam 那样，把人脸拼接在机器人上的远程呈现项目，得到大幅度改善。

布拉德斯基选择离开机器人世界，转而加入阿布维奇的团队，去打造也许是最直接、最强大的智能增强技术。现在，他每天都在重新修正自己的计算机视觉技术，希望从根本上以一种以人类为中心的方式来重塑计算。与比尔·杜瓦尔和特里·威诺格拉德一样，布拉德斯基也从 AI 阵营转向了 IA 阵营。

MACHINES
OF LOVING GRACE

08

收购 Siri，苹果正式踏入智能增强阵营

收购 Siri 是乔布斯在为苹果铺平通向未来的道路——迎接将来人机交互的另一次重要转换。在计算机世界最后的一幕，乔布斯选择落地，径直走进了智能增强阵营：让人类控制他们自己的计算系统，站在了增强和合作的阵营。

从旧金山向南驱车一个多小时，就到了圣克鲁斯（Santa Cruz）。这里散发着北加州的气息，既有小城镇的波西米亚风格，也有一山之隔的硅谷流露出的技术气息。它靠近计算世界的心脏，而且，这里深厚的反文化情结与山那边圣何塞（San Jose）的倾斜式办公室和生产大厦文化形成了鲜明对比。无论是从地理上，还是从文化方面来讲，圣克鲁斯与霍姆斯泰德 - 迈阿密赛道之间的距离，都比你想象中的要远。

一个雾气腾腾的星期六早晨，在这座不拘一格的海滨小镇里，汤姆·格鲁伯和他的好友瑞亚·高恩（Rhia Gowen）来到了一间舞蹈工作室——418 Project。此时距波士顿动力的机器人们在潮湿的佛罗里达赛道上出尽风头才几个月时间。他们来得很早。格鲁伯是一个瘦长结实、留着山羊胡的软件工程师，而高恩则是一名舞蹈老师。回美国之前，她在日本住了 20 年，在那里经营了一家舞踏（Butoh）①舞蹈剧场。

回到圣克鲁斯后，高恩开设舞蹈课，教授一种名叫"即兴接触"（Contact Improv）的舞蹈。这种舞蹈要求舞者保持与舞伴之间的身体接触，同时又融入

---

① 发源于日本的一种肢体表现强烈的新兴舞蹈风格。——编者注

了许多不同的音乐风格。对外行人而言，"即兴接触"似乎是舞蹈、体操，再加上一些翻滚、甚至摔跤的集合体。舞者用自己的身体为舞伴提供一个坚固的平台，使舞伴们可以翻转，甚至与音乐同步跳动。格鲁伯和高恩参加的周六上午的课程甚至更加奇特：这是圣克鲁斯"欣喜若狂舞蹈界"（Ecstatic Dance Community）的一个周末仪式。一些基本规则可以在 ecstaticdance.org 网站上找到：

- 无论你愿不愿意，都要移动；
- 在舞池,不要讲话；
- 尊重自己，也尊重你的舞伴。

同样，如果舞者们想要和某人跳舞，或者在不想跳舞的时候找一个礼貌的方式拒绝，还有需要"谨记"一个礼节："如果你不想和某人共舞，或者即将与某人跳完一支舞，只需要将手放在心头祈祷，以示谢意。"

那天早晨的音乐组合从沉思爵士乐，变到了乡村音乐、摇滚乐，最后又变成了电子音乐风格的串烧。房间里逐渐坐满了人，每对舞者都渐渐进入了属于自己的世界。这种自由的舞蹈风格让人不禁回想起了新世纪（New Age）的体育课。

格鲁伯和高恩融入了舞动的人群。有时，他们聚一起；有时，他们分开去和其他舞伴共舞，然后再回来。他把她举起，弯下腰，把她回卷在自己的后背上。这不完全是"与你的舞伴背靠背"[①]，如果动作做得很好，其中一个人的身体就能够提供一个平台，在放松的状态下，肩负起另一个舞者的重量。格鲁伯是一位自信的舞者，很享受自己的动作跳出了现代舞的感觉。这与许多更加

---

① dosey-doe your partner，dosey-doe 源自法语，是舞蹈中的一个术语。——译者注

嬉皮士的中年加州人所跳的欢快节奏形成了十分鲜明的对比。舞者的节奏逐步加快，随后又渐渐退回最初的、优雅的节奏。舞蹈结束后，格鲁伯和高恩穿上外套，又回到了雾气依旧的外面的世界。

格鲁伯通常会从口袋里掏出 iPhone，询问 Siri 自己接下来要去哪里。每周一，他本来应该对着 iPhone 显示屏开始无穷无尽的工作。但是那天早晨，他却进入了一个更加"以人为中心"的世界——在那里，计算机会消失不见，所有手机一样的设备都变得仿佛魔术一般。

收购 Siri，乔布斯的最后一件事情

苹果公司的园区与"无限循环"（Infinite Loop）毗邻。无限循环是一条离280 号州际高速路不远的气球状街道。这条路被六座内朝向的大厦组成的现代集群所包围，里面还有一个草地庭院。这里的布局反映出苹果的神秘风格，约翰·斯卡利执掌苹果时修建了这个园区。最初完工的时候，园区被当成了研发中心，但随着斯卡利 1993 年离开苹果，公司缩减规模，这里成了苹果"傲视群雄"的要塞。1997 年，当乔布斯重返苹果担任"iCEO"以后，又对这里进行了不少改造，特别是食堂方面有了显著的改善。"半导体总裁"吉尔伯特·阿梅里奥（Gilbert Amelio）短暂接管苹果时留下的精致的银色高管套房，同样消失不见了。

2011 年，乔布斯在与胰腺癌斗争的过程中健康状况不断恶化，这也成为他在苹果的最后一段旅程。尽管因为接受治疗离开苹果三次，但乔布斯仍然是苹果的主导力量。此时的他已经不再自己开车，需要在司机的帮助下来到苹果总部。他骨瘦如柴，在会议上，他会提及自己的健康问题，但从未直言自己正在与癌症病魔抗争。他喝着七喜，暗示别人自己已经熬过了化疗。

前一年的夏天，乔布斯收购了 Siri——一家小公司推出的自然语言软件应用，后来成为了 iPhone 上的软件助手。这次收购在硅谷吸引了各方极大的注意，因为苹果的收购案，特别是大型收购案，十分罕见。当文件显示 Siri 已经被苹果收购的时候，沙山路（Sand Hill Road）旁的科技公司们震动不已，就连在 iPhone 刺激下方兴未艾的 App 经济也经历了巨震。苹果完成对 Siri 的收购后，这一程序随机被 App Store 下架，Siri 原来的设计团队也进入隐身模式，"融入"库比蒂诺园区。在硅谷，很多人没有立即意识到这次收购的重要意义，但是，**作为乔布斯掌管苹果时最后采取的动作之一，收购 Siri 是乔布斯在为苹果铺平通向未来的道路——迎接将来人机交互的另一次重要转换。他径自走进了智能增强阵营：让人类控制他们自己的计算系统。**

在此以前，乔布斯还作出过一次重要贡献：将图形用户界面推向了 PC 操作的聚光灯下。用苹果的话来说，从 IBM DOS 时代的命令行界面，到 Macintosh 的桌面系统，这一转变打通了个人计算机被大众广泛接受的"康庄大道"——所有人都因此受益。乔布斯造访 PARC 的故事更是充满了传奇。他在 1979 年造访施乐数次，这家打印机巨头向上市前的苹果投入了一笔数额不高、但盈利丰厚的投资，此后的 5 年内，乔布斯首先打造出来 Lisa，然后是 Macintosh。

但是，PC 时代已经在为施乐 PARC 的第二个概念——普适计算让路。PARC 的计算机科学家马克·维瑟曾在 20 世纪 80 年代后期提出了这一构想。尽管他的观点并没有多少人相信，乔布斯还是最早将维瑟的理念带给了普通消费者们。iPod 以及后来的 iPhone 都是真正的普适计算设备。通过增加计算，乔布斯最先改变了留声机，然后是电话。"口袋里装着一千首歌"以及"为手掌设计的真正革命性的东西"。"还有一件事"（One more thing）已经成为了乔布斯在做产品介绍时使用的招牌式的口号，这位至臻完美的表演者总会在宣布某些"十分疯狂"的产品前这样"轻描淡写"地开始。但是，对乔布斯来说，Siri 真正成为他最后的一件事。通过收购 Siri，乔布斯为重塑计算世界献上了最后一份敬意。他将艾伦·凯的 Dynabook 和 Knowledge Navigator（苹果宣传视频中构想的虚拟私人助手）连接在一起。AI 和 IA 之间的哲学意义上的距离已经产生了两个很少交流的独立圈子。甚至在今天，在大多数大学，人工智能和人机交互仍然是完全不同的学科。Siri 用一种最初与李·费尔森斯丁最初的"魔像观"产生共鸣的设计方法，走上了一条化身软件机器人的道路。它带着幽默感，努力成为人类的伙伴，而非奴隶。

这一需求非比寻常，可能只有乔布斯才会敏锐地察觉到。他指示自己的手机设计师们接管一组软件开发者——这些开发者从未接触过任何基本的苹果操作系统软件，还允许他们将自己的代码放在 iPhone 的核心位置。然后，他强迫自己的设计师们从零开始，将 Siri 连接到所有 iPhone 的应用程序。而且，他要求，所有这一切必须在一年时间内完成。为了给最初通过 Siri 收购获得的 24 人核心团队扩员，程序员们求遍了苹果所有的软件研发组织，到处求人借人。但是，这仍然不够。在大多数科技公司里，这种规模的需求通常会被直接拒绝。而乔布斯只说了一句："放手做吧。"

汤姆·格鲁伯，从建模知识到建模策略

当汤姆·格鲁伯偶然接触到人工智能时，他还是一名研究心理学的大学生。在学校的图书馆里，他发现了一篇介绍拉杰·雷迪（Raj Reddy）和卡内基·梅隆大学一组计算机科学家研究成果的论文（他们建立了一个名为 Hearsay-Ⅱ 的语音识别系统）。Hearsay-Ⅱ 只能识别由大约 1 000 个口语单词组成的句子，正确率达 90%。平均每 10 个词中就有一个错词。显然，不具有可用性。令格鲁

伯吃惊的是，Hearsay 系统将声音信号处理与更加通用的人工智能技术进行了结合。格鲁伯立即意识到，这一系统建立了一个在表现人类知识时必然会使用到的大脑模型。他还发现，心理学家也在尝试对这一过程进行建模，虽然结果不尽如人意。在 20 世纪 80 年代，还没有 PET（正电子发射断层扫描）扫描仪或 fMRI（功能性核磁共振成像）脑成像系统。心理学家们只是纯粹地在研究人类行为，而非思想本身。

读完介绍 Hearsay 研究的论文后不久，格鲁伯发现，斯坦福大学计算机科学教授埃德·费根鲍姆正在研究建立"专家系统"来抓取人类知识，在技术性很强的领域复制专家能力。当费根鲍姆还是卡内基·梅隆大学研究生的时候，曾与赫伯特·西蒙共事，进行过设计"人类记忆的计算机模型"的早期工作。初级感知器和储存器（Elementary Perceiver and Memorizer，EPAM）是有关人类学习和记忆的心理学理论，研究人员将这一理论整合进了计算机程序中。

费根鲍姆的研究启发了格鲁伯，使他开始以更普适的方式思考对思想建模。但是，格鲁伯当时还没有考虑申请研究生。他家还没有人获得过那么高的学位，所以，他也没有这个概念。当他终于发出申请的时候，仅剩几个地方还能为他提供奖学金。斯坦福大学和麻省理工学院都通知格鲁伯，他的申请比截止日期晚了 3 个多月，希望他来年继续申请。幸运的是，他被马萨诸塞大学录取了。这所大学当时拥有相当活跃的人工智能研究团队，他们正在进行机器人学方面的研究，其中就包括如何为机器人手臂编程。他们采用的机器人研究方法明确地将人工智能和认知科学结合在一起，这与格鲁伯心中的想法不谋而合。

对格鲁伯来说，人工智能是计算机科学最为有趣的部分。它富有哲学内涵，又是有趣的科学学科，在心理学和人类思想的功能方面，为人们提供了许多观点。在他看来，其余的计算机科学纯粹只是做工程而已。来到马萨诸塞大学以后，他开始与保罗·科恩（Paul Cohen）一起共事。这是一位年轻的计算机科学家，曾经是费根鲍姆在斯坦福大学的学生，与格鲁伯一样，都对人工智能和心理学有着浓厚的兴趣。保罗·科恩的父亲哈罗德·科恩（Harlod Cohen）是一位知名艺术家，同样在研究艺术和人工智能的交叉部分。他曾经设计了一个名叫"亚伦"（Aaron）的计算机程序，并使用它制作和销售艺术作品。这个程序没有创造出某种艺术风格，但是它能够根据科恩设定的参数产生出无数复杂图像。这一程序环境十分强大，可以用它来探究自治和创造性等哲学问题。

格鲁伯向计算机科学系主任表示，希望自己的职业能对社会有所影响。所以，他被安排到一个项目中，设计能够让脑瘫等严重残疾的人进行交流的系统。这些重度残疾的病患都无法说话，当时，他们可以使用一个名叫 Bliss Boards（字面义为"极乐板"）的书写系统，这个系统使他们可以通过指认字母来拼写单词。这是一个十分艰辛并且充满挑战的过程。格鲁伯协助设计的那个系统是被现在的研究人员称为"语义自动补全"（semantic autocomplete）的早期版本。研究人员们邀请了一些能够清晰地理解语言、但有说话障碍的儿童参与研究。他们设计出互动方案，所以系统能够预判参与者接下来可能会说什么。真正的挑战是设计一个能够进行交流的系统，去表示"我想要一个汉堡"等意思。

这是当时整个人工智能世界的一个缩影。**没有大数据，研究人员能做的只是对一个孩子的世界建模。**在参与这个项目一段时间后，格鲁伯制作了一个软件程序来模拟孩子的世界。他让护理人员和父母能够将语句添加到程序中，为某个特定的孩子进行个性化的系统设置。格鲁伯的程序是被人工智能圈后来称之为"基于知识的系统"的一个代表，这些程序能够使用规则和信息数据库对复杂问题进行推理。当时人工智能圈的主要构想是创建一个类似人类专家的程序，比如医生、律师或工程师。但是，格鲁伯意识到，收集这些复杂的人类知识将会十分困难，他决定将这个问题作为自己博士论文的主题。

格鲁伯是一位技术高超的计算机黑客，许多科系都想聘请他去做繁重的开发工作。他没有接受，相反，他在微型计算机制造商 DEC 公司找了一份兼职。他在 DEC 参与了许多项目，包括研发早期视窗系统。这一系统是使用麦卡锡的人工智能编程语言 Lisp 实现的。因为程序的运行效果太好，许多软件开发员都大为吃惊，因为 Lisp 并非为图形应用设计。格鲁伯在夏天花了一个月的时间编写这个程序。对一般研发者而言，编写这种类型的应用通常会使用汇编语言或 C 语言以节省时间，但事实证明，对格鲁伯而言，Lisp 已经足够高效。为了展示 Lisp 语言的强大之处，他为来自美国国家安全局（NSA）的访客们制作了一个自动化的"剪报服务"程序样本。这个程序实现了交互式界面，允许用户对搜索进行编辑，再将其保存在永久提示系统中，而这一系统可以过滤出所需信息。这个想法一直在格鲁伯的脑海中，直到多年后，当他成立自己的公司时，再次启用了这一想法。

因为专注于拿到博士学位，并且仍然对"人类思想"好奇不已，格鲁伯没有加入那家后来蒸蒸日上的计算机企业工作。研究生院是他的天堂。他在西马萨诸塞频繁地骑自行车穿行，并且可以远距离办公，通过自己家里的终端就能每小时赚到 30 多美元。他在坎布里奇度过了很多个夏天，因为这是一个热闹的地方，而且可以为 DEC 实验室兼职。他同时加入了一个小的人工智能研究团体，这里的研究人员们正在努力打造模拟人类专长的软件系统。团队成员每年会在班芙（Banff）举行一次会面。人工智能研究人员们很快意识到，某些人类推理的模型违反了传统逻辑。例如，工程设计是由一系列完全不同的活动组成的。一个采暖通风和空调系统的设计师或许会严格遵守规则和约束，并且很少有例外。在光学设计中，精密完美的要求使编写程序设计完美玻璃成为可能。但除此以外，也有杂乱的设计。以产品设计为例，这里并没有明显的正确答案。关于什么是必需的、什么是可有可无的，从来没有定论。在这种情况下，可能的答案会有无数个，很难在软件中模拟一位熟练设计师的技能。

格鲁伯早就在自己的研究中发现了为什么传统的专家系统模型会失败的原因——人类的专长无法还原为离散的想法或做法。他最初打造了一些小模型，比如为一个林场确定最低农药用量的工具。另外，他还与心脏病专家合作打造了一个诊断系统。这两个系统都试图在软件中捕捉人类的专长。非常简单的模型或许可以工作，但是，现实世界专长的复杂程度无法被简单地还原为规则的组合。医生们花费了数十年的时间去练习使用药物。格鲁伯不久就意识到，试图将医生所做的事情简化成"症状和体征"这种做法是不现实的。医师或许会询问病患正在经历哪种类型的疼痛，做测试，然后开一些硝酸甘油片，把患者送走。药物可以是诊断型的，也可以是治疗型的。格鲁伯所看到的，是人类专家执行的更高层次的策略远非那些不灵活的专家系统程序能够实现的死板行动。

格鲁伯很快意识到，自己对打造更好的专家系统并没有多大兴趣。他想设计更好的工具，为人们设计出更好的专家系统。这就是后来的"知识获取问题"（knowledge acquisition problem）。

人工智能关键思考

在论文中，格鲁伯提出，研究人员不需要对知识本身建模，而应该研究策略——即如何利用这些知识，以便打造一个有用的专家系统。当时，专家系统很容易被拆解，它们都是手动建造的，并且需要专家去编写知识。他的目标是设计一种方式，让收集这些难以捉摸的"战略知识"变成自动化过程。

作为一名研究生，格鲁伯的方法仍然在原有的人工智能圈框架内：最开始，他以传统方式定义了人工智能。

人工智能关键思考

随着时间的推移，格鲁伯的观点改变了：人工智能不仅应该模拟人类智能，它同样应该以加强人类智能为目标。他从没有见过恩格尔巴特，也不熟悉他的理论，但是，他开始使用计算去拓展人类，而非模拟或取代。人类，将在他的研究中成为更鼓舞人心的概念。

当格鲁伯潜心论文研究的时候，他决定跳到西海岸。斯坦福大学是人工智能的中心，人工智能世界的新星费根鲍姆也在那里工作。格鲁伯启动了一个项目——基于"知识工程"打造世界上最大的专家系统。他所指的知识工程类似火箭飞船和喷气发动机如何设计和制造。格鲁伯的顾问老师保罗·科恩将他引荐给费根鲍姆，费根鲍姆礼貌地告诉他，自己的实验室缺少资金，他无法为新雇员提供任何岗位。

"如果我去筹集资金，可以吗？"格鲁伯回应道。

"拿你自己的钱过来？"

费根鲍姆同意了，格鲁伯从曾经担任顾问的一些公司那里获得了帮助。没过多久，他就开始接手费根鲍姆的知识工程项目。1989年，格鲁伯发现自己待在斯坦福大学的这段时间正好赶上了个人计算时代的膨胀期，与此同时，人工智能领域出现了急速的衰退。"第二个人工智能的冬天"到来了。

在斯坦福大学，格鲁伯与商业世界的动荡绝缘。当他开始着手费根鲍姆的项目时，他意识到，自己仍然面临如何收集知识的问题，而这些知识对模拟一个人类专家又是必要的。这与他在撰写博士论文时所遇到的问题是一样的。这一认识迅速带来了第二个认识：从"建造"知识系统到"制造"知识系统的转变，开发者需要标准组件。格鲁伯开始着手对人工智能开发过程中使用的语言和种类，进行标准化处理。如果开发者希望建立可供多人、多程序通信的系统，语言就必须具备精准的使用方式。如果它们没有标准化的定义，这些模块就会失败。人工智能研究人员从哲学中借用了"本体"（ontology）这个概念，在某些情况下，代指在某些特定领域组成知识的概念集合——如事件、事物或关系。格鲁伯提出，本体可以是"条约"，是对分享信息或进行商业活动感兴趣的人之间的社会协议。

这与当时新兴的因特网产生了完美的共鸣。突然之间，多种语言和计算机协议的混乱世界被一个电子版的"通天塔"（Tower of Babel）连接起来了。当"WWW"出现的时候，它提供了一种通过因特网轻松获取文档的通用机制。这个网络采纳了部分 20 世纪 60 年代时道格拉斯·恩格尔巴特和特德·尼尔森（Ted Nelson）进行的研究——两人独创了超文本链接的概念，使得轻松访问计算机网络中存储的信息成为可能。20 世纪 90 年代，互联网快速成为连接万物的媒介，提供了一种像乐高玩具一样连接信息、计算机和人的方式。

✍ 人工智能里程碑

本体，拥有标记信息的能力。通过整合全球数字信息库的力量，它提供了一种更加强大的信息交换方法。这使得"向电子信息的交换添加语义"成为可能，也是迈向人工智能的有效一步。

但是，本体概念最初只是在人工智能圈内小范围使用。关注工程问题使得格鲁伯需要与大批程序员协同工作，他们中的一些人来自学校内部，另一些来自校外。格鲁伯遇见了杰·"马蒂"·特南鲍姆（Jay "Marty" Tenenbaum）——一位计算机科学家，曾在斯坦福研究所参与人工智能研究，当时正主管一个由法国石油勘探巨头斯伦贝谢（Schlumberger）公司创立的硅谷人工智能实验室。在"WWW"出现以前，特南鲍姆已经对电子商务的未来拥有了深刻的认识。1992 年，他创立了 Enterprise Integration Technologies（EIT）—— 一家商业互联网商务交易公司，在当时，电子商务的概念很少有人了解。

特南鲍姆公司的办公室设在了硅谷第一家芯片制造商 Fairchild Semiconductor 曾经矗立的地方附近。他描绘出了一个"零摩擦"的电子商务模型，预见到一个乐高模式的自动化经济——各行各业都将通过计算机网络和软件系统被整合进这个经济模式，商品和服务的交易都将被网络和软件系统自动化。格鲁伯的本体研究显然与特南鲍姆的商务系统十分吻合，因为特南鲍姆的系统需要使用一种通用语言来连接不同的部分。基于他们之间的合作，格鲁伯成为硅谷最早沉浸于互联网世界的专家之一。蒂姆·伯纳斯-李（Tim Berners-Lee）在瑞士的粒子物理学界的核心地带开发出了互联网，随后，互联网迅速被计算机科学家所接纳。在学界之外，直到 1993 年 12 月《纽约时报》对互联网进行报道，外界才了解到它的存在。

互联网使得格鲁伯有机会创建一个小型群组，这个群组后来发展成为通过交换电子邮件沟通的在线网络社区。虽然参与者们很少有面对面的交流，但他们实际上都处在一个虚拟组织中。这种沟通也存在缺点：所有的通信都是点对点的，而且，群组的电子对话没有任何共享副本。"我为什么不试着为所有邮件建立一个在线存储器呢？"格鲁伯这样想。他的想法是创建一个公共的、可提取的、永久的群组存储器。如今，在网络会议、支持系统和谷歌面前，这一想法似乎微不足道，但是，在当时，这是一大突破。它已经处在了道格拉斯·恩格尔巴特最初的 NLS 系统的核心位置。然而，随着个人计算机的出现，恩格尔巴特大多数更宽广的观点被抛掷到一边。从最初的施乐 PARC，到后来的苹果、微软，它们都借用了恩格尔巴特的理念，比如鼠标和超文本，同时又忽略了他提出的"打造智能加强系统，为知识工人小组提供便利"的任务。格鲁伯设计了一个软件程序，可以自动根据群组内容生成在线文档。经过几周努力，他编写出一个名叫 Hypermail 的软件，可以与邮件服务器在同一台计算机上运行，并根据从网络提取的邮件对话生成单线程副本。这些实际上是邮件对话的数字化快照，附加了可供标记和存档的永久链接。

对格鲁伯而言，互联网成了一个改变生活的存在。他当时 30 岁，在斯坦福大学工作。他很快意识到，互联网是一个比他之前研究的所有东西都要大得多的概念，特南鲍姆要做的事情可能会改变人们使用计算机的方式。特南鲍姆聘用了一位名叫凯文·休斯（Kevin Hughes）的年轻程序员。休斯从夏威夷社区学院毕业，是伴随计算长大的新一代程序员的代表。他看起来还没到能开车的年纪，但他称自己为"网络大师"。格鲁伯最初用自己最爱的 Lisp 语言编写了 Hypermail，并通过当时流行的软件渠道进行了分享。对休斯而言，这种方法已经过时，他告诉格鲁伯，Hyperlink 必须用 C 语言重写，而且必须是免费的。他说服了特南鲍姆，随后花了一个周末的时间用 C 语言重写那个程序。他是对的。当网络上可以免费下载这个程序的时候，它突然就火爆起来。

这一步，对将恩格尔巴特和尼尔森的超文本观念带到人们生活中，是至关重要的一步。一夜之间，所有在 Unix 计算机上运行列表服务器的人都可以下载这一程序，他们的电子对话可以即时被传到互联网上。对格鲁伯而言，这是一堂极具说服力的课程，他明白了如何使用互联网去传播一个简单的想法。1995 年年初，EIT 被 VeriFone 收购，".com" 时代刚刚拉开序幕。两年后，VeriFone 在第一轮互联网泡沫期时，将自己"卖身"给了惠普，泡沫破碎后，又被惠普扫地出门。1994 年，格鲁伯离开斯坦福，加入了 EIT。但是，在 EIT 被出售以前，他开始第一次追求自己的想法。为什么到邮件这一步就中止呢？格鲁伯产生了怀疑。随后，他基于恩格尔巴特的观点建立公司，并且将它卖给了 Corporate America。

Intraspect，流星般的人机交互系统

20 世纪 90 年代初，恩格尔巴特的理念在斯坦福大学复兴起来。格鲁伯在这里花费了 4 年时间，试图打造出费根鲍姆的知识工程系统，但是，他没能成功。在自己的 Hypermail 项目里，格鲁伯看到了建立有价值的商业知识系统的方法，而且，他也开始在 ".com" 时代的创业热潮期着手创立自己的公司，实现自己的想法。伯纳斯 - 李在设计互联网的时候就已经做到了最初的突破，他不仅创造出了一种可以运转的"恩格尔巴特 - 尼尔森超文本系统"，还为工程师所谓的"知识对象"信息创立了一个永久标示符系统。这使得网络开发者可以创造出永久性的知识结构，并且这些结构可以形成数字库，人工智能和增强系统也就有可能在此基础上建立。

格鲁伯的想法是创建一个"企业存储器"—— 一个能够集合现代企业正常运转所有必需文档的系统，使这些文档能够被便捷地管理和调用。这让人回想起了恩格尔巴特最初的 oN-Line 系统，但是，它又紧跟潮流地借用了互联网的力量。Lotus Notes 是雷·奥兹（Ray Ozzie）在这一领域进行的比较早的尝试——这位年轻的软件设计师受聘于米奇·卡普尔，在 Lotus 进行设计工作。

但是，由于企业软件的专利问题，Lotus Notes 的发展并不理想。现在，互联网和新的 Web 标准已经让创建更高级的系统成为可能。

1996 年，格鲁伯与另一位人工智能研究员彼得·弗里德兰（Peter Friedland）和 DARPA 前项目经理克雷格·威尔（Craig Wier）联手，在洛斯拉图斯（Los Altos）创立了 Intraspect，格鲁伯成为 CTO。最开始，他与一名在斯坦福大学上班的程序员共事。格鲁伯会在白天研究原型，而这位程序员晚上来上班，接过格鲁伯的设计，通宵进行开发。格鲁伯在下班前，会与那位程序员讨论自己已经完成的工作以及需要编程实现的内容。他们日复一日，坚持了很久——对于快速建立原型而言，这的确是一个有效的方式。

公司最终募集到 6 000 多万美元的风险投资，员工多达 220 人，并且拥有了成型的产品。PC 时代改变了企业，公司开始基于电子邮件的形式运转，而不再依赖之前的纸质备忘录。这种转变使得创建一个廉价的系统，复制每次通信并抄送给指定邮件地址成为了可能。对网络技术的熟练掌握和深厚的 IT 背景都不再是必备条件。Intraspect 的系统整合了通信与文档，使企业里的每一位员工都可以使用 PC 轻松便利地访问。桌面文件夹标志仍然代表了经过组织的文件，所以，Intraspect 的工程师们是在文件夹界面的基础上创建了一个视窗程序。

人工智能关键思考

在格鲁伯心里，这才是未来 AI 的模样。他从最初对大脑进行建模，最后转而关注对人类群组交互进行建模。从某种意义上来说，这种区别正是 AI 和 IA 两个研究圈之间的文化鸿沟的核心。AI 圈以尝试对孤立的人类智能建模为起点，而新兴的人机交互

> 设计师们则追随了恩格尔巴特的增强理念。他最初设计的增强系统，正是为了提高小组协作工人的能力。现在，格鲁伯也坚定地站在了 IA 阵营。

在斯坦福大学知识系统实验室工作的时候，格鲁伯采访过航天器设计师，并深入思考了他们的观点。在整个工业设计时代，设计师们都在假设，人类必须要适应机器。设计师最初相信，机器是宇宙的中心，那些使用机器的人类只是配角。航天器设计师们一直在艰难前进，直到他们开始将人机交互作为一个单独的系统。他们制造了控制系统，但这些系统引发了航天器爆炸。当然，我们不能简简单单地将所有事故都归结于飞行员操作失误。但是，当设计师们意识到，飞行员是整个系统的一部分时，航天器的驾驶舱设计因此发生了改变。注意广度（attention span）和认知负荷（cognitive load），这些心理学家擅长使用的变量慢慢变成了航天器设计以及最近的计算机系统设计中不可分割的一部分。

在设计 Intraspect 查询系统的时候，格鲁伯很头疼这些问题。他将客户（通常是企业的销售员）想象成飞行员，并试图调整程序来避免用户被过多信息骚扰。Intraspect 将这一系统展示给了摩根大通的一位高管。格鲁伯向这位高管演示了一个简单的搜索，那位高管看到了骨干员工在公司的最近通信以及相关文档，吃惊得连嘴巴都合不拢，他可以通过文字形式看到自己的公司知道些什么。Intraspect 系统使用的搜索引擎被设计成了优先搜索"最近"和"最相关"的文档，而当时的第一代因特网搜索引擎还没有广泛地支持这一功能。

在".com"时代的巅峰期，Intraspect 做得非常出色。它有"蓝筹"客户，并且在主要行业（比如金融服务行业）中已立稳脚跟，公司的营收运转率在30~40 美元之间。他们甚至准备了上市所需要的文件，并且搬进了一座崭新的

大厦办公——从 101 高速公路上就能看到公司的醒目标志。虽然 Intraspect 在
".com"泡沫破碎的时候幸存下来，但这次灾难让它损失了一批最好的顾客。

"9·11"事件接踵而至。一夜之间，一切都变了。到次年 3 月，主要公
司的 CFO 们都被禁止从非上市公司购买任何产品或服务。恐慌的冲击压垮
了 Intraspect。格鲁伯花了 6 年的时间打造这家公司，一开始，他很难接受
"Intraspect 已经死了"的现实。公司有那么可靠的顾客，有一个坚信能给公司
带来活路的产品。但是，Intraspect 一直是依靠全球五大会计师事务所等专业
服务公司来销售自己的产品，这些销售渠道在"9·11"事件后干涸了。

格鲁伯被迫裁员 60% 以维持公司运转。最终，Intraspect 还是没能活下来。
尽管相比其他竞争对手，Intraspect 拥有很大的优势，但是，整个企业协作办
公软件的市场已经崩盘。门户企业、文件管理公司、搜索公司和知识管理公司
都互相合并了。2003 年，Intraspect 被以低价卖给了 Vignette。

Web2.0，群体智慧改变一切

格鲁伯在 Vignette 待了几个月，然后，又花了一年时间去"充电"，思
考接下来该做些什么。他去泰国旅游，在那里潜水、拍照，还发现了"火人"
（Burning Man）这项一年一度的活动，活动持续一周，大家相聚在内华达州的
沙漠，每年都能吸引来自硅谷的数万名计算机专家。当格鲁伯的假期结束时，
他准备再创立一家公司。

格鲁伯认识雷德·霍夫曼（Reid Hoffman）。霍夫曼当时已经创立了
LinkedIn。因为有了在 Intraspect 的经验，格鲁伯对"社交软件"有深刻的理解。
二人就格鲁伯加入 LinkedIn 有过一番长谈，当时这家社交网络创业公司正在

快速发展。格鲁伯关注设计问题，而霍夫曼正在寻找一位新的 CTO。但是最后，LinkedIn 董事会否决了这一提议，因为公司即将进行一轮大规模投资。

旅行的一年让格鲁伯开始思考旅行与"群体智慧"的交集。随着 Web2.0 的出现，群体智慧正在进入人们的生活。互联网不仅让创建公司存储器成为可能，同时也使众筹变成了所有人都能参与的事件。谷歌就是一个令人叹为观止的例子，谷歌的 PageRank 算法利用人类偏好对网络搜索的查询结果进行排序。在雷德·霍夫曼的帮助下，格鲁伯建立了一家创业公司，计划与 TripAdvisor 一争高低。在当时，TripAdvisor 只能提供旅行者对酒店的评价。格鲁伯说服了投资人，他可以为他们找到大量受众——他们只需要处理业务发展方面的问题。而且，格鲁伯在这家新的创业公司担任设计副总裁，尽管当时他的技术团队只有三名工程师。虽然人手不多，但是并未影响公司的成功——因为互联网已经改变了一切，甚至最微型的创业公司也可以利用更加强大的开发工具，以小博大。

这家创业公司的主要目标是收集游客提供的高质量的旅行描述。他们花了一年时间来建立服务，终于在 2006 年的 O'Reilly Web2.0 大会上，推出了 realtravel.com。（Web2.0 大会正快速成为新一波所谓的"社交"创业公司最爱参加的互联网会议。）Realtravel.com 发展得很快，甚至曾放言，瞬时访客数量超过了几百万。但是它成长的速度还是不够快，并于 2008 年被出售，距离公司首次接受种子投资仅有两年时间。格鲁伯在公司被出售前离开了公司，因为他与 CEO（是一位色盲症患者）一直因为"网站使用哪些颜色最漂亮"等问题争执不断。

格鲁伯又休息了一年。他在 realtravel.com 做了很多不同岗位的工作——从写代码到设计，他发现自己需要时间放松一下。当他回来的时候，他动用了自己的硅谷关系网，去寻找有趣的项目。他是一个名叫"CTO俱乐部"的非正式组织的成员，会员们定期在硅谷聚会。接着，那里有一个人提到斯坦福研究所正开展一个新项目。

因为托尼·特瑟对建立私人软件助手有着浓厚的兴趣，他领导下的DARPA向斯坦福研究所提供了大量科研资金。2003—2008年的5年间，DARPA在"认知助手"这一概念上投入颇高。这一项目最终汇集了来自25所大学和企业实验室的300多名研究人员，而斯坦福研究所在其中扮演了召集人的角色。认知助手CALO是DARPA投资"蓝天"研究这一传统的一部分——这些研究几乎缔造了硅谷的所有行业。工作站、网络和个人计算最初都是DARPA的研究课题。

CALO一词是受拉丁单词"calonis"启发，意思是"士兵的仆人"（soldier's low servant），或笨拙的苦工。并且，这一项目与20世纪六七十年代DARPA资助的恩格尔巴特的研究有着显著的重合。CALO旨在帮助上班族进行项目管理：它能够管理员工的电子邮件、日历、文件、通信、日程和任务。最后，CALO项目"孕育"了许多商业副产品：智能日历、个性化旅行指南、游戏开发和教育公司。但是，与Siri的成功相比，它们都黯然失色。

亚当·奇耶，下一个恩格尔巴特

早在"创客运动"兴起前很久，Siri联合创始人亚当·奇耶（Adam Cheyer）被妈妈带进了那个世界。作为生活在波士顿农村的孩子，他每周只有一个小时的看电视时间——这让他有机会"了解"当时的科技，当然，这只激发了他对最新款玩具的兴趣。当他让妈妈给自己买玩具的时候，妈妈只是给了他一堆纸板插（洗衣工用来固定衬衫的小物件）。奇耶用胶带、胶水和剪刀"复制"了自己在电视上看到的玩具，比如机器人和鲁布·戈德堡机械组合（Rube

Goldberg contraptions）。这教会了奇耶，只要开动想象，就可以造出任何自己想要的东西。

孩提时代，奇耶曾经梦想成为一名魔术师。他读过介绍伟大魔术师的书，并将这些用技术变魔术的人视作创新者和思想家。10岁以前，他攒钱买书，从当地的魔术商店买道具。直到很久以后，他才意识到，自己对人工智能的兴趣源自儿时对魔术的热爱。他最喜爱的18世纪的魔术师和钟表匠们，在雅卡尔·德沃康桑（Jacques de Vaucanson）的领导下，造出过早期的自动机：会下象棋和说话的机器，以及其他机械的人形机器人。他们都在试图说明，后来被格鲁伯等人视作世界上"最具魔术意味的"设备——人脑的内部工作机制。

1987年，尽管对恩格尔巴特的NLS系统一无所知，奇耶在法国进行人工智能研究时还是自己建立了一个名叫HyperDoc的系统。他将文件系统整合进了程序员使用的编辑器，帮助他们设计专家系统。这次更新，让用户可以简单点击任何函数或命令，查看相关的在线手册。访问软件文档的难度降低，使程序员可以更轻松地为计算机编程，故障数也得以减少。然而，当时，他对20世纪六七十年代门洛帕克的增强研究中心（Augmentation Research Center）的历史并不熟悉。为了拿到计算机科学硕士学位，他搬到了加州，并且计划毕业后回到法国。在加州的生活十分有趣，但是，只有返回欧洲，那家法国公司才会为奇耶支付学费。

离奇耶原定返回法国的时间前不久，他偶然看到了大肆散发的斯坦福研究所招聘人工智能研究员的小广告。这个工作听起来很吸引人，他决定申请。在飞往旧金山湾面试之前，他研究了这个组织里所有研究人员的成果。几轮面试的间歇，他都会去厕所复习一遍自己的笔记，为下次面试做好准备。参加面试时，他已了解了所有人研究的所有东西、他们与谁共事过，以及他们对不同问题的观点。他的付出得到了回报，斯坦福研究所的 AI 实验室聘用了他。

20 世纪 90 年代初，尽管正处于人工智能的冬天，斯坦福研究所仍然是一个蓬勃发展的商业、军事和学术人工智能研究的枢纽。Shakey 问世几十年以后，机器人仍在大厅里游荡。当奇耶来到实验室时，他接手了一个由韩国政府运营的韩国电信实验室的小型研究项目。项目资金旨在用于开发可在办公室环境中使用的触控笔和语音控制系统。"给我们做一个出来。"他们这样要求奇耶。

为了方便以后便捷地加入其他功能，奇耶决定建立一个系统。这个系统被命名为"Open Agent Architecture"（开放式助手架构）。它被设计用来协助构想出的"委派计算"（delegated computing）。举个例子，如果计算机需要回答"鲍勃的电子邮件地址是什么"之类的问题，系统可以用很多方式找出答案。奇耶创建了一种语言，使虚拟软件助手能够翻译任务并高效地寻找答案。

人工智能关键思考

在设计这一框架的过程中，奇耶发现自己正处在一场 AI 圈和 IA 圈之间辩论的中心地带。一方相信，用户需要完全被计算机控制，而另一方则预见到，软件助手将在计算机网络中"生活"，并代表人类用户执行任务。从一开始，奇耶就对人机关系有着一种微妙的认识。他认为，人类有时想直接控制系统，然而更多的时候，他们只是希望系统替他们完成某些事，并且不希望被细节骚扰。为此，他的语言把用户希望系统做"什么"，从任务"如何"完成中分离了出来。

到斯坦福研究所不满一年，奇耶就开始专注于建立一个可以工作的 Knowledge Navigator。与艾伦·凯一样，在接下来的 20 年时间中，奇耶不断在开发原型——每一个都更加接近 Knowledge Navigator 的功能。他打造的软件虚拟机器人、软件助手，既要充当人类的伙伴，也要充当人类的奴隶。

到 1993 年年底，奇耶设计出了一台类似 iPad 的平板电脑。当时，还没有人研发出触摸界面。所以，奇耶将触控笔输入整合进了自己的平板电脑，这个平板电脑能够识别手写输入和用户手势，比如通过在对象周围画圆能选中对象。它也拥有语音识别的功能，这在很大程度上因为奇耶对这一技术已经相当熟悉。他说服了斯坦福研究所语音技术和研究实验室的研究人员，为他的平板电脑安装软件连接器（也就是 API），这使他可以将基于主机的语音识别系统整合进自己的系统。斯坦福研究所的语音技术是与 Shakey 同时启动的研究项目，并在第二年就独立出实验室，成为一家创业公司 Nuance Communications，正是这家公司率先将语音运用用于呼叫中心。对斯坦福研究所手写输入识别技术，奇耶如法炮制。他制作了一个展示系统，使用声音和触控笔输入来模拟软件助手。这一系统对日历任务、邮件处理、联系人列表和数据库实现了自动化，奇耶开始用虚拟的协助任务来进行测试，比如使用地图查找餐馆和电影院。

奇耶穿梭于大厅，了解实验室里的不同项目，比如自然语言理解、语音识别、协同机器人和机器视觉。斯坦福研究所变成他的游乐场，他利用这里，将一大批完全不同的、功能强大的计算系统和服务融合在一起——甚至在完成自己的第一个网页浏览器之前，他就已经完成了这些工作。互联网刚刚要融入人们的世界。当 NCSA 的 Mosaic 浏览器（第一款广受欢迎的浏览器）终于将网络带给普通大众的时候，它让人感觉似曾相识。

奇耶想要制作出一个助手，让它像人类助手一样为用户提供服务。接下来的 6 年中，他与一小组程序员和设计师一起，制作出了超过 40 多种应用，其中既有可以寻找食谱、自动补充食物的智能冰箱，也有可以用来控制家居的电视机、协作机器人和智能办公室。终于，这支团队对移动计算产生了深远的影响。15 年以后，奇耶团队里的两名成员成为三星公司的高级技术主管，参与三星 Galaxy 智能手机的设计，还有 3 名成员，进入苹果，参与 Siri 的研发。

在斯坦福研究所，奇耶不声不响地获得了"下一个恩格尔巴特"的称赞。他对恩格尔巴特的理念越来越热衷，甚至在自己的办公桌上也放上了这位传奇计算机科学家的照片，提醒自己铭记他的原则。到 20 世纪 90 年代末，奇耶已经准备好迎接新的挑战。互联网时代发展得如火如荼，他决定让自己的想法得到商业化。那时，企业对企业互联网（B2B Internet）大热，到处都是需要互联的服务。对新的松散耦合控制的流行观点来说，他的研究是完美的切入点。在联网计算机的世界中，让它们能够合作的软件才刚刚开始设计。他追随了一条与人工智能研究员"马蒂"·特南鲍姆当年走过的类似的道路。特南鲍姆曾创办 CommerceNet，汤姆·格鲁伯曾为这家公司打造了本体。

硅谷的一小群研究员很早就意识到，互联网将成为连接贸易的黏胶。奇耶选择了一家 VerticalNet 的公司，并在这里创建了一个研究实验室，并很快获得了工程副总裁的头衔。就这样，他与格鲁伯一样，也卷入了互联网漩涡之中。VerticalNet 的市值曾一度飙升至 120 亿美元，营收达 1.12 亿美元。当然，这样的美好很难保持，也的确没能保住。奇耶在这里工作了 4 年，然后回到了斯坦福研究所。

DARPA 的工作人员敲开了奇耶的门，邀请他负责托尼·特瑟那个野心勃勃的国家 CALO 计划——DARPA 将为这一项目网罗美国各地的人工智能研究人员。通常情况下，DARPA 同时会赞助很多科研实验室，并且不会整合他们的研究成果。不过，DARPA 的新计划却要求斯坦福研究所将所有的研究都编排到 CALO 的开发工作中。每个人都需要向斯坦福研究所的团队汇报，并开发一个单一的集成系统。奇耶曾帮助撰写了 DARPA 项目最初的建议书，在斯坦福研究所接到任务后，他也就成为项目的工程架构师。CALO 几乎牢牢扎根在第一代符号人工智能的传统中——规划、推理、本体，不过也有一个新关注点，即如今所谓的"自然环境下学习"。

CALO 甚至有一种"小曼哈顿计划"的派头。鼎盛时期，曾有超过 400 人参与其中，发表超过 600 篇研究论文。DARPA 为这一项目耗资近 2.5 亿美元，使之成为有史以来最昂贵的人工智能项目之一。CALO 项目的研究人员希望能够打造出一个拥有类似人类能力的软件助手，并且这个软件助手还能够从曾打过交道的人身上学习，并对自己的行为进行相应的调整。

当 CALO 通过了年度系统测试后，DARPA 信心大振。特瑟给项目颁发了优秀奖，其中一些技术还进入了海军项目。但作为工程架构师的奇耶却感觉到一种难以承受的挫折感。约翰·麦卡锡曾断言，制造一台"思维机器"只需要"1.8 个爱因斯坦，以及曼哈顿计划所需资源的 1/10"。由于曼哈顿计划当时耗资不低于 250 亿美元，麦卡锡的估算意味着，CALO 得到的赞助还不到 25 亿美元。

不过对奇耶来说，设计 CALO 的主要障碍并不是缺乏资金，而是 DARPA 试图对他研究的过度控制。奇耶往往无法按照自己的计划进行研究，管理团队的其他成员经常将他的想法抛至一边。管理一个巨型团队对他来说并不容易，这些人都有着自己的优先事项，而且只能从 CALO 项目中获得少量的资金。奇耶原本希望打造一个共同项目，将大量的想法整合到一个新的"认知"架构中，可没有人采纳他的意见。团队也会礼貌性地听他介绍，因为他们对下一笔投资很感兴趣，他们也会提供软件，不过所有人都还是希望继续自己研发的项目。到最后，这样一个庞大的、官僚化的项目，很难给现实世界带来直接影响。

　　为了应对这些挫折，2007 年，奇耶给自己安排了一些其他的项目，其中既包括努力将 CALO 技术进行商业化，也包括和几个朋友创建名为 change.org 的请愿网站。对奇耶来说，这是非常高产的一年。在研究生迪迪耶·古佐尼（Didier Guzzoni）的帮助下，他用 CALO 的技术创建了一个新的软件开发系统，这在后来也成了 Siri 的基础。他还组建了另外一个小型开发团队，开始对 Siri 的其他组件进行商业化，比如智能手机日历、在线新闻阅读等运用。他还与别人合作创办了机器学习公司 Genetic Finance ——这家公司建立了超过 100 万台计算机的集群，来解决包括股市预测在内的财务问题。

　　在这个过程中，奇耶向斯坦福研究所管理层申请研发经费，并告诉他们："我想做一个小项目，用我认为正确的方式去创建我自己的 CALO。"他想要的是一个单一的集成系统，而不是用几十个不同的项目拼凑出的东西。斯坦福研究所同意了他的请求。奇耶把自己的项目命名为"Active Ontologies"，在大项目外低调地进行研究工作。

　　当斯坦福研究所技术高管团队相聚在门洛帕克附近的海滨小镇半月湾（Half Moon Bay）进行修整时，这个项目获得了更多的关注。CEO 柯特·卡尔森（Curt Carlson）对斯坦福研究所研究项目商业化施加的压力越来越大，而显然 CALO 就是一个合适的候选项。他们需要给那些关于软件目标的基本问题找到答案，比如：私人助手应该给人怎样的"感觉"？它们是否应该使用化身的设计？在虚拟助手设计方面，化身一直都饱受争议。苹果在 Knowledge Navigator 的宣传视频中就虚构了一个系着领结的年轻男子——看起来和乔布斯有几分相像。另一方面，CALO 项目并没有化身。开发者们一直对"是否应该把这一系统变成聊天机器人"举棋不定。研究人员在类似 Eliza、能和人类用户通过键盘"对话"的人类伴侣项目上，已经摸索了几十年。最终，他们找到了一个折中方案。他们认为，没有人会坐下来和一个虚拟机器人聊上一整天，他们要做的，是设计一个系统来帮助人们管理自己忙碌的日常生活。

这支团队提出了"delight nuggets"的概念。由于想要创造一个类似人类的角色，他们决定给这款软件添加一些可爱的措辞方式。比如，如果用户向系统查询天气，系统会作出应答，而且如果预报可能会下雨，系统还会补充说："别忘了带雨伞！"开发者们希望给用户带去他们想要的服务，让这个系统帮助用户管理自己的生活。此外，希望偶尔能让用户感觉到惊喜。即使这款系统当时还没有实现语音合成和语音识别的功能，这些措辞也给互动环节增添了一抹人性化的体验。

2007年的一次会面成为了这支团队的起点。斯坦福研究所的商业化董事会允许这支研究团队从8月开始寻找外部资金。"Siri"这个名字，从很多角度来看都有着丰富的内涵。在斯瓦希里语中，这个单词意味着"秘密"，而奇耶此前曾经参与过一个名为Iris的项目，这反过来也正巧是Siri。当然，这个名字得到一致好评还有另外一个原因，那就是它听起来和斯坦福研究所也十分相似。

Siri 核心创始团队的建立

1987年，苹果时任CEO的约翰·斯卡利在美国教育技术大会Educom上，进行了主题演讲。在他展示的宣传视频中，几名苹果员工组成的小团队介绍了有关Knowledge Navigator的想法。这段视频吸引了公众的注意（用现在的话说，就是引发了病毒般的传播），不过，当时人们觉得，这个想法似乎不可能实现。Knowledge Navigator将人们指向了一种新的计算世界，这是20世纪80年代中期的台式计算机无法企及的。在硅谷，Knowledge Navigator催生出了络绎不绝的"愿景规划"，其中也包括1991年比尔·盖茨提出的"信息就在你的指尖"（Information at Your Finger Tips）。

不过那时候，Knowledge Navigator 却抢先提出了一种令人信服的、超越台式 PC 机的未来计算。这段视频围绕着一位心不在焉的教授和一个化身之间的对话展开，屏幕上那个系着领结的活泼化身负责料理教授在研究与日常生活中的事务。在这段视频勾勒出的未来世界里，人机交互不再仅仅依赖鼠标和键盘。Knowledge Navigator 展望了人与智能机器进行自然对话的前景——这种机器能够识别并生成人类语言。

1983 年，随着个人电脑的热潮，斯卡利开始了自己在苹果的 CEO 任期。那时的他与苹果联合创始人史蒂夫·乔布斯的关系很好。后来，随着公司市场增长遭到了来自 IBM 等公司的挑战，斯卡利开始从乔布斯手中夺取对公司的控制权，并最终获得胜利。

不过，1986 年，乔布斯又创立了一家名为 NeXT 的新计算机公司，希望为大学生、教师和研究员们带来漂亮的工作场所。这给斯卡利带来了不小的压力，他需要证明即使失去了乔布斯式的远见卓识，苹果仍然具备创新的能力。斯卡利选择向艾伦·凯咨询有关未来计算机市场的意见。这位曾经在施乐 PARC 任职的研究员，在离开老东家后创建了 Atari Labs，后来又加盟苹果。斯卡利将自己与艾伦·凯的对话记录在了自己的自传《奥德赛》(*Odyssey*) 的最后一章中。艾伦·凯的构想是"一个名叫 Knowledge Navigator 的梦幻机器"，其中也编织进了很多他曾在 Dynabook 中提到的概念，这最终将以互联网的形式呈现在世人面前。

后来，艾伦·凯回忆说，当时斯卡利曾请他打造"现代版 Dynabook"。自己觉得这个要求有些可笑，因为，自己第一版 Dynabook 的设想到那时也还没有成为现实。于是，他对斯卡利说，自己正在汇总一些来自自己最初的 Dynabook 研究、人工智能界，以及麻省理工学院媒体实验室主任尼古拉斯·尼葛洛庞帝的思路。尼葛洛庞帝是语音界面的支持者，早在 1967 年，他就在 MIT 创建了建筑机器小组（Architecture Machine Group），创建这一团队的部分灵感来自伊凡·苏泽兰（苏泽兰有关"画板"的博士论文，对于计算机图形和界面设计都有着开创性的意义）。

历史学家们忽略了尼葛洛庞帝对苹果以及整个计算机行业的影响。虽然尼葛洛庞帝"建筑机器"的思路从来没能引起轰动，但却对苹果 Lisa、Macintosh 电脑的主要设计者之一比尔·阿特金森（Bill Atkinson）有着很大的影响。实际上，Lisa 和 Macintosh 的很多想法是出自尼葛洛庞帝早期对电脑在建筑领域影响的探究。尼葛洛庞帝的研究团队创造了一个名为"DataLand"的可视化数据管理系统原型。从很多方面来说，DataLand 更像是在探索计算机用户如何更流畅地与信息进行交互。显然，相比主要局限在创建虚拟桌面的 PARC 项目来说，DataLand 涉及范围更广。的确，尼葛洛庞帝的目标也更为宏大。

DataLand 允许用户在一个特殊房间中观看一种让人身临其境的信息环境——这些内容包含文档、地图等，它们全部以缩略图的形式被投影在一块巨大的抛光玻璃上。它的使用方法与 Macintosh 和 Windows 电脑类似，只不过，DataLand 中的屏幕不是一块小小的显示屏，而是一个环抱着用户的控制屏。通过操纵杆，用户能够放大或飞掠虚拟环境，而当用户足够靠近一些文件对象的时候，它会以一种舒缓的嗓音开口和你说话（比如"这是尼古拉斯的日历"）。阿特金森参观了尼葛洛庞帝的实验室，并认为这种界面能够解决苹果文件的归档问题，他也希望能够以这样的空间概念来组织文档，并且让一些相关文件彼此相连。虽然这是一种令人着迷的概念，不过在现实中却显得华而不实，于是苹果团队又重新转向了更接近 PARC 桌面的想法。

艾伦·凯将自己和尼葛洛庞帝讨论而得的想法进行了汇总，并交给了斯卡利和负责制作 Knowledge Navigator 视频的团队。艾伦·凯认为，尼葛洛庞帝是在玩一种"韦恩·格雷茨基游戏"（Wayne Gretsky Game）——滑到冰球要去的地方，而不是它在的地方。艾伦·凯曾经阅读过戈登·摩尔早期关于数据化的文章，这些内容勾勒出了自 1975 年起，未来 10 年计算能力的进展。而艾伦·凯把目光放在了 1995 年甚至更远：这种面向未来的方法意味着，他假设短短几十年之内，3D 图形就能够实现商业化。

尼葛洛庞帝指出了诺伯特·维纳早期对计算以及后果的见解、人工智能的早期世界，以及 20 世纪 80 年代个人电脑行业的爆炸式增长中，缺失的那一环。20 世纪 60 年代末，尼葛洛庞帝在麻省理工学院教授一门与建筑相关的计算机辅助设计课程。由于自己并不热衷讲课，他决定采用一种"汤姆·索亚"式的教课方法——他请来了很多客座讲师。这些人中竟有很多令人眼花缭乱的计算机界天才：艾萨克·阿西莫夫那时正住在坎布里奇，每年他都会应邀参加尼葛洛庞帝的课程；英国控制论学者戈登·帕斯克（Gordon Pask）在 20 世纪七六十年代的时候，经常会出现在美国的计算机研究领域。

如果说艾伦·凯的思路受到尼葛洛庞帝的影响，那么尼葛洛庞帝则是从戈登·帕斯克身上得到的灵感。尽管没有什么文字记载，但从交互式计算时代伊始，帕斯克的确对美国计算机、认知科学研究就有着广泛的影响。特德·尼尔森在伊利诺伊大学芝加哥分校的校园里遇到帕斯克，同样也"中了他的魔咒"。在《计算机解放》（Computer Lib）一书中，尼尔森曾深情地将帕斯克描述为"疯狂的科学家中最癫狂的一个"。

1968 年，与计算机界的很多学者一样，尼葛洛庞帝也深受伊凡·苏泽兰博士 1963 年"画板"项目的影响——这款图形交互计算工具开创了人机交互设计的先河。追随着苏泽兰的脚步，尼葛洛庞帝开始了对"建筑机器"这一旨在帮助人类建筑师的项目，构建超出个人理解力的系统。为创造这种机器，他先编写了一个名为 URBAN5 的软件程序。一年之后，他用摄像机记录了这个早期建筑机器项目，并将这段视频带到伦敦当代艺术学院主办的"控制论情缘"（Cybernetic Serendipity）艺术展。这次展览展出了大量机械和电脑艺术品，其中包括戈登·帕斯克的"大型手机"——这款设备有互动部件，用户可以与自己的设备进行"对话"。

两人在这次展览上相遇，很快就成为好友。帕斯克每年都会拜访"建筑机器小组"三四次，有一次甚至在那里待了一周的时间。其间，他就住在马文·明斯基的家里。帕斯克是个令人惊叹的怪人，他总喜欢穿得像爱德华七世时期的时髦青年，并系上斗篷，偶尔会夸夸其谈，有时又会来一场文字游戏。当时，诺伯特·维纳的控制论在欧洲的影响力甚至超过了美国，帕斯克也是这一想法的追随者。不过他却与当时的人工智能世界格格不入。如果说，人工智能想要带来的是能够模仿人类能力的智能机器，控制论的重点则是创建能够实现目标的系统。戈登·帕斯克对智慧本质的见解对尼葛洛庞帝有着强烈的影响。

人工智能关键思考

帕克斯奠定了以会话为基础的人机交互的基础，而后这些想法又在 Knowledge Navigator 中得到体现，最终在 Siri 中实现。"他认为人机交互应该是一种对话形式的、动态的过程，参与其中的人互相了解。"

尼葛洛庞帝很早就掌握了帕斯克对计算机交互的想法，但在 20 世纪 70 年代，当尼葛洛庞帝在麻省理工学院媒体实验室进一步拓展建筑机器小组的最初使命时，帕斯克的思想对他的设计和思路的影响仍在继续。由于艾伦·凯与尼葛洛庞帝关系密切，并且曾在媒体实验室授课，因此，经过提炼的尼葛洛庞帝的想法也就自然而然地融入了苹果的战略方向之中。当时几乎没有人注意到这一点，不过，2011 年 10 月，苹果将 Siri 作为关键功能在 iPhone 4s 发布会上推出的那天，其实和艾伦·凯预测的 Knowledge Navigator 推出的日期相差不到 14 天。

就这样，这个想法由帕斯克传承给尼葛洛庞帝，又传给了凯，再传到 Siri 团队。而格鲁伯早期为残疾人设计的计算工具也经历了类似的过程，并传递到他在 Intraspect 的工作中，后来又到了斯坦福研究所的新项目中。短短一代人的时间，一波以计算机为媒介的通信技术开创了一条人类与机器合作的新的道路。格鲁伯认为，人类之间的通信经历了从最初口头上的沟通，到书面语言，后来又迅速发展为使用手机、计算机进行通信。

计算已经成为一种"假体"（prosthesis）——在此不含贬义，成为一种由万尼瓦尔·布什、利克莱德和恩格尔巴特等人预见到的增强人类能力的方式。Intraspect 和 Hypermail 都为打造认知假体作出过努力，但是，它们都需要走出自己的小圈子。一夜之间，协作的性质发生了改变。即使不在一个房间，甚至不在同一个时区，人们仍然能够进行对话。简单的在线电子邮件列表被用来开发新的网络标准。永久的文件归档让那些新加入的参与者能够通过对过去谈话内容的记录，快速了解各种问题。

文件归档这一想法成为后来 Siri 开发过程中的指导原则。斯坦福研究所的工程师们开发了一个外置存储器，以便能够以人类会话的形式提供笔记、提醒、日程安排和信息等功能。Siri 的设计师对 CALO 的工作进行修改，并重新打磨。他们想要的是一台能够接管秘书工作的电脑，希望有一天可以对它说："提醒我，在 3:30 或开车回家的时候，给阿伦打个电话。"

在奇耶将项目更名为 Siri 之前，格鲁伯加入了斯坦福研究所这支由奇耶和戴格·吉特劳斯（Dag Kittlaus）等人组成的小团队。在加入斯坦福研究所之前，吉特劳斯曾在摩托罗拉负责移动通信项目。那个项目的代号是"HAL"，虽然现在看来这名字只剩下讽刺意味了。

虽然奇耶很有个人魅力，但从根本上讲他还是一位技术出众的工程师，因此这样的他很难成功胜任一个公司的负责人。而吉特劳斯则恰恰相反。这个长相帅气的挪威高管跨越了技术发展和公司业务的界限，是典型的业务运营精英。此前，他曾参与欧洲移动互联网的前期工作。实验室的管理人员特地邀请吉特劳斯出任"常驻企业家"（entrepreneur-in-residence），他的工作没有任何具体任务，只需要四处看看，发现一些有前途的东西。吉特劳斯发现了奇耶。他当时就意识到，奇耶就是一块被埋没的金子。

在两人的第一次短暂会面中，奇耶正在介绍几个建立在自己 20 世纪 90 年代研究基础上的原型。电信行业也表现出了兴趣，但奇耶却已经意识到，他用人工智能语言 Prolog 所写的这些演示程序，并不可能走进数百万用户的手机之中。虽然后来斯坦福研究所一直煞费苦心地寻找 CALO 和 Siri 之间的联系，但实际上，奇耶才是那个在整个职业生涯都在追求虚拟助手与自然语言理解发展的人。2007 年，当吉特劳斯第一次看到 Siri 的进展时，他对奇耶说："我能用它创立一家公司！"不过，奇耶并没有马上信服，他不明白，吉特劳斯会怎么对 Siri 进行商业化，不过他同意帮吉特劳斯进行演示。吉特劳斯为奇耶购买了一部 iPhone 以后，奇耶终于想通了。在那之前，奇耶一直在用一个老古董的诺基亚手机，他本人对新的智能手机毫无兴趣。"试试这个！"吉特劳斯告诉他，"这东西会改变整个游戏的规则。从现在起至两年后，这个圈子将会激起波澜，每一个手机制造商、电信运营商都会不顾一切地与苹果竞争。"由于那时网速缓慢，屏幕也很小，逼得那些想要与苹果一决高低的公司不得不去寻找一切他们能找到的竞争优势。

他们计划用这个想法打造一家创业公司，于是两人开始寻找技术合作伙伴，与此同时，他们也需要一个局外人来评估这项技术。几番搜索之后，他们选定了汤姆·格鲁伯。奇耶和吉特劳斯用全球首款网络浏览器 Mosaic，向格鲁伯做了一次简单的展示。用户可以在搜索框中键入问题，然后它会作出响应。刚开始的时候，格鲁伯仍然是一副怀疑的态度。"我以前见过这个东西，你们这是好高骛远。"格鲁伯对奇耶说。

这个程序表面上看起来像是搜索引擎，但是，奇耶开始展示他们整合在机器里的人工智能组件。

格鲁伯停顿片刻。"等一下，"他说，"难道这不只是一个搜索引擎吗？""不是，"奇耶回应道，"这是一个助手。"

"你给我展示的都是搜索引擎的东西，我看不出来这和助手有什么关系，"格鲁伯回应说，"它能和我对话，可这也说明不了什么。"格鲁伯不断地提出疑问，奇耶则不断向他展示系统中的隐藏功能。随着展示的继续，格鲁伯不再强势，并陷入了沉默。这时，吉特劳斯插话说："我们打算把它放到手机里。"这让格鲁伯有些措手不及，那时候，iPhone 在市场上还没有取得巨大的成功。

"这款手机将无处不在，"吉特劳斯说，"它会彻底改变世界，会将黑莓甩在身后，而我们要把自己的应用放在这款手机上。"格鲁伯职业生涯的大多数时间都是在为个人电脑和互联网进行设计。因此，聆听吉特劳斯对未来计算的描述，让工作中几乎没有涉及手机的格鲁伯有种醍醐灌顶的感觉。

2005 年前后，键盘成了手机发展的一大限制因素，因此，加入语音识别也显得更有意义。几十年间，斯坦福研究所一直都在领跑语音识别研究，就连全球最大的独立语音识别公司 Nuance 都是从斯坦福研究所拆分出来的。因此，奇耶对语音识别的能力也有着很好的理解。"还没有完全做好准备，"他说，"不过只是时间问题了。"

格鲁伯非常激动。在斯坦福研究所，奇耶一直是 CALO 项目的首席架构师，吉特劳斯则对手机行业有着深入的了解。此外，奇耶认识一群优秀的程序员，这些人具备打造助手的技术背景。格鲁伯立即意识到，这个想法的受众远远多于他以前曾经参与过的任何项目。不过，如果想要成功，这支团队还需要确定"如何与人类建立良好的互动"。在 Intraspect 和 Real Travel 的时候，格鲁伯了解到如何为非技术用户打造计算机系统。"你需要一个负责技术的副总裁。"他告诉他们。很显然，格鲁伯知道自己有机会和两个行业的佼佼者合作。不过他才刚刚从一个不成功的创业公司脱身，难道他想这么快又重新加入创业的疯狂世界之中？

为什么不呢？

"你们需不需要一个联合创始人？"会面即将结束的时候，格鲁伯终于提出了这个关键问题。Siri 核心创始团队集结完毕。

携手苹果，让人类与机器优雅地合作

Siri 的 3 位创始人各自都花了不少的时间接触这一领域的投资人，希望他们为早期项目提供资金。在格鲁伯的印象里，这本该是一项非常繁重的苦差事，因为他要无数次拜访那些不感兴趣、甚至有些傲慢的风险投资人。不过这一次，与斯坦福研究所的联系为他们打开了与更可靠的硅谷风险投资公司合作的大门。戴格·吉特劳斯更是一位"化缘大师"，在去沙山路拜访那些风险投资公司的过程中，他找到了一种机智有趣的介绍方式。他每次都会带着格鲁伯和奇耶出席筹款会议。这3个人会被安排进一个会议室，在自我介绍过后，吉特劳斯总会有些傻乎乎地问上一句："嘿，你们有人买了那种最近刚流行起来的智能手机吗？"风投家们会把手伸到自己的口袋里，而这时掏出来的往往都是全新的 iPhone。

"你们下载最新的应用程序了吗？"吉特劳斯问道。

是的。

"你们安装谷歌搜索了吗？"

当然！

随后，吉特劳斯会在桌上放上 20 美元，然后告诉这些风投家："如果你们能在 5 分钟答对 3 个问题，钱归你们，我走。"随后，他会问投资人 3 个问题，这些问题用谷歌搜索或其他的应用都很难找到答案。这些人听过问题后，要么会说："好吧，我没有这种应用。"要么就打开浏览器，点开一层层的超级连接，努力拼凑出一个答案。结果早在意料之中，这些风投家中没有一个人能够在规定时间中回答出哪怕一个问题——吉特劳斯的钱从来都可以完好地回到自己的口袋里。

对于这支创业团队来说，这是一个非常聪明的方法，它会迫使潜在投资人去发现，iPhone 上缺少 Siri 这类应用。为了更加胜券在握，这个小团队还制作了一些假的杂志封面。一个上面写着"搜索的终结——进入虚拟个人助手的时代"；在另一本杂志上，Siri 的图像把谷歌的标志几乎挤出了封面。Siri 团队还制作了一些幻灯片，以解释谷歌搜索并不是信息检索的终结点。

后来，这支团队的预言似乎也成了现实。对前景更广阔、通过对话获取和交流新信息的方法，谷歌似乎接受得略显缓慢。不过，最终这家搜索巨头还是走上了一条类似的道。2013年5月，谷歌Knowledge团队负责人阿米特·辛格尔（Amit Singhal）介绍了一款新产品，并宣布"它将终结我们所熟悉的搜索"。在Siri诞生4年之后，谷歌也终于承认，搜索的未来是对话。听到这段话时，奇耶惊讶得下巴几乎掉下来。即使是谷歌这样一家在数据行业领先的公司，也已经从静态搜索转移到了虚拟助手的道路上。

直到去沙山寻找风险投资的时候，奇耶仍然在怀疑，风投家们是否会看得上他们的企划案。他一直担心是否会有风投家把他们3个人直接"扔"丢出会议室，不过这样的情节从来没有发生过。那时，也有一些公司发布了性能一般的语音控制系统，并且陷入破产困境——当年从苹果走出的手持式计算公司General Magic就是一个典型案例，这家涉足语音个人助手业务的创业公司2002年宣告倒闭。渐渐地，奇耶意识到，如果一支团队能够开发出足够好的技术助手，那么风投、资金都会随之而来。

这支团队从2007年年末开始寻求投资，在年底之前，他们就获得了赞助。他们最先拜访了硅谷元老、与斯坦福研究所关系密切的加里·摩根塔勒（Gary Morgenthaler）。摩根塔勒非常喜欢这个想法，请他们作详细介绍。最终，这支团队选择了摩根塔勒和另一家著名风投公司——门罗风险投资（Menlo Ventures）。

互联网时代到来前，科技公司大多习惯在大型发布会之前让项目处于保密状态。不过这种习惯在20世纪90年代后期出现了改变——以服务为导向的新公司充满了开放精神，他们自由地共享信息，都在争取第一个进入市场。不过Siri的开发者却决定保持缄默，他们甚至还用起了"stealth-company.com"这个搞笑的域名。他们将办公地点选在圣何塞，远离那些在旧金山扎堆的软件创业公司。以圣何塞为根基，也让他们能够更容易地找到新型人才。那时，很多技术员工举家搬到了旧金山半岛南端，相比长途跋涉奔赴山景城或是帕洛阿尔托的疲累，去圣何塞的市中心上班则更像是刚刚吹拂了一阵令人神清气爽的微风。

为了打造企业文化，奇耶特意购买了一堆相框，然后把它们分发给员工。他让每个人把自己心目中的英雄的照片放到相框中，并且把它摆在桌子上。接着，他又让每个人引用一句话，来说明为什么这个人对自己来说是最重要的。奇耶这样做有两个目的：首先，看看每个人选了谁是件很有趣的事情；其次，这也从某种程度上反映出员工的一些特质。奇耶选择了恩格尔巴特，并且附上了这位斯坦福研究所著名研究员的一句话："尽可能去提升人类应对复杂、紧急问题的综合能力。"

在奇耶来看，这句话完美地诠释了自动化和增强人类体验之间的紧张关系。在他从"以人为本"的系统，以及基于人工智能的项目之间徘徊的时候，他对自己的工作一直怀有一种小小的愧疚之情。他的整个职业生涯一直在这两极之间摇摆不定。2007 年，他还帮助一位朋友创办了名为 change.org 的请愿网站，这显然是跟随了恩格尔巴特的脚步，而他相信，Siri 也走上了一条相同的路。格鲁伯原本也想把恩格尔巴特放在自己的相框中，不过鉴于奇耶捷足先登，他最终选择了自己的音乐英雄弗兰克·扎帕（Frank Zappa）。

20 世纪 70 年代初，在将自己的项目卖给 Tymnet 之后，道格拉斯·恩格尔巴特又重返斯坦福研究所。在那时已经加盟斯坦福研究所奇耶眼中，这位日渐衰老的计算机科学家更多的像是一位父亲、一盏指路明灯。在那些受到恩格尔巴特增强智能想法启发的项目工作时，奇耶总想对恩格尔巴特说，自己是在按照他的思路前进。这一路却充满了挑战。20 世纪 90 年代的时候，曾经在 60

年代初就预言了这一切的恩格尔巴特留给世人的是一个孤独的身影，就好像全世界都已经将他抛弃。奇耶看到了恩格尔巴特最初设想的强大力量，在他选择离开斯坦福研究所去创造 Siri 的时候，也带上了这种愿景。

早在大学的时候，奇耶就喜欢把自己的目标清晰地形象化，然后再通过系统地努力来实现这些目标。在他们的创业公司刚起步不久时，他偶然路过一家苹果专卖店，看到海报上印制着五颜六色的图标，这些就是当前最流行的 iPhone 应用程序，几乎所有强大的软件公司都没有缺席：谷歌、潘多拉、Skype……奇耶盯着这条广告，然后自言自语道："总有一天，Siri 也会出现在苹果商店的图标墙上！我能想象到这一刻，我也要做到这一点。"

他们的工作还在继续。在格鲁伯看来，这支团队是一个完美的组合：奇耶是世界顶级的工程师，吉特劳斯是一位伟大的演说家，而他自己则是一个能够让观众对高科技展示拍案叫绝的人。他们知道该如何让这一项目在投资者、消费者中获得一致好评。他们不仅能够预测人们会在展示过程中提出的问题，同时也在研究对人们最具吸引力的想法和技术。

让旁观者相信成功指日可待，是一种非常独特的硅谷艺术形式。承诺过多显然是灾难的前兆。很多个人助手项目相继宣告失败，而约翰·斯卡利曾经信誓旦旦提出的 Knowledge Navigator 也从来没能实现。当 Siri 团队进入紧张的备战状态时，格鲁伯找来了当年那段 Knowledge Navigator 的宣传视频。当年，在苹果公布这段视频的时候，它就在用户界面设计领域引起了一场轩然大波。当时就有人反对，甚至时至今日仍然有很多人不认同人格化的虚拟助手这个想法。像本·施奈德曼这样的评论家仍然在坚持，软件助手无论在技术上还是伦理上都存在漏洞。在这些人看来，人们应该继续保持直接控制，而不是把决策权交给一个软件助手。

Siri 团队并没有回避这个争议，没过多久，他们把遮在项目上的纱幔悄悄向世界敞开了一点。2009 年春末，格鲁伯开始推介这项新技术。那年夏天，在参加语义网络大会的时候，他介绍了当年的 Knowledge Navigator 正在如何一点一点成为现实：现在的触摸屏幕能够支持"手势"界面；全球网络能够让人们分享信息、共同协作；开发者们正在制作能够与人类互动的程序；工程师们逐渐能够开始识别自然、连续的语音输入。"这是一个已经被研究了很久的大问题，而我们已经看到了一些进展。"他告诉观众。格鲁伯还介绍了进展，包括人类与电脑代理对话、向机器分配任务，比如告诉计算机："来吧，帮我预约一下。"最后，他指出，还有一个重要问题，那就是信任。在 Knowledge Navigator 的展示视频中，那位教授让自己的电脑代理来处理自己母亲的来电。如果这还不是信任的话，那什么才是？格鲁伯希望他的技术也能够赢来同样级别的信任。

在讨论了 Knowledge Navigator 宣传视频中预测的技术之后，格鲁伯开始和观众打趣。"我们是不是可以认为，Knowledge Navigator 现在已经实现了？"他问道。"我要在这里宣布，"他故意停顿了一会儿说，"答案仍然是'不'！"观众们爆发出一阵大笑，紧接着是热烈的掌声。这时，他补充说："我们正在实现的过程中。"

Siri 的设计师很早就发现，他们能够迅速提升基于云的语音识别。那时，他们并没有使用斯坦福研究所的 Nuance 技术，而是采用了一个名为 Vlingo 的类似系统。奇耶注意到，当语音识别系统被放置在网络上后，它们就能够接触到信息的洪流，这里满是用户的查询以及纠正内容。这样的数据规模建立了一个强大的反馈循环，可以训练和提升 Siri 的性能。

这支团队仍然相信，他们最核心的竞争优势在于，Siri 的服务是与传统网

络搜索信息方法的一次彻底决裂，**而谷歌正是凭借这种传统信息搜索方式，在搜索引擎领域获得了巨大成功。**Siri 并不是搜索引擎，而是一个以虚拟助手的形式出现的、能够进行社交互动的智能代理。格鲁伯在技术展示所用的白皮书中，总会记录下这一服务背后的基础概念。

格鲁伯认为，查找信息的动作应该是一段对话而不是搜索。他们的程序应该能够消除问题的歧义，并且细化出一个合适的答案。Siri 应该能够提供服务——比如寻找影片或饭店，而不只是单纯的内容。它所扮演的角色就像是人类用户的一个高度个性化的助手。2010 年初，Siri 团队向董事会成员展示了 iPhone 版应用。那时的 Siri 还不会讲话，不过却已经能够理解人们的语音查询，然后用自然语言通过屏幕上卡通化的气泡对话框来回应查询。董事会对进展十分满意，并同意给开发团队更多的时间来调整、修饰他们的应用。

2010 年 2 月，这家小创业公司的应用在苹果 App Store 上线。这款软件从硅谷的计算机专家们的口中得到了不少积极评价。硅谷知名博主罗伯特·斯考伯（Robert Scoble）甚至将这款应用描述为"这是我今年到现在为止看到的最有用的东西"。也许这只是一个微弱的赞美，但要知道，项目那时才刚刚起步。

产品发布时，格鲁伯正在休假，产品刚刚上线的时候他待的地方几乎不通网络。结果他不得借助二手报道来了解情况——"伙计，你知道你的应用现在什么情况吗？"

情况越来越好，多亏了团队的一个聪明决定，将这款应用放到苹果 App Store 一个不太显眼的"生活"（Lifestyle）目录之下，Siri 迅速冲到了榜单前列。这还是格鲁伯在 Real Travel 的时候学到的一个妙招——利用搜索引擎优化。虽然已经在 iPhone 上发布了 Siri，不过那时吉特劳斯还计划和 Verizon 达成协议，而那时，这家运营商并不支持 iPhone。他说："这将成为移动手机史上规模最大的一笔交易。"这项协议将确保 Siri 会出现在每一款新的 Verizon 手机中，这也意味着，这一应用将成为安卓手机的标配。交易几乎达成的时候，吉特劳斯接到了一个陌生号码打来的电话。

"嗨，戴格，"对方说，"我是史蒂夫·乔布斯。"

吉特劳斯瞬间呆住了："你是怎么知道我的电话号码的？"

"这说起来有点可笑。"乔布斯回答说。

乔布斯也不知道该怎么联系到这个小团队，不过他一直在想办法。还好当时每一个 iPhone 应用的开发人员都需要向 App Store 提供电话号码，这位苹果 CEO 最终在开发者数据库里轻松地找到了吉特劳斯的电话号码。

Siri 团队第一次感受到了传说中的"现实扭曲力场"（Reality Distortion Field）——这是乔布斯具有催眠魔力的个人魅力。乔布斯请 Siri 的 3 位开发者到自己的家中做客。乔布斯的家坐落在斯坦福大学以东的帕洛阿尔托附近的帕罗奥多（Professorville）。这是一座低调的西班牙风格的砖式建筑，乔布斯把旁边的空地改成了一片果树林和一个花园。他们在客厅中见面，房间里几乎没什么家具，只有一幅安塞尔·亚当斯（Ansel Adams）的作品点缀——这的确是乔布斯的风格。

乔布斯的突然出现让 3 个人进退两难。3 个人虽然都曾在硅谷取得过成功，但是谁也没有实现过 IPO 的创举。Siri 团队，特别是他们的董事会成员，相信公司很有可能进行一场空前盛大的 IPO。乔布斯开门见山地表示，自己想要收购 Siri，可是在当时，这支团队并不想出手。"非常感谢。"他们说完便离开了。

几周之后，苹果又找上了门。而这次，乔布斯又一次邀请他们到家中做客，并且再一次启动了自己的魅力模式。乔布斯向他们许诺，很快就能有一亿用户的巨大市场——不需要营销推广，也不需要想什么商业模式。乔布斯说，他们当然也可以选择抛骰子，全力打拼成为下一个谷歌。Siri 的团队很明白，如果选择 Verizon，那么苹果应用商店很有可能会下架他们的产品。虽然乔布斯没有明说，但是很明显，Siri 的三剑客必须要从两个市场中做一次"二选一"。他们受邀来到乔布斯家中，再次感受到了乔布斯式的款待。虽然乔布斯当时公开否认，但显然已经疾病缠身，然而这样的他又一次展现了自己的个人魅力。

乔布斯的提议终于获得了创始团队的支持，可是董事会却有些无动于衷，那时他们还在寻找 IPO 的机会。董事会不太喜欢这个主意，3 位创始人不得不反复劝说。最终投资者终于相信，乔布斯开出的条件是最划算的，而且风险也更低。2010 年 4 月，苹果收购 Siri 后，这支团队就搬到了苹果设计团队位于 Infinite Loop 2 顶层的核心办公区。虽然苹果也可以通过 Nuance 的授权许可将语音输入直接转化为文字——谷歌后来就采用了这一策略，不过乔布斯却决定，苹果要选择的是一个更具野心的项目，是要在 iPhone 上添加一个智能助手软件的化身。

Siri 的出现还解决了苹果新一代 iPhone 和 iPad 的一个主要问题：虽然玻璃屏幕和多点触控能够代替鼠标、键盘进行桌面导航，但是它们在数据输入上的表现却并不理想。这是苹果产品的薄弱环节，虽然在第一代产品发布的时候，乔布斯就展示了文字输入和自动校正功能，但这仍然是个大问题。通过语音输入单词或句子，比起用手指一次一次戳屏幕来输入单词，既方便又快捷。

然而，开始的时候进展并不顺利。这一项目刚进入新东家就遭到了来自公司内部的阻力，苹果员工觉得这种技术是"语音控制"，而 Siri 的团队不得不一次次耐心地解释，他们的项目其实有着不同的侧重点。

Siri 并不是苹果的"视觉盛宴"——那种对软件和硬件设计的细节的关注，相反，Siri 是一种带给用户可靠服务的无形的软件。不过苹果的很多员工都觉得，如果乔布斯或者他的高级助手斯科特·福斯特尔（Scott Forstall）没有说出那句"放手做吧"，那么他们就根本不需要去做这个项目。苹果从来都不是人们眼中的云计算服务公司，那么又何必推倒重来？为什么要用一个助手或者简单的语音控制？毕竟，这之间又能有多大的差别？很多人由于在驾驶过程中阅读电子邮件、回短信而丧命，如果让司机能够在驾车的时候安全地使用手机，那么差异就已经了然。

苹果公司的项目管理团队对 Siri 的态度摇摆不定，他们很怀疑在第一版产品中，它们是不是能够做到不用手就发出短信。在收购完成后，一直作为技术贡献者的格鲁伯担保，项目能够赶在苹果 Siri 发布前及时完工，并愿意承担责任。他认为，这不是什么棘手的难题。他只带了一个暑期实习生就完成了短信功能的全部原型设计。他请求软件工程师协助他建立这一系统。最后，Siri 终于得到认可。在 Siri 发布的时候，人们终于能够在不接触 iPhone 的情况下，发送、接收短信。

不过，接下来并非一切顺利。Siri 团队还希望将重点放在一个叫作"注意力管理"的功能上。他们认为虚拟个人助手还应该帮助人们在"外部存储器"上记录主人的"待办事项"，这样用户就不需要亲力亲为。原始的 Siri 应用中包含了一个精心设计的"个人记忆"功能：它能够把一整套任务按照正确顺序整合好，然后像一个好秘书一样督促用户完成每一步。然而将 Siri 带到 iPhone 后，这一服务中很多更深层的功能被搁置了，至少暂时如此。第一代 Siri 只加入了这支团队最初设计的功能中的一小部分。

在计算机世界最后的一幕，乔布斯选择落地，站在了增强和合作的阵营。

Siri 是未来人类与机器合作的一个优雅、朴素的模型，它标志着苹果内部一次翻天覆地的变化，而这种改变可能要通过几年的时间才能够显现出来。这一项目再次引发追捧，而令人遗憾的是，Siri 首秀后的次日，乔布斯与世长辞。对 Siri 来说，历经 3 年研究，本该享受一次光荣的加冕时刻，可 2011 年 10 月的那场苹果发布会更多的是宁静与肃穆。当然，大家也共享一种胜利感。Siri 发布的那个上午，奇耶看到了一家苹果专卖店。他走过去，看到店门口放着一个巨大的等离子显示器，上面写着："Introducing Siri!"

选择，一切与机器无关

1992 年春天的一个午夜时分，一位穿着印有《纽约时报》字样蓝色风衣的老者拄着拐杖，站在中央车站站台上等待开往威彻斯特郡的火车。我在《纽约时报》工作多年，这个身影立刻引起了我的兴趣。"您在《纽约时报》工作吗？"我问。

他说，很多年以前，他在《纽约时报》当过排字员。1973 年，工会作出妥协，开始逐步削减排字员的岗位，与此同时，公司开始使用计算机化的印刷系统以取代排字工人的"铁饭碗"。尽管他工作不满 10 年，但仍然喜欢来到时代广场的印刷厂，享受与印刷工人们一起度过的夜晚，工人们往往忙着制作次日需要出版的报纸。

如今，在新一波人工智能自动化技术袭来的背景下，印刷工人的辛酸故事仍然折射出了劳动力的命运。在过去

30 年间，美国劳动力中非工会工人的比例已经从 20.1% 下降到了 11.3%。在保卫工作岗位免受新一波计算机化 "摧毁" 的过程中，集体谈判作用不大。20 世纪 70 年代，印刷工和排版工都属于被微型计算机的技术进步所 "折磨" 的高技术工种。由于技术从晶体管机器过渡到更低成本的集成电路机器，计算成本直线下降，所以，排字工人的软着陆是不可避免的特例。

有证据显示，2008 年的经济衰退明显加速了计算机系统取代工人的步伐。如果企业可以购买成本更低的技术来取代工人，为什么还要雇用工人呢？2014 年，美国国家经济研究局在一份工作文件中确认了这种趋势。但是，英属哥伦比亚大学副教授、同时也是该报告作者之一的亨利·肖（Henry Siu）仍然对技术性失业问题坚持传统的凯恩斯式观点。他解释道："从长远来看，技术进步对大家都有益。但是如果缩短时间区间来看，并非所有人都会是赢家。"或许值得一提的是，凯恩斯同样说过，从长远来看，我们都会死去。

事实上，凯恩斯的精算逻辑确实无可挑剔，但他的经济逻辑现在却受到了攻击。在技术专家和一些经济学家当中，有一种观点正逐渐兴起，即凯恩斯关于技术性失业的假设不再成立（凯恩斯假设个别岗位会消失，但是工作岗位的总数仍然保持稳定）。人工智能系统能够移动、观看、触碰、推理，这样的系统可以从根本上改变创造人类工作岗位所需要的平衡关系。人们已经不再争论人工智能系统是否会到来，而是什么时候会到来。

历史仍然有可能为凯恩斯主义者平反。与工业革命时的情形一样，现代社会或许就站在了另外一场经济转型的风口浪尖之上。可以想象的是，众筹和互联网驱动的劳动力重构等社会力量，将会以一种现在人们无法想象的方式重塑美国经济。互联网已经创造了新的岗位类别，比如 "搜索引擎优化"，未来，肯定还会有其他互联网驱动的、意想不到的新工种出现。但是，是否会出现新的就业热潮，我们仍需拭目以待。

　　美国劳工统计局（BLS）预测，美国工作岗位的增长将主要受到美国社会老龄化的影响，取代和增加工作岗位的技术进步并非主要影响因素。BLS 还预测，到 2022 年，将出现 1 560 万个岗位，其中 240 万个岗位会集中在医疗和老年护理行业。BLS 的报告指出，在这些新型岗位中，基于技术进步和创新的岗位将只会在总岗位增长中占到相对较小的比例。其中，软件开发师排名最高，位列第 26 位，预计到 2022 年只会新增 13.9 万个岗位。BLS 的预测还显示，技术不会成为经济增长的源泉，反而会威胁那些需要多种"认知"能力的常规化岗位和技能岗位，从医师到记者再到股票经济人都在其列。

　　不过，尽管存在对"岗位末日"的担忧，在考虑自动化、机器人和人工智能对社会的影响时，还是存在积极影响。诚然，人工智能和机器人技术将会消灭大量的岗位，但是，它们也会被用来拓展人类。选择哪一条道路完全取决于人类设计师如何抉择。

　　坦迪·特罗尔（Tandy Trower）是一名软件工程师，曾经在微软预见软件工程师将大批涌现。现在，他在南西雅图一间狭小的办公室里工作。四间房的店铺可能是任何一家硅谷的"车库创业公司"。房间里到处都是电路板和计算机，还有机器人。它们多数是玩具，但是，有几个看起来很像电影《机器人与弗兰克》里的临时演员。

　　研发机器人来照顾人类的想法，直接触及到了 AI 和 IA 的机器人研究方法之间的紧张状态。我们该如何照顾老人呢？对一些人来说，将机器人整合进老年护理将挖掘出一个很大的未经开发的市场，使机器人专家有机会将他们的研究重新定位到对社会有益的方向。

许多人认为，社会缺少熟练的护理人员。他们相信，可以充当陪伴和护理者的机器人，可以帮助老年人抵御寂寞和孤独。反对这一观点的人则提出，我们并不是真的缺少护理人员，只是缺少分配资源给护理和教育这类任务的社会意愿。

"我们肯定有足够的人类护理师来照顾老年人。美国乃至全世界都有大量失业与半失业人群，许多人发现护理工作是一个令人满意的、有意义的职业。唯一的问题是，我们的社会并不希望提供给护理人员很好的报酬，并且不重视他们的劳动。"北卡罗来纳大学教堂山分校的社会学家泽伊内普·图菲克希（Zeynep Tufekci）说。图菲克希是在回应加州大学旧金山分校的老年病学专家路易丝·阿伦森（Louise Aronson），因为阿伦森认为，社会急需机器人护理员来承担看护、照顾老年病人，改善老年人生活，充当陪伴等任务。阿伦森提到，为每一个病患打电话问诊和上门看病所花费的时间都比她原本需要的时间长，因为她必须充当护理员和陪伴者的双重角色。

图菲克希设想了这样一种社会：熟练的人类医生大军将接受培训，学习怎样陪伴老年人。正如她提到的，我们所生活的世界有些可悲，人们将更多的价值放在了股票经纪人和律师的工作上，而非护工和教师。然而，这种观点终究与技术无关。在曾经的农耕社会中，家人会照顾他们的长辈。而在西方社会，这种情况已不常出现。很难想象，我们会回到那种一大家族人都居住在一起的家庭结构。

尽管如此，图菲克希仍提出了几个问题。其中最主要的问题是，机器人是否能够胜任照顾人类的任务？在现代疗养院和护理机构中，有很多关于老年护理的惊悚故事。图菲克希提出，每一位老年人都值得一位受过良好教育、护理技能熟练、富有同情心的阿伦森博士去关注。但是，如果这种情况没有发生，那么，不断出现的低成本机器人会让老年人的生活变得更好还是更糟？老年人的观点被忽略，他们"被温柔的机器照顾"的景象还是令人有些不安。

机器或许最终能够模仿人类的动作与感受，但是它们毕竟不是人类。然而，为了帮助老年人，机器人并不需要完全取代人类护理员。举个例子，一个由互相连接的机器人组成的网络，也许能为那些孤独的老人在互联网上打造一个虚拟社区。或许，无法外出的老人们会成为 Magic Leap、微软等公司设计的增强现实技术的忠实用户。虚拟的可能性对这些身体虚弱的人来说，是一个很有吸引力的想法。

现在，坦迪·特罗尔加入了增强技术阵营。他选择了机器人，成为比尔·盖茨麾下的一名技术人员。2006 年，盖茨在巡游大学校园时意识到，全美的计算机科学专业都对机器人产生了浓厚的兴趣。无论他走到哪里，看到的都是机器人研究的展示。一次旅行结束后，他回到微软，请特罗尔整合出一个提案，以让微软在正在崛起的机器人产业中发挥积极作用。特罗尔撰写了一份长达 60 页的报告，呼吁微软专门建立一个团队来研制用于机器人开发的软件工具。微软给了特罗尔一小队研究人员，这组人立马投入设计模拟器和图形编程语言。他们将这个软件命名为"微软机器人研发工作室"（Microsoft Robotics Developer Studio）。

但后来，微软的一位联合创始人退休，创立了自己的基金，微软的一切都发生了改变。新任 CEO 史蒂夫·鲍尔默（Steve Ballmer）有完全不同的关注点。他更专注赚钱，并且更不愿意承担风险。鲍尔默通过微软元老、首席战略官克瑞格·蒙迪（Craig Mundie）向特罗尔传递了一条消息：告诉我，微软怎么能在这上面赚到钱。鲍尔默的目标非常清晰，他想要的是，能够在 7 年时间里，每年都能制造 10 亿美元营收的业务。微软有工业机器人合作伙伴，但是他们没兴趣从微软购买软件——他们已经有了自己的软件。

特罗尔开始寻找可能有兴趣购买他的软件的各类行业。他看到了汽车行业，但是微软已经有了一个汽车部门。他看到了科学教育市场，但是似乎没有什么营收潜力。而且，打造一个远程出席机器人似乎也为时尚早。他看得越多，对老龄化和老年护理的问题考虑的就越多。"哇！"他对自己说，"这是一个在未来二三十年将会膨胀的市场。"今天，在美国，有超过 850 万名老年人需要得到照顾，未来 20 年，这一数字会增长到 2 100 万。老年人护理方面有对机器人协助的明显需求，而且，在这个市场里，没有什么主要的科技竞争对手。尽管激情满满，但是特罗尔还是没能说服蒙迪或鲍尔默为自己的想法投资。鲍尔默感兴趣的只是不断缩小投资范围，并专注于少数核心项目。

"我必须来做这个。"特罗尔对自己说。所以，2009 年年末，他在供职微软 28 年后选择了离开，创立了 Hoaloha Robotics——"Hoaloha"这个词是从夏威夷语（意为"朋友"）翻译过来的，特罗尔希望以合理的成本打造一台可移动的老年护理机器人。5 年过去了，特罗尔研发出了一台 1.2 米高的机器人原型，并亲切地称它为 Robby。Robby 并不是人类护理员的取代品，但它能够听和说，可以处理药物、回复消息，在必要的时候，还可以远程出席。它不会行走——只是在一个简单的轮子上滚动，这让它能够向各个方向轻松移动；它没有手臂，只有一个可以自行调节重量的托盘。这使得 Robby 可以完成某些特定的任务，比如拾起掉落的物品。

特罗尔并不认为 Robby 会取代人类工人。成本上升和工人供应短缺反而会造成这样的局面：辅助机器人可以拓展人类病患和护理员的能力。由于人类护理员一年至少需要 7 万美元的工资，特罗尔认为，低成本的机器人能为那些无法负担费用的人提供帮助。特罗尔忽略了图菲克希的顾虑，主要专注于使用工程技术去拓展和帮助人类。但是，这些机器什么时候才能符合人们对它们的期待呢？那些被照顾的人又该怎么去接受这些机器呢？这些仍旧是问题。尽管有大量证据表明，随着语音识别和语音合成技术的不断改善，传感器成本的下降，如果机器人专家能研制出更加灵活的机器，我们还是会心怀感激地接受它们。

此外，对使用平板电脑、iPhone、Siri 长大的互联网一代而言，护理机器将会变得像第二天性一样。机器人担任老年护理员、服务工人、司机和士兵，这是一种必然趋势。但是，人类与这些机器人的关系目前还很难预测。魔像一类的传说已经把乐于服务的奴隶的形象编织进了人类的思想和神话，在传说中，这些奴隶乐意实现人类提出的每一个愿望。**最终，大规模取代人类劳动力的智能机器的出现，无疑将会引发人类身份认知的危机。**

目前为止，特罗尔赋予机器人的角色十分清晰，就是帮助体弱者和老年人。这是一个人工智能被用于服务人类的很好的例子。但是，如果人工智能机器迅速通过市场传播开来，情况又会如何？我们只能寄希望于凯恩斯主义，"从长远来看"是正确的。

机器会接管世界吗

AI 和 IA 这两种方法，将极大的力量与责任赋予了两个圈子里的设计师们。例如，当乔布斯开始着手组建工程师团队，通过 Lisa 和 Macintosh 重塑个人计算的时候，他脑海中有一个清晰的目标。乔布斯将计算当成了"脑海里的自行车"。个人计算，这个 20 世纪 70 年代最初由一小队工程师和梦想家提出的概念，自诞生之日起，已经对经济和现代劳动力产生了巨大影响。它既给予个体以力量，同时又解放了全世界人类的创造力。

30 年后，安迪·鲁宾在谷歌的机器人项目成为一小批顶尖机器人工程师的缩影。鲁宾在自己的心里也有同样清晰的目标（可能与乔布斯的完全不同）。当他开始为谷歌进军机器人产业收购技术和人才的时候，他提出了一个长达 10~15 年的目标，希望能从根本上推进将机器人技术，目标中包括行走机器、机器人手臂和传感器技术等方面。鲁宾描绘了这样的场景：谷歌送货机器人坐着谷歌汽车来到收货地址，它们从车上跳下来去送货。

无论是将人类设计进计算机系统，还是相反，现在都变得更加可行了。人工智能和增强工具令机器人专家和计算机科学家们必须作出选择，如何在工作场所和周围环境中设计这些系统。或许用不了多长时间，我们就会与自动机器生活在一起，感觉可能是舒适的，也可能是令人不适的。

谷歌无人驾驶汽车项目的软件设计师和顾问布拉德·邓普顿（Brad Templeton）曾经断言："当你命令一个机器人去工作的时候，它却决定去海边玩，这样这个机器人才是真正的自动化。"这是一个不错的转换，但他显然已经将自我意识和自主性混为一谈。今天，机器已经可以在没有人类干预或很少干预的情况下运转，这才是我们所要思考的自主。这种级别的自治为智能机器的设计者们带来了新的问题。但是，在大多数情况下，设计师们都不会理会使用计算机技术所引发的伦理问题。人工智能圈的研究者们只有在一些很偶然的情况下，才会产生一种不详的预感。

在 2013 年亚特兰大人形机器人大会（Humanoids 2013 Conference）上，乔治亚理工学院的机器人专家罗纳德·阿金（Ronald Arkin）在演讲时向观众们作出了一次充满激情的辩护——如何避免打造一个终结者。除了提到自己提出的著名三定律外，他还请大家注意阿西莫夫后来补充的"零号"机器人定律，即"机器人不可以伤害人类，也不可以不作为而令人类受伤"。面对来自各大学和公司的200多名计算机专家和人工智能专家，阿金向他们发出挑战，让他们进行更深入地思考，而不是只思考自动化的影响。

"我们都知道DARPA救援机器人挑战赛的初衷是城市搜索与破坏，"阿金带着讽刺口吻补充道，"哦，不，我的意思是城市搜索和救援。"如果机器人在作为救援者和施暴者两种角色之间存在一条界线的话，那这条界线已经变成灰色了。阿金展示了几个科幻电影中的片段，其中包括詹姆斯·卡梅隆在1984年推出的《终结者》。每个片段都描写了恶魔机器人在执行任务，就是DARPA在机器人挑战赛中确定的那些任务：清除杂物、打开大门、破坏墙壁、攀爬梯子，以及驾驶交通工具。设计师可以利用这些能力，根据他自己的意图来建设或破坏。

观众们紧张地笑了，但是阿金没有放过他们。"我是开玩笑的，"他说，"但是，我只想告诉你们，你们所开发的这些技术，或许会被用在自己完全无法预想的地方。"

在武器设计的世界里，那些所谓的"双重用途"技术，一直都存在造成意想不到后果的可能性，比如核武器，既可以用来制造电力，也可以用来制造武器。对机器人和人工智能来说，这种可能性也在日益增加。这些技术不但可以变成武器，也可以用来增强或取代人类。今天，我们仍然面对这一问题，取代或增强人类的机器都是人类设计师的产品，所以，他们无法轻易地免去自己应负的责任，他们应该为自己的发明所造成的影响负责。

"如果你想创造一个终结者，那么我会说'继续做你正在做的事情，因为你正在为这样的设备创造必要的组成技术'，"阿金说，"这里有一个很大的世界，而这个世界正在聆听我们所制造的后果。"自动化的问题和复杂程度都已经超越了技术的范畴。

在五角大楼一份被人关注不多、题为《自治在国防部系统中的作用》(The Role of Autonomy in DoD Systems)的非保密报告中,作者指出了战争系统自动化所带来的道德困扰。军队本身已经在努力协调自动化系统(比如无人驾驶飞机),需要同时保证精准度和成本效益。报告还提到了迫近那条界线(人类对生死的决策不再拥有控制权)所带来的影响。阿金还提到,与人类士兵不同,自动化战斗机器人拥有优势:它们不会感受到自己的安全受到了威胁,而这可能会减少间接伤害并避免战争犯罪。这一问题是一个争论了数十年的难题的一部分,那个难题至少可以追溯到 20 世纪 70 年代。当时,NASA 里那些控制美国战略轰炸机机队的将军们就讨论过"人在环中"的问题,可能会召回轰炸机,使用人类飞行员来评估伤害,以证明轰炸机飞行器在面对更加现代的弹道导弹时所具有的价值。

但是,阿金也在自己的演讲中提出了一些新的伦理问题。如果我们的机器人具有道德,而对方的机器人没有,会发生什么呢?这个问题并不好回答。事实上,不断出现的智能和自动化武器技术已经激起了新的军备竞赛。将并不昂贵的某些智能技术加入武器系统,将威胁到各国军力的平衡关系。

当阿金在庄严的医学研究院里总结完自己的发言后,DARPA 机器人挑战赛的主管吉尔·普拉特是最早作出回应的人之一。他没有反驳阿金的观点,相反,他承认机器人是一种"双重用途"的技术。"批评美国国防部资助的机器人很容易,批评看起来像终结者的机器人更加容易。但事实上,双重作用无处不在,这真的没关系。举个例子,如果你正在设计一个用于医疗的机器人,它所需要的自治实际上就会超过一个灾难救援机器人。"

人工智能关键思考

先进技术长期以来一直在引发双重用途的问题。现在，人工智能和机器的自主权已经重新定义了这一问题。到现在为止，双重用途技术已经明确要求，人类要为自己的使用作出道德决策。机器自治带来的恐惧不是将人类道德决策束之高阁，就是将它彻底排除。

在其他领域，一些问题已经迫使科学家和技术人员考虑他们的工作所造成的潜在后果，而且，大多数科学家都会选择保护人类。比如，1975 年 2 月，诺贝尔经济学奖得主保罗·伯格（Paul Berg）鼓励当时流行的生物技术领域的精英，去加州太平洋丛林市的阿西洛马会议中心（Asilomar Conference Center）参加会议。

当时，DNA 重组技术（将新基因植入有生命的有机体的 DNA 中）刚刚取得了一定进展。它既带来了医药、农业方面的显著进步，也带来了新材料和令人恐惧的可能性——科学家可能会在无意中造成一场人工瘟疫，从而导致人类灭绝。对科学家而言，这次会议促成了一份伟大的决议。他们建议，分子生物学家应该避免进行某些研究，进行一段时间的自我调节，在此期间，他们应暂停研究，使其他科学家有时间去考虑如何让这一技术变得安全。为了监控该领域，生物技术学家在美国国立卫生研究院（NIH）成立了一个独立委员会，审查各项研究。10 年之后，NIH 从各种实验中搜集到了充足的证据，证明是时候解除对此类研究的限制了。这是一个很突出的例子，说明了社会如何对科学进步带来的影响作出干预。

2009 年 2 月，追随生物学家的脚步，一组人工智能研究人员和机器人专家同样相聚阿西洛马会议中心，在经历了数十年的失败后，讨论人工智能的进步。微软人工智能研究员埃里克·霍维茨，作为美国人工智能协会（AAAI）的主席，召集了这次会议。

在之前的 5 年时间里，这一领域的研究人员已经开始讨论"双生警报"（twin alarms）。其中一个来自雷·库兹韦尔，他曾经预示计算机超级智能将会在不远的未来实现。太阳微系统公司的联合创始人比尔·乔伊（Bill Joy）则提供了一个更加悲观的观点。他在《连线》杂志发表了一篇文章，详细论述了来自机器人、基因工程和纳米技术三个领域的科技威胁。乔伊认为，这些技术向人类生存提出了三重威胁，而且，他没有看到一个明确的解决方案。

这些在阿西洛马会议中心会面的人工智能研究员们，选择采取一种比生物技术领域的前辈们更灵活的方式。计算机科学和机器人学领域的杰出人物，其中包括塞巴斯蒂安·特龙、吴恩达、曼努埃拉·韦罗萨（Manuela Velosa）和奥伦·埃齐奥尼（Oren Etzioni，现在是保罗·艾伦的艾伦人工智能研究所 [Allen Institute for Artificial Intelligence] 主管），都质疑了"出现超过人类的超级智能"和"人工智能或许会从网络中自行产生"这两个观点的可能性。他们一致认为，能够自主杀人的机器人可以被研发出来，但是，到 2009 年年底时，这些科学家们的报告被证明远没有起到预期的作用。人工智能领域还没有遇到迫在眉睫的威胁。

"1975 年的那次会议召开时，一项 DNA 重组研究刚刚被迫中止。与那种局面形成鲜明对比的是，AAAI 举行这次会议的背景是人工智能领域已经取得了一些相对乐观的进展。事实上，人工智能科学家坦然指出，考虑到外界多年来的希望和憧憬，这种速度的进步有些令人失望。"会议的总结报告中这样写道。

但是，5 年后，机器自治的问题再度出现。2013 年，当谷歌收购英国人工智能公司 DeepMind（主营机器学习业务）时，人们曾猜测，机器人专家距离打造完全自主的机器人的目标已经十分接近。这家微型创业公司制作了一个展示：它的软件可以玩视频游戏，在某些情况下比人类玩家的表现要好。媒体对此次收购进行报道的同时，也有人宣称，因为对潜在用户和技术滥用的担忧，谷歌将会设立一个"伦理小组"。DeepMind 的一位联合创始人表示，这项技术最终会对人类产生负面影响。"我认为，人类灭绝最终可能会发生，技术或许会在其中发挥一定作用。"对一个刚刚收获了数亿美元的人工智能研究员来说，这样的立场看实令人奇怪。如果有人相信技术可能会逐步进化，进而毁灭人类，又是什么激励他们继续那种技术的开发呢？

2014 年年底，在 Skype 的一位开发者的资助下，一组人工智能研究的新面孔相聚波多黎各，再次考虑如何让这一领域变得安全。尽管埃隆·马斯克和史蒂芬·霍金等名人又作出了关于人工智能威胁的新一轮警告，参会者们还是起草了一份公开信，承认没能实现目标。

考虑到 DeepMind 已经被谷歌收购，Legg 的公开思维就显得格外重要。现在，谷歌成了 AI 和 IA 潜在影响的最清晰的例证。谷歌基于这样一个算法创立：高效收集人类知识，又将其作为寻找信息的有力工具还给人类。现在的谷歌又在打造一个机器人帝国。谷歌有可能会创造出取代人类工人（比如司机、快递员和电器组装工人）的机器。谷歌仍会是一家"增强"公司，还是会变成一家重要的人工智能公司，现在仍未可知。

对来自人工智能和机器人的潜在威胁的新担忧，使科幻电影《银翼杀手》中虚构出来的 Tyrell Corporation 公司遭遇了难题。这部电影中提出了由智能设计所引发的伦理问题。

在电影中，警探戴克遇到了瑞秋—— 一家制作机器人或复制人的公司的雇员。警探问她，人造猫头鹰是不是很贵。她认为警探在讽刺她的工作，不相信公司的成果是有价值的。"复制人像其他机器一样，"戴克回应道，"它们要么是有益的，要么是有害的。如果它们是有益的，那就不关我什么事了。"基于 DeepMind 和谷歌机器人部门的智能机器人，需要多久才能引发同样的问题？

很少有电影能够像《银翼杀手》一样形成如此深远的文化影响。它已经发行 7 次，有过一次导演剪辑，续集正在创作中。它讲述了这样一个故事：2019 年，一位退休的洛杉矶警探被召回，前去追捕并消灭一队经过基因改造的机器人——也就是复制人。这些复制人原本被制造出来去执行地球外的工作，但是它们非法回到地球，企图强迫它们的设计者延长它们被人为限定的寿命。这个现代版的《绿野仙踪》捕捉到了被技术环绕的这代人的希望和恐惧。从获得心脏从而拥有人性的铁皮人（Tin Man），到戴克受命终结的、超越人类的复制人，人类与机器人的关系已经成为时代的典型问题。

这些智能系统可能永远不会理解人类的感觉或自我意识。当然，这是题外话了。机器智能正在迅速提高，并不断靠近那个点：它将越来越多地提供引人瞩目的接近人类的智慧。2013 年，电影《她》之所以能打动人心，很可能是因为数百万人已经有过使用 Siri 这类私人助手的体验。像电影《她》中这样的交互已经成为人们司空见惯的东西。随着计算越来越多地走进台式机和笔记本电脑、嵌入我们日常的物件里，我们会希望它们能够智能地交流。

当汤姆·格鲁伯仍在设计 Siri，项目仍然对外界保密的时候，他将这种趋势称为"接口智能"（intelligence at the interface）。他觉得自己发现了一种可以融合 AI 和 IA 两个圈子的方法。事实上，基于软件的智能助手的出现，意味着人工智能和人机界面设计这两个不同圈子里的研究成果开始有了交集。第一台现代个人计算机的设计者艾伦·凯说过，在他对计算机界面的早期探索中，自己已经超前了大概 10~15 年。而尼古拉斯·尼葛洛庞帝，作为最早探索浸入式媒体、虚拟现实和对话接口的人之一，已经在为 25~30 年后的未来进行研究。跟尼葛洛庞帝一样，艾伦·凯提出，最好的计算机界面应该类似剧院。最好的剧院会将观众完全吸引进它的世界，好像他们就是这个世界的一部分。这种设计专注于交互式系统的表现，而这些交互式系统会以更像人工智能的"同事"一样工作，而非只是计算机工具。

这些计算机化身如何改变社会？人类已经将自己相当一部分的时间交给了与其他人类通过计算机互动，或是直接与一些类人的机器互动（可能是在视频游戏里，也可能是大量计算机化的助手系统，比如 FAQ 机器人和 Siri）。我们甚至会在与其他人的日常对话中使用搜索引擎。

这些人工智能化身将会成为我们的奴隶、助手、同事，还是三者的融合？或者更糟糕的是，它们将会成为我们的主人？从社会关系角度考虑机器人和人工智能，最初或许让人很难接受。但是，考虑到我们倾向于为这些机器赋予人格，随着它们变得越来越自主，我们无疑会与它们发展出社会关系。事实上，思考人类与机器人的关系，与思考传统的人与奴隶的关系，没有太大的不同。在历史长河中，那些奴隶们已经被主人施以过非人的待遇。黑格尔在《精神现象学》(*Phenomenology of Spirit*) 一书中探究过主人与奴隶的关系，他关于"主奴辩证法"(master-slave dialectic) 的观点已经影响了包括马克思、马丁·布伯等人在内的思想家。黑格尔辩证法的核心是主人和奴隶都被他们之间的关系非人化了。

艾伦·凯对黑格尔的理念进行了有效的改造，以适应现代的新情况。如今，越来越多的公司正在研发像 Siri 一样的对话程序。

人工智能关键思考

艾伦·凯认为，设计者应该努力创造像"同事"一样的程序，而非像奴隶一样的程序。设计的目标应该是创建一个乐队同伴一般的程序，而不是一个仆人。如果我们失败了，历史也已经提示我们会有怎样令人不安的后果。他担心，打造智能"助手"或许只是重现了罗马人当时面对的问题——罗马人让他们的希腊奴隶替自己思考。没过多久，这些主人们变得无法独立思考了。

或许，我们也走上了同样的道路。例如，正有越来越多的证据表明，依赖 GPS 寻找方向和修正导航错误影响了我们的记忆和空间推理能力（这些都是十分有用的生存技能）。

"当有人问我：'计算机会接管世界吗？'"艾伦·凯提到，"其实对大多数人来说，计算机已经接管了他们的世界。因为他们正以各种各样的形式将权力割让给了计算机。"

艾伦·凯的言论暗示了第二大问题：将个体对日常决策的控制权割让给一些更加复杂的算法集合时存在的风险。不久前，兰迪·科米萨（Randy Komisar），一位老牌硅谷风险投资家，曾参加了一场介绍 Google Now 服务的会议。"我意识到，人们都渴望拥有一个能告诉他们应该做什么的智能，"科米萨说，"他们应该吃什么东西，应该和哪些人会面，应该参加哪些聚会。"对今天年轻的一代人来说，世界相比之前已经发生了天翻地覆的变化，科米萨总结道。相比通过使用计算机让自己不用去烦心难题，烦心如何发展亲密关系、如何塑造自己的个性、如何开发创造力和天性，年轻人突然渴望放弃这些责任，把这些都一股脑地交给云端的人工智能去搞定。那些最初为人们高效分享个人喜好而生的互联网技术，已经快速地转型成为用户精心设计个人喜好的算法。现在，小到（根据互联网对你的个人喜好深度理解而推测出的）"附近哪有最好吃的韩国烤肉"，大到安排婚礼这样的网络服务（不只是安排食物、礼物和鲜花，甚至你的另一半也是网络推荐的），互联网都能完美地充当你的生活向导。

答案，藏在人类科学家的决策中

当我第一次意识到，恩格尔巴特和麦卡锡开始设计计算机技术的时候脑子里想着完全不同的目标时，AI 和 IA 内在的观点冲突让我困惑不已。显然，它们既是二分法中的两个方面，也是一个悖论的组成部分。因为，如果你使用计算技术增强人类，你也在不可避免地取代人类。

同时，选择站在这场争论的哪一边是一个道德选择，甚至这一选择本身并不是非黑即白的。特里·威诺格拉德和乔纳森·格鲁丁分别论述过对方阵营的科学家和工程师们曾经做过的研究。两人都探索过融合这两种方法的挑战。特别是在 2009 年，威诺格拉德在斯坦福大学创立了"解放技术"项目，试图寻找方法让计算技术改善治理、惠及穷人、支持人权、实现经济发展以及其他目标。

当然，这一技术是有局限性的。威诺格拉德让问题变成了，无论计算技术被用于扩展人类能力或是取代人类本身，它们都是某种特定经济系统（这些技术正是在这一系统中被创造和使用）的结果，而非这些技术自身有什么东西。在资本主义经济中，如果人工智能技术提高到可以取代某些白领、技术工人的程度，它们将不可避免地被用于这种用途。这一教训在软件工程师、人工智能研究人员、机器人专家和黑客这些未来系统的设计者所使用的不同方法中逐渐体现出来。很明显，比尔·乔伊提到的"未来不需要我们"的警告只是可能性之一。但同样明显的是，被这些技术所转变的世界并不一定要上演灾难式的结局。

100多年前，托斯丹·凡勃伦（Thorstein Veblen）曾撰写过一篇颇有影响力的文章——《工程师和价格体系》（*The Engineers and the Price System*），批判了世纪之交的工业世界。他提出，因为工业技术的力量和影响，政治力量会流向工程师，而这些工程师可以将自己对技术的深刻理解转变为对新兴工业经济的控制力。当然历史没有按照这种方式运转。凡勃伦在对"进步时代"（Progressive Era）喊话，希望在马克思主义和资本主义之间寻找一个折衷点。或许他选错了时机，但是，他的基本观点可能是正确的，就像半个世纪后的诺伯特·维纳所呼吁的一样。今天，设计基于人工智能的程序和机器人的工程师们，将会对我们使用程序和机器人的方式产生巨大影响。

随着计算机系统融入我们每天的生活，增强技术和人工智能之间的冲突正变得日益突出。那个开始对我来说是悖论的问题，我已经找到了一个简单答案。**解决 AI 和 IA 之间内在矛盾的答案，就隐藏在人类工程师和科学家的决策中，**比如比尔·杜瓦尔、汤姆·格鲁伯、亚当·奇耶、特里·威诺格拉德和加里·布拉德斯基，他们都有意选择了"以人为本"的设计。

在计算时代刚刚拉开序幕的时候，维纳对人类和人类创造出的智能机器之间关系的意义，已经有了相当清晰的认识。他认识到自动化对消除人类苦力劳动的益处，但也担心，同样的技术可能会取代人类。随后的几十年，人们只是不断打磨维纳最先提出的问题。

这关乎我们、关乎人类、关乎我们将会创造的世界。

这与机器无关。

1976 年，我开始在硅谷进行报道。到了 2010 年，我离开原来的岗位，来到《纽约时报》科学版。这本书里提到的事件和想法，都是我在《纽约时报》报道机器人和人工智能时亲身参与过的。2010 年，我们推出了"比你想象的更聪明"（Smarter Than You Think）板块，2012 年推出了"苹果经济"（The iEconomy）系列报道。

1985 年左右，我和格伦·奎蒙（Glenn Kramon）都在《旧金山考察家报》（San Francisco Examiner）工作。从那时起，我们就开始了作为编辑的职业生涯。克雷蒙一手缔造了"比你想象的更聪明"系列报道的成功。我是一个钦佩好编辑的记者，而格伦恰恰是一位出色的编辑。

2010 年，我向《纽约时报》的编辑们阐述的想法与我在本书描述的想法一脉相承——个人计算和互联网已经在过去 40 年间改变了全世界，人工智能和机器人将在未来几十年里产生更为深刻的影响。尽管机器正在越来越多地模仿人类的身体和智力能力，但归根结底，它们仍然是彻头彻尾的人造品。这些机器被制造的方式决定世界的未来是什么模样。

格雷格·扎卡里（Gregg Zachary）和我做了几十年的伙伴与"对手"。他在"科技对社会的影响"方面几乎无所不知，是我的良师益友。约翰·凯利（John Kelley）、迈克尔·施拉格（Michael Schrage）和保罗·萨福与我无数次探讨过关于未来计算技术的形式和影响。我也与兰迪·科米萨、托尼·法戴尔（Tony Fadell）和史蒂夫·伍德沃德（Steve Woodward）在远途骑行中有过多年相似的对话。杰瑞·卡普兰在沉寂许久后重返人工智能世界，他对人工智能改变现代世界的方式有着自己的独到见解。

对我而言，约翰·布罗克曼（John Brockman）、麦克斯·布罗克曼（Max Brockman）和卡廷卡·马特森（Katinka Matson）不只是优秀的助手，更是很好的朋友。在哈珀·柯林斯出版社（Harper Collins），我的编辑希拉里·雷德曼（Hilary Redmon）对我非常了解，她知道，如果我的上一本书的书名是从一首歌曲那儿借来的名字，那这次的书名就可能来自一首诗了。她的同事艾玛·贾娜斯基（Emma Janaskie）帮我审阅了本书出版需要注意的所有细节。

特别要感谢斯坦福大学行为学高级研究中心的两位负责人艾里斯·利特（Iris Litt）和玛格丽特·利瓦伊（Margaret Levi），感谢他们允许我加入社会科学家的圈子，一起在山顶俯瞰硅谷。同样，还要感谢菲尔·陶布曼（Phil Taubman）将我引荐到研究中心。

2012 年，当我因为无法拿到签证去中国采访而一筹莫展的时候，约翰·杜尔奇诺斯（John Dulchinos）将我引向了德拉赫滕和建在那里的未来工厂（这是我见到的第一座未来工厂）。在我采访的旅途中，麻省理工学院的弗兰克·利维（Frank Levy）和大卫·明德尔（David Mindell）抽出时间与我讨论机器人对工作场所和经济的影响。加州理工学院通信与信息科技研究合作中心主任拉里·斯马（Larry Smarr）经常招待我，他总是能够超前 10 年或 20 年看到计算的发展方向。感谢马克·斯塔尔曼（Mark Stahlmam）在有关诺伯特·维纳的影响及地位方面给出的深刻见解。

马克·赛登（Mark Seiden）在现实世界使用计算机的经验可以追溯到第一批交互式计算机，他也会在百忙中抽出时间，帮我整理科技问题的思路并提出自己的观点。安德斯·费恩斯泰特（Anders Fernstedt）是一位博览群书的历史学家，挖掘出了维纳那些被人遗忘已久的伟大论述。他认真细读过本书的数版草稿，提供了很多宝贵的修改意见。

最后，我要感谢我的夫人莱斯莉·马尔科夫，感谢她在我的写作过程中与我分享的一切。

翻译这本书的时候，我正巧在英国攻读人工智能方向的硕士学位。也许正是这种因缘巧合，才使我对机器的未来，对人工智能（AI）和智能增强（IA）这两大机器研究阵营的"宿命与纠葛"，产生了独立的见解与思考，这是我翻译这本书的收获。开卷有益，我觉得有必要将我认为的这本书的"趣味"之处（多半只有仔细研读本书，才能发掘出来）与读者分享。

本书开篇，作者约翰·马尔科夫就显示出自己对借助经典科幻影视剧作品、科幻小说，帮助读者迅速建立起文中事例与人们常识之间的"有效联系"这一手法的偏爱。借《星球大战》中的机器人形象 C-3PO，将人们自觉、不自觉地带入了长久以来的人类对"未来机器"的憧憬中。旧作新片，文中出现的现象级影视作品还有很多，从《星际迷航》到《她》，不一而足，编剧们对智能机器的认识与思考，与现实世界中技术发展所走的轨迹一样，也经历了从最初的"像人一样行动"到"陪伴人类或者灭绝人类"的深刻变化。

马尔科夫巧妙地利用了这种直观的形式，将科学理论与人们生活的"衣食住行"很好地联系起来。因为，即便是对科技不甚了解的读者，谈及智能机器，总也能侃侃而谈。这里，担着被批"广告手"的风险，我向大家推荐一部英国BBC电视台Channel 4频道热播过的人工智能题材的短剧《真实的人类》（*Humans*）。片中，人类终于迎来了与商品级人形机器人一起生活、工作的时代。相比同时期其他热映电影，如《终结者》系列、《复仇者联盟》系列，这部短剧对智能机器高度发达后，人类伦理道德、社会对待机器的态度等深层次问题进行了揭示与反思。可以说，与马尔科夫的这本著作有不少神似之处，如有兴趣，读者可观一二。

从全书来看，马尔科夫旁征博引了大量事例，既囊括了20世纪科技圈重要理论发展的关键事件、关键人物的心路轨迹与学术理念的改变，也联系了产业界应用相关理论去制造经济价值的探索与预见。我粗略估计，这类事例的篇幅占到了全书的一大半。可以说，马尔科夫对未来智能机器发展的分析与预测，是建立在海量的事实基础和丰富的学术理论基础之上的，这也是本书所以令人信服的主要原因之一。事例、故事虽多，但它们内部贯穿了一条主线——AI和IA此起彼伏的发展历程以及背后的"经济账"。马尔科夫总结道："设计师们争执的AI和IA之间存在的互相矛盾关系通常，最后都会归结于简单的经济问题。"

细读下去，将本书抽丝剥茧，本书的精彩之处会慢慢呈现在读者眼前。

首先，人类在过去、现在及将来，对智能机器的研究不外乎AI和IA两种形式。AI和IA，这对看起来颠倒了字母顺序的英文缩写，巧合的是内涵与实现途径也是颠倒、对立的。AI主张打造智能机器，创造可以取代人类的机器；IA倡导"以人为本"，制造工具，帮助人类挖掘自身潜能。AI和IA表面殊途，最终又是否能够走向同一归宿，取决于设计者们对机器价值的个人见解。

其次，智能机器与人类的关系，是奴隶和主人，还是朋友？书中，马尔科夫虽未明确表示究竟哪种关系才是未来，但从他援引的学界泰斗和产业精英的经历可见，自工业革命以来，智能机器与人的关系正慢慢向着"共生共存"的阶段前进。

最后，AI 应用与就业岗位数量的关系。AI 发展，大量传统低技术含量的岗位被削减，部分白领岗位被取代，人类就业似乎受到了技术发展的威胁。经济学家们试图解释这一现象，但从目前来看，理论与现实的出入，似乎大过了我们的可接受范围。文中提及，凯恩斯理论中的技术性失业概念——"个别岗位会消失，但是工作岗位的总数仍然保持稳定"，解释了一部分失业现象，但我们也要看到，"从长远来看，技术进步对大家都有益；但是如果缩短时间区间来看，并非所有人都会是赢家"。

曲终收拨，全书的最后，马尔科夫提到，机器的未来、人与机器的关系，归根结底在于人类自身。也许他看到，人类期望将机器视作陪伴，未来虽无定数，但人心一直向善。

本书译稿的成文，离不开我的家人和好友的鼓励与支持，谨借此机会向他们表示感谢：郭建伟、胡凤英、郭翔、史依林、李芳、武上晖。

郭雪
于北京
2015 年 10 月

未来，属于终身学习者

我这辈子遇到的聪明人（来自各行各业的聪明人）没有不每天阅读的——没有，一个都没有。巴菲特读书之多，我读书之多，可能会让你感到吃惊。孩子们都笑话我。他们觉得我是一本长了两条腿的书。

——查理·芒格

互联网改变了信息连接的方式；指数型技术在迅速颠覆着现有的商业世界；人工智能已经开始抢占人类的工作岗位……

未来，到底需要什么样的人才？

改变命运唯一的策略是你要变成终身学习者。未来世界将不再需要单一的技能型人才，而是需要具备完善的知识结构、极强逻辑思考力和高感知力的复合型人才。优秀的人往往通过阅读建立足够强大的抽象思维能力，获得异于众人的思考和整合能力。未来，将属于终身学习者！而阅读必定和终身学习形影不离。

很多人读书，追求的是干货，寻求的是立刻行之有效的解决方案。其实这是一种留在舒适区的阅读方法。在这个充满不确定性的年代，答案不会简单地出现在书里，因为生活根本就没有标准确切的答案，你也不能期望过去的经验能解决未来的问题。

湛庐阅读APP：与最聪明的人共同进化

有人常常把成本支出的焦点放在书价上，把读完一本书当做阅读的终结。其实不然。

时间是读者付出的最大阅读成本

怎么读是读者面临的最大阅读障碍

"读书破万卷"不仅仅在"万"，更重要的是在"破"！

现在，我们构建了全新的"湛庐阅读"APP。它将成为你"破万卷"的新居所。在这里：

- 不用考虑读什么，你可以便捷找到纸书、有声书和各种声音产品；
- 你可以学会怎么读，你将发现集泛读、通读、精读于一体的阅读解决方案；
- 你会与作者、译者、专家、推荐人和阅读教练相遇，他们是优质思想的发源地；
- 你会与优秀的读者和终身学习者为伍，他们对阅读和学习有着持久的热情和源源不绝的内驱力。

从单一到复合，从知道到精通，从理解到创造，湛庐希望建立一个"与最聪明的人共同进化"的社区，成为人类先进思想交汇的聚集地，共同迎接未来。

与此同时，我们希望能够重新定义你的学习场景，让你随时随地收获有内容、有价值的思想，通过阅读实现终身学习。这是我们的使命和价值。

湛庐阅读APP玩转指南

湛庐阅读APP结构图：

12+图书订阅服务
纸质书
有声书
电子书

读什么

湛庐阅读APP

怎么读

泛读：一书一课
通读：通识课
精读：精读班

优秀的读者和终身学习者

与谁共读

跟谁读

作者、译者、专家、推荐人和阅读教练

三步玩转湛庐阅读APP：

读一读▼

湛庐纸书一站买，
全年好书打包订

听一听▼

泛读、通读、精读，
选取适合你的阅读方式

书城

扫一扫▼

买书、听书、讲书、
拆书服务，一键获取

扫一扫

APP获取方式：
安卓用户前往各大应用市场、苹果用户前往APP Store
直接下载"湛庐阅读"APP，与最聪明的人共同进化！

使用APP扫一扫功能，
遇见书里书外更大的世界！

快速了解本书内容，
湛庐千册图书一键购买！

大咖优质课、
献声朗读全本一键了解，
为你读书、讲书、拆书！

你想知道的彩蛋
和本书更多知识、资讯，
尽在延伸阅读！

湛庐文化 Cheers Publishing
a mindstyle business ——与思想有关

延伸阅读

《人工智能简史》

◎ 人工智能时代的科技预言家、普利策奖得主、乔布斯极为推崇的记者约翰·马尔科夫重磅新作！

◎ 迄今为止最完整、最具可读性的人工智能史。

使用"湛庐阅读"APP，
"扫一扫"获取本书更多精彩内容
ISBN 978-7-213-08451-5

《情感机器》

◎ 人工智能之父、麻省理工学院人工智能实验室联合创始人马·明斯基重磅力作首度引入中国。

◎ 情感机器6大创建维度首次披露，人工智能新风口驾驭之道重磅公开。

使用"湛庐阅读"APP，
"扫一扫"获取本书更多精彩内容
ISBN 978-7-213-06942-0

《人工智能的未来》

◎ 奇点大学校长、谷歌公司工程总监雷·库兹韦尔倾心之作。

◎ 一部洞悉未来思维模式、全面解析人工智能创建原理的颠覆力作。

使用"湛庐阅读"APP，
"扫一扫"获取本书更多精彩内容
ISBN 978-7-213-07147-8

《第四次革命》

◎ 信息哲学领军人、图灵革命引爆者卢西亚诺·弗洛里迪划时代力作。

◎ 继哥白尼革命、达尔文革命、神经科学革命之后，人类社会迎来了第四次革命——图灵革命。那么人工智能将如何重塑人类现实？

使用"湛庐阅读"APP，
"扫一扫"获取本书更多精彩内容
ISBN 978-7-213-07230-7

延伸阅读

《人工智能时代》

◎《经济学人》2015 年度图书。人工智能时代领
军人杰瑞 · 卡普兰重磅新作。

◎ 拥抱人工智能时代必读之作，引爆人机共生新
生态。

◎ 创新工场 CEO 李开复专文作序推荐！

使用"湛庐阅读"APP，
"扫一扫"获取本书更多精彩内容
ISBN 978-7-213-07260-4

《虚拟人》

◎ 比史蒂夫 · 乔布斯、埃隆 · 马斯克更偏执的
"科技狂人"玛蒂娜 · 罗斯布拉特缔造不死未
来的世纪争议之作。

◎ 终结死亡，召唤永生，一窥现实版"弗兰肯斯
坦"的疯狂世界！

使用"湛庐阅读"APP，
"扫一扫"获取本书更多精彩内容
ISBN 978-7-213-07468-4

《脑机穿越》

◎ 脑机接口研究先驱、巴西世界杯"机械战甲"
发明者米格尔 · 尼科莱利斯扛鼎力作！

◎ 脑联网、记忆永生、意念操控……你最不可错
过的未来之书！

使用"湛庐阅读"APP，
"扫一扫"获取本书更多精彩内容
ISBN 978-7-213-06583-5

《图灵的大教堂》

◎《华尔街日报》最佳商业书籍、加州大学伯克
利分校全体师生必读书。

◎ 代码如何接管这个世界？三维数字宇宙可能走
向何处？

使用"湛庐阅读"APP，
"扫一扫"获取本书更多精彩内容
ISBN 978-7-213-06665-8

图书在版编目（CIP）数据

人工智能简史 /（美）马尔科夫著；郭雪译 .—杭州：浙江人民出版社，2017.11

ISBN 978-7-213-08451-5

Ⅰ.①人… Ⅱ.①马… ②郭… Ⅲ.①人工智能–简史 Ⅳ.① TP18

中国版本图书馆 CIP 数据核字（2017）第 273068 号

浙江省版权局
著作权合同登记章
图字：11-2015-151 号

上架指导：人工智能 / 机器人

人工智能简史

[美] 约翰·马尔科夫　著

郭　雪　译

出版发行：浙江人民出版社（杭州体育场路 347 号　邮编　310006）

　　　　　市场部电话：(0571) 85061682　85176516

集团网址：浙江出版联合集团　http://www.zjcb.com

责任编辑：蔡玲平

责任校对：杨　帆　王欢燕

印　　刷：石家庄继文印刷有限公司

开　　本：720mm × 965mm 1/16　　　　　**印　　张**：23.5

字　　数：30.8 万　　　　　　　　　　　**插　　页**：8

版　　次：2017 年 11 月第 1 版　　　　　**印　　次**：2017 年 11 月第 1 次印刷

书　　号：ISBN 978-7-213-08451-5

定　　价：79.90 元